机电类新技师培养规划教材

数控加工工艺与设备

第 2 版

中国机械工业教育协会
全国职业培训教学工作指导委员会机电专业委员会　组编
周晓宏　主编

机械工业出版社

本套教材是根据中国机械工业教育协会全国职业培训教学工作指导委员会机电专业委员会组织制定的技师教学计划和教学大纲编写的。本教材的主要内容包括：数控加工工艺基础和切削基础，数控机床夹具，数控车削、数控铣削、加工中心、数控线切割和电火花成形加工工艺及设备，数控机床的安装、调试、验收及维护，以及现代新工艺与新设备。

本套教材的教学计划和大纲是依据《国家职业技能标准》中对技师的要求制定的，内容立足岗位，以必需、够用为度，符合职业教育的特点和规律。本套教材全部配有电子教案，包括教学计划和大纲、习题及其解答，可供高级技校、技师学院、高等职业院校等教育培训机构使用。

图书在版编目（CIP）数据

数控加工工艺与设备/周晓宏主编．—2 版．—北京：机械工业出版社，2013.9（2019.8 重印）

机电类新技师培养规划教材

ISBN 978-7-111-43890-8

Ⅰ.①数… Ⅱ.①周… Ⅲ.①数控机床–加工工艺–技术培训–教材②数控机床–加工–设备–技术培训–教材 Ⅳ.TG659

中国版本图书馆 CIP 数据核字（2013）第 204700 号

机械工业出版社（北京市百万庄大街 22 号　邮政编码 100037）
策划编辑：王晓洁　　责任编辑：王晓洁
责任印制：常天培　　责任校对：陈秀丽
北京京丰印刷厂印刷
2019 年 8 月第 2 版·第 4 次印刷
184mm×260mm·15.75 印张·385 千字
6 801—8 300 册
标准书号：ISBN 978-7-111-43890-8
定价：35.00 元

凡购本书，如有缺页、倒页、脱页，由本社发行部调换

电话服务	网络服务
服务咨询热线：010-88379833	机 工 官 网：www.cmpbook.com
读者购书热线：010-68326294	机 工 官 博：weibo.com/cmp1952
	教育服务网：www.cmpedu.com
封面无防伪标均为盗版	金 书 网：www.golden-book.com

机电类新技师培养规划教材
编审委员会

主　　任	郝广发	季连海					
副 主 任	刘亚琴	李俊玲	周学奎	何阳春	林爱平	李长江	付志达
	李晓庆	刘大力	张跃英	董桂桥			
委　　员	于正明	王　军	王　德	王兆山	付志达	冯小平	李　涛
	李全利	许炳鑫	张正明	杨君伟	何秉戌	周冠生	孟广斌
	赵杰士	郝晶卉	贾恒旦	徐卫东	凌爱林	奚　蒙	章振周
	梁文侠	喻勋良	曾燕燕				
策 划 组	李俊玲	张敬柱	王晓洁				
本书主编	周晓宏						
本书参编	刘向阳	肖　清					
本书主审	冯小平						

前　言

本教材第1版自2008年出版以来，受到了广大读者的普遍欢迎，为了使教材内容更符合职业教育机电类专业的教学要求，紧跟数控加工技术的最新发展，在保留教材原有特色的基础上，我们对第1版的内容进行了修订完善。对部分内容进行更新，增加了数控加工工艺分析实例和工艺编制项目训练的内容，补充了新技术和新工艺内容。

数控加工工艺是数控编程与操作的基础，是提高数控加工效率和加工质量的关键。在数控加工的生产实践过程中，会出现各种各样的工艺问题，要解决这些问题，要求操作人员与技术人员具有良好的工艺知识与工艺能力。本书从数控加工的实用角度出发，以数控机床的结构和数控加工的实际生产为基础，以掌握数控加工工艺为目标，在介绍数控加工工艺基础与切削技术基础、数控机床夹具和各种数控机床基本组成的基础上，分析了数控车削、数控铣削、加工中心、数控线切割及电火花成形加工等工艺。最后介绍了数控机床的安装、调试、验收及维护知识，以及现代新工艺与新设备。全书系统性、综合性、实用性强。在分析数控加工工艺过程中，精选了大量实例，这有利于读者提高数控加工能力。

本书由深圳技师学院周晓宏主编，刘向阳、肖清参编。冯小平主审。

由于编者水平有限，书中若有不妥或错误之处，恳请读者指正。

编　者

目 录

前言
第一章 数控加工工艺基础 ………… 1
第一节 基本概念 ………………… 1
一、生产过程 …………………… 1
二、工艺过程 …………………… 1
三、机械加工工艺过程 ………… 1
四、机械加工工艺规程 ………… 2
五、加工余量 …………………… 5
六、加工精度 …………………… 6
七、表面质量 …………………… 9
第二节 数控加工工艺概述 ……… 10
一、数控加工工艺系统的组成 … 10
二、数控加工工艺的特点 ……… 11
三、数控加工工艺的主要内容 … 11
四、数控加工工艺设计 ………… 11
复习思考题 ……………………… 17
第二章 数控加工切削基础 ………… 18
第一节 金属切削过程的规律及其应用 … 18
一、切屑的形成及类型 ………… 18
二、积屑瘤 ……………………… 19
三、切削热、切削温度与切削液 … 20
第二节 切削运动及切削要素 …… 21
一、零件表面的形成 …………… 21
二、金属切削运动 ……………… 22
三、切削要素 …………………… 23
第三节 数控机床刀具 …………… 24
一、数控刀具系统 ……………… 24
二、可转位刀具 ………………… 26
三、数控刀具的选择 …………… 27
第四节 刀具切削参数的合理选择 … 28
一、刀具几何参数的合理选择 … 28
二、切削用量的合理选择 ……… 32
第五节 金属材料的切削加工性 … 33
一、切削加工性的概念 ………… 33
二、衡量切削加工性的指标 …… 33
三、影响工件材料切削加工性的
　　原因 ………………………… 34

四、改善工件材料切削加工性的
　　措施 ………………………… 34
五、机械加工中常见毛坯的种类 … 35
六、毛坯的选择原则 …………… 35
复习思考题 ……………………… 36
第三章 数控机床夹具 ……………… 37
第一节 机床夹具概述 …………… 37
一、机床夹具的概念 …………… 37
二、机床夹具的组成 …………… 37
三、机床夹具的分类 …………… 38
第二节 工件的定位与夹紧 ……… 39
一、工件的定位原理 …………… 39
二、工件的定位方法及定位元件 … 40
三、工件的夹紧 ………………… 43
第三节 定位基准的选择 ………… 43
一、基准及其种类 ……………… 43
二、定位基准的选择 …………… 44
第四节 数控机床常用夹具 ……… 46
一、数控机床的通用夹具 ……… 46
二、组合夹具 …………………… 47
三、拼装夹具 …………………… 52
第五节 项目训练：确定装夹方案并
　　　　 选择夹具 ………………… 53
一、实训目的与要求 …………… 53
二、实训内容 …………………… 53
复习思考题 ……………………… 53
第四章 数控车削加工工艺及设备 … 55
第一节 数控车床概述 …………… 55
一、数控车床的分类 …………… 55
二、数控车床的组成和布局 …… 57
三、数控车床的典型结构 ……… 59
第二节 数控车削加工工艺的制订 … 61
一、分析零件图样 ……………… 61
二、确定毛坯 …………………… 62
三、确定装夹方法和对刀点 …… 62
四、确定加工方案 ……………… 63
五、刀具的选择 ………………… 67

六、确定切削用量 …………………… 69
第三节　典型零件的数控车削加工工
　　　　艺分析 …………………………… 72
　　一、轴类零件的数控车削加工工艺
　　　　分析 ……………………………… 72
　　二、轴套类零件的数控车削加工工
　　　　艺分析 …………………………… 75
　　三、盘类零件的数控车削加工工艺
　　　　分析 ……………………………… 78
　　四、配合件的数控车削加工工艺
　　　　分析 ……………………………… 80
第四节　项目训练：数控车削零件
　　　　加工工艺的制订 ………………… 82
　　一、实训目的与要求 ………………… 82
　　二、实训内容 ………………………… 83
复习思考题 ……………………………… 83

第五章　数控铣削加工工艺及设备 …… 84
第一节　数控铣床概述 ………………… 84
　　一、数控铣床的分类 ………………… 84
　　二、数控铣床的组成 ………………… 88
　　三、数控铣床的加工工艺范围 ……… 89
第二节　数控铣削加工工艺的制订 …… 90
　　一、分析零件图样 …………………… 90
　　二、选择合适的数控机床 …………… 90
　　三、合理安排加工顺序 ……………… 91
　　四、选择夹具与零件的装夹方法 …… 91
　　五、拟订加工工艺路线 ……………… 91
　　六、选择刀具 ………………………… 98
第三节　典型零件的数控铣削加工工
　　　　艺分析 ………………………… 106
　　一、平面凸轮的数控铣削加工工艺
　　　　分析 …………………………… 106
　　二、支架零件的数控铣削加工工艺
　　　　分析 …………………………… 108
　　三、箱盖类零件的数控铣削加工工
　　　　艺分析 ………………………… 113
第四节　项目训练：数控铣削零件
　　　　加工工艺的制订 ……………… 117
　　一、实训目的与要求 ……………… 117
　　二、实训内容 ……………………… 117
复习思考题 …………………………… 117

第六章　加工中心加工工艺及设备 …… 119
第一节　加工中心概述 ………………… 119

　　一、加工中心的分类 ……………… 119
　　二、加工中心的特点及使用过程 … 121
　　三、加工中心的加工对象 ………… 121
　　四、加工中心的组成 ……………… 123
第二节　加工中心加工工艺的制订 … 124
　　一、加工方法的选择 ……………… 124
　　二、加工阶段的划分 ……………… 125
　　三、加工顺序的安排 ……………… 125
　　四、装夹方案的确定和夹具的选择 … 125
　　五、刀具的选择 …………………… 126
　　六、进给路线的确定 ……………… 134
　　七、切削用量的选择 ……………… 136
第三节　加工中心高速切削加工 …… 136
　　一、高速切削的概念 ……………… 136
　　二、高速切削的特点 ……………… 137
　　三、高速切削的应用 ……………… 137
　　四、高速切削加工刀具材料的
　　　　种类及其选择 ………………… 138
　　五、高速干切削 …………………… 142
　　六、高速切削加工刀具的构造
　　　　特点 …………………………… 142
第四节　在加工中心上加工典型零件的
　　　　工艺分析 ……………………… 144
　　一、在加工中心上加工盖板零件的
　　　　工艺分析 ……………………… 144
　　二、在加工中心上加工箱体类零件
　　　　的工艺分析 …………………… 148
　　三、在加工中心上加工模具零件的
　　　　工艺分析 ……………………… 150
　　四、在加工中心上加工异形件的
　　　　工艺分析 ……………………… 152
第五节　项目训练：加工中心零件
　　　　加工工艺的制订 ……………… 155
　　一、实训目的与要求 ……………… 155
　　二、实训内容 ……………………… 155
复习思考题 …………………………… 156

第七章　数控线切割加工工艺及
　　　　　设备 …………………………… 158
第一节　数控线切割机床概述 ……… 158
　　一、数控线切割加工原理 ………… 158
　　二、数控线切割机床的组成 ……… 158
　　三、数控线切割加工的特点和用途 … 160
　　四、数控线切割机床的型号及参数

　　　　标准 …………………………………… 160
　五、数控线切割机床的主要技术
　　　　参数 …………………………………… 161
第二节　线切割工艺参数对加工质量
　　　　的影响及其选择 …………………… 162
　一、脉冲宽度对工艺指标的影响 ………… 162
　二、脉冲间隔对工艺指标的影响 ………… 162
　三、短路峰值电流对工艺指标的
　　　　影响 …………………………………… 163
　四、开路电压对工艺指标的影响 ………… 163
　五、根据加工对象合理选择电参数 ……… 164
第三节　数控线切割机床加工工艺的
　　　　制订 …………………………………… 167
　一、分析和审核图样 ……………………… 167
　二、加工前的工艺准备 …………………… 169
　三、加工与检验 …………………………… 172
第四节　数控线切割加工的工艺技巧 …… 173
　一、复杂工件线切割加工的工艺
　　　　方法 …………………………………… 173
　二、改善线切割加工表面粗糙度的
　　　　措施 …………………………………… 174
　三、线切割加工中产生废品及影响
　　　　质量的因素 …………………………… 175
　四、线切割加工中预防工件报废或
　　　　质量差的方法 ………………………… 175
第五节　典型零件的数控线切割加工
　　　　工艺分析 ……………………………… 176
　一、防松垫圈的线切割加工工艺分析 …… 176
　二、大、中型冷冲模的线切割加工
　　　　工艺分析 ……………………………… 177
　三、数字冲裁模的线切割凸凹模的
　　　　加工工艺分析 ………………………… 177
　四、异形孔喷丝板的线切割加工
　　　　工艺分析 ……………………………… 178
第六节　项目训练：线切割加工工艺
　　　　的制订 ………………………………… 179
　一、实训目的与要求 ……………………… 179
　二、实训内容 ……………………………… 179
复习思考题 …………………………………… 180

第八章　电火花成形加工工艺及设备 ………………………………… 181
第一节　电火花成形加工机床概述 ……… 181
　一、电火花成形加工机床的型号、
　　　　规格和分类 …………………………… 181
　二、电火花机床的结构 …………………… 181
　三、电火花机床的常见功能 ……………… 186
第二节　电火花成形加工的工艺规律 …… 188
　一、电火花加工的常用术语 ……………… 188
　二、影响材料放电腐蚀的因素 …………… 189
　三、电火花加工的工艺指标 ……………… 191
　四、电火花加工工艺指标的变化
　　　　规律 …………………………………… 192
　五、电火花加工的稳定性 ………………… 199
　六、电火花加工工艺的制订 ……………… 200
　七、电火花加工中的工艺技巧 …………… 201
第三节　典型零件的电火花加工工艺
　　　　分析 …………………………………… 202
　一、型腔零件的加工工艺分析 …………… 202
　二、注射模镶块的加工工艺分析 ………… 203
第四节　项目训练：电火花成形加工
　　　　工艺的制订 …………………………… 205
　一、实训目的与要求 ……………………… 205
　二、实训内容 ……………………………… 205
复习思考题 …………………………………… 205

第九章　数控机床的安装、调试、验收及维护 ……………………… 207
第一节　数控机床的安装 ………………… 207
　一、数控机床安装的环境要求 …………… 207
　二、数控机床安装的基本原则 …………… 207
　三、数控机床安装的方法 ………………… 207
　四、数控机床安装的步骤 ………………… 208
第二节　数控机床的调试 ………………… 209
　一、数控车床的调试 ……………………… 209
　二、数控铣床的调试 ……………………… 211
　三、加工中心的调试 ……………………… 212
第三节　数控机床的验收 ………………… 213
　一、数控机床性能的检验 ………………… 213
　二、数控功能的检验 ……………………… 213
　三、数控机床精度的检验 ………………… 214
第四节　数控机床的日常维护及保养 …… 216
　一、数控机床日常维护工作的内容 ……… 216
　二、点检 …………………………………… 219
复习思考题 …………………………………… 221

第十章　现代新工艺与新设备 ………… 222
第一节　激光加工 ………………………… 222

一、激光加工的原理 ………………………… 222
二、激光加工的特点 ………………………… 222
三、激光加工设备的组成 …………………… 222
四、激光加工的应用 ………………………… 223
第二节　超声加工 …………………………… 225
一、超声加工的原理 ………………………… 225
二、超声加工的特点 ………………………… 225
三、超声加工设备的组成 …………………… 225
四、超声加工的应用 ………………………… 226
第三节　电子束加工 ………………………… 227
一、电子束加工的原理 ……………………… 227
二、电子束加工的特点 ……………………… 227
三、电子束加工的应用 ……………………… 228
第四节　离子束加工 ………………………… 228
一、离子束加工的原理 ……………………… 229
二、离子束加工的特点 ……………………… 229
三、离子束加工的应用 ……………………… 229

第五节　电解加工 …………………………… 230
一、电解加工的原理 ………………………… 230
二、电解加工的特点 ………………………… 230
三、电解加工的应用 ………………………… 231
第六节　少无切削加工 ……………………… 232
一、胀光加工 ………………………………… 232
二、滚压加工 ………………………………… 232
三、滚轧成形加工 …………………………… 233
四、粉末冶金 ………………………………… 234
第七节　快速成形技术 ……………………… 236
一、快速成形原理和特点 …………………… 236
二、快速成形技术的分类 …………………… 237
三、快速成形技术的主要工艺方法 ………… 238
四、快速成形技术的应用 …………………… 239
复习思考题 …………………………………… 240
参考文献 ……………………………………… 241

第一章 数控加工工艺基础

本章应知
机械加工工艺过程的基本概念、数控加工工艺系统的组成
本章应会
数控加工工艺卡片的填写

第一节 基本概念

一、生产过程

生产过程是指将原材料转变为成品的全过程。例如,制造一台机器,其生产过程应该包括生产准备、毛坯制造、零件的机械加工及热处理、装配、质量检验,及试车、油漆、包装等。显然,有一台机器的生产过程,也有一个零件或部件的生产过程;有一个工厂的生产过程,也有一个车间的生产过程。

二、工艺过程

工艺过程是改变生产对象的形状、尺寸、相对位置和性质等,使其成为成品或半成品的过程。工艺过程是生产过程中的主要过程,其余的劳动过程则是生产过程中的辅助过程。

三、机械加工工艺过程

机械加工工艺过程是在机械加工车间进行的那一部分工艺过程。一个零件的机械加工工艺过程通常是多种多样的,这就必须根据产品的要求和具体的生产条件分析比较,选择其中最合理的一个机械加工工艺过程进行生产。

机械加工工艺过程是由一个或若干个顺序排列的工序(安装、工位、工步、进给)组成,毛坯依次通过这些顺序就成为成品。

1. 工序

工序是指一个或一组工人,在一个工作地对同一个或同时对几个工件所连续完成的那一部分工艺过程。工序是组成工艺过程的基本单元,也是生产计划的基本单元。

工序包括四个要素,即安装、工步、工位、进给。划分工序的主要依据是工作地是否变动和加工是否连续。图 1-1 所示为阶梯轴简图,表 1-1 和表 1-2 是该轴的工艺过程。

在表 1-1 的工序 2 中,先车工件的一端,然后调头装夹,再车另一端。对每一个工件来说,加工是连续的,这些加工内容属一个工序。如果先车好一批工件的一端,然后调头再车这批工件

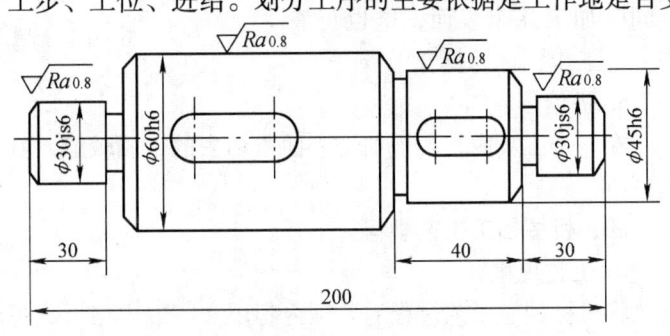

图 1-1 阶梯轴简图

的另一端，这时对每一个工件来说，两端的加工已不连续，所以应视作两道工序，如表1-2的工序2和3。

表1-1 阶梯轴工艺过程（生产量较小时）

工序号	工序内容	设备（地点）	工序号	工序内容	设备（地点）
1	车端面、钻中心孔	车床	3	铣键槽、去毛刺	铣床
2	车外圆、切槽和倒角	车床	4	磨外圆	磨床

表1-2 阶梯轴工艺过程（生产量较大时）

工序号	工序内容	设备（地点）	工序号	工序内容	设备（地点）
1	两边同时铣端面、钻中心孔	组合机床	4	铣键槽	铣床
2	车小端外圆，切槽和倒角	车床	5	去毛刺	钳工台
3	车大端外圆，切槽和倒角	车床	6	磨外圆	磨床

2. 安装

将工件在机床上或夹具中定位、夹紧的过程称之为装夹。工件（或装配单元）经一次装夹所完成的那一部分工序称之为安装。工件在一道工序中，可能有一次或几次安装。如表1-1的工序1要进行两次装夹：先装夹工件一端，车端面、钻中心孔，称为安装 A；再调头装夹，车另一端面，钻中心孔，称为安装 B。

工件在加工过程中，应尽量减少装夹次数，以节省装夹时间，减少装夹误差。

3. 工位

工件经一次装夹后，工件相对刀具或设备的固定部分，先后处于不同的位置进行加工。此时，一个加工位置即为一个工位。

如表1-2中的工序1铣端面和钻中心孔就是两个工位。工件装夹后先铣两端面，即工位1，然后移动到另一个位置上钻中心孔，即工位2，如图1-2所示。

4. 工步

在加工表面（或装配时的连接面）和加工（或装配）工具不变的情况下，连续完成的那一部分工序称为工步。

为了提高生产率，用几把刀具同时加工几个表面，这也可看作一个工步，称为复合工步。

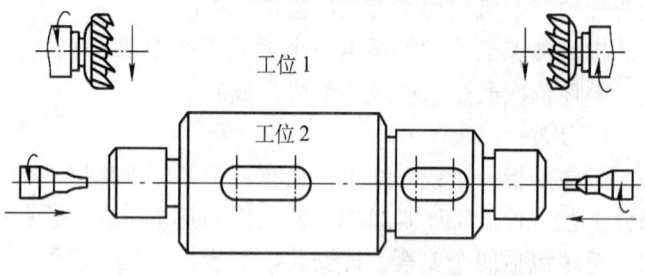

图1-2 铣端面钻中心孔（多工位加工）

5. 进给

在一个工步内，若被加工表面需切去的金属较厚，就可分几次切除，每切削一次称为一次进给。

四、机械加工工艺规程

1. 工艺规程

将机械加工工艺过程的各项内容用文字或表格形式写成工艺文件，就是机械加工工艺规程。

2. 工艺规程的作用

工艺规程是指导工人操作和组织管理生产的主要技术文件；是工厂和车间进行设计或技术改造的重要原始资料。

工艺规程是在总结实践经验的基础上，依照科学的理论和必要的工艺试验后制订，并经逐级审批。它反映了加工中的客观规律，有关人员必须严格执行，这是工厂生产中的工艺纪律。当然，工艺规程不是一成不变的，随着科学技术的进步和生产的发展，应定期对其修改，使工艺规程更加完善合理。

3. 工艺规程的格式

机械加工中常用的工艺规程格式有：

（1）工艺过程卡片　工艺过程卡片以工序为单位，主要列出零件加工的工艺路线，简要说明各工艺的概况。工艺过程卡片一般作为生产管理方面使用，在单件小批生产中也可用以指导生产。其格式见表1-3。

表1-3　工艺过程卡片

工厂	工艺过程卡片	产品名称及型号		零件名称		零件图号				
		材料	名称	毛坯	种类	零件质量/kg		毛质量		第　页
			牌号		尺寸			净质量		共　页
			性能			每台件数		每批件数		
工序号	工序内容			加工车间	设备名称及编号	工艺装备名称及编号			技术等级	时间定额/min
						夹具	刀具	量具		单件　准备终结
更改内容										
编制				校对		审核			会签	

（2）机械加工工艺卡片　机械加工工艺卡片是以工序为单位，详细说明整个工艺过程的工艺文件，广泛应用于成批生产的零件和单件生产中的重要零件。其格式见表1-4。

（3）机械加工工序卡片　机械加工工序卡片是按每道工序编制的一种工艺文件。一般附有工序简图，并详细说明该工序中每个工步的详细内容。工序卡片主要用于大批大量生产中的所有零件，以及中批生产中复杂零件和单件小批生产中的关键工序。其格式见表1-5。

表1-4 机械加工工艺卡片

工厂	机械加工工艺卡片	产品名称及型号		零件名称		零 件 图 号			
		材料	名称	毛坯	种类	零件质量/kg		毛质量	第 页
			牌号		尺寸			净质量	共 页
			性能			每台件数			每批件数

工序	安装	工步	工步内容	同时加工零件数	切削用量				设备名称及编号	工艺装备名称及编号			技术等级	工时定额/min	
					背吃刀量/mm	切削速度/(m/min)	每分钟转数/(r/min)或每分钟双行程数/(双行程数/min)	进给量/(mm/r)或进给量/(m/min)		夹具	刀具	量具		单件	准备终结

更改内容

| 编制 | | 校对 | | 审核 | | 会签 | |

表1-5 机械加工工序卡片

××厂	机械加工工序卡片	产品名称及型号	零件名称	零件图号	工序名称	工序号	第 页 共 页
工序简图		车 间	工 段	材料名称	材料牌号	力学性能	
		同时加工件数	技术等级		单件时间/min	准备终结时间/min	
		设备名称	设备编号	夹具名称	夹具编号	切削液	
		更改内容					

工步号	工步内容	计算数据			切削用量				工时定额/min		刀具、量具及辅助工具			
		直径或长度/mm	进给长度/mm	单边余量/mm	进给次数	背吃刀量/mm	进给量/(mm/r)或进给量/(m/min)	每分钟转数/(r/min)或每分钟双行程数/(双行程数/min)	切削速度/(m/min)	基本时间	辅助时间	工作地点服务时间	工步号	名称	规格	编号	数量

| 编制 | | 校对 | | 审核 | | 会签 | |

五、加工余量

1. 加工余量的概念

加工余量是指加工过程中所切去的金属层厚度。余量有总加工余量和工序余量之分。由毛坯转变为零件的过程中，在某加工表面上切除金属层的总厚度，称为该表面的总加工余量（也称为毛坯余量）。一般情况下，总加工余量并非一次切除，而是分在各工序中逐渐切除，故每道工序所切除的金属层厚度称为该工序的加工余量（简称工序余量）。工序余量是相邻两工序的工序尺寸之差，毛坯余量是毛坯尺寸与零件图样的设计尺寸之差。

由于工序尺寸有公差，故实际切除的余量大小不等。

2. 影响加工余量的因素

在确定工序的具体内容时，其工作之一就是合理地确定工序加工余量。加工余量的大小对零件的加工质量和制造的经济性均有较大的影响。加工余量过大，必然增加机械加工的劳动量，降低生产率，增加原材料、设备、工具及电力等的消耗；加工余量过小，又不能确保切除上一工序形成的各种误差和表面缺陷，影响零件的质量，甚至产生废品。工序加工余量（公称值，以下同）除可用相邻工序的工序尺寸表示外，还可以用另外一种方法表示，即：工序加工余量等于最小加工余量与前道工序尺寸公差之和。因此，在讨论影响工序加工余量的因素时，应首先研究影响最小工序加工余量的因素。

影响最小加工余量的因素较多，现将主要影响因素分单项介绍如下。

（1）前道工序形成的表面粗糙度和缺陷层深度（Ra 和 D_a） 为了使工件的加工质量逐步提高，一般每道工序都应切到待加工表面以下的正常金属组织，将上道工序形成的表面粗糙度和缺陷层切掉。

（2）前道工序形成的形状误差和位置误差（Δ_x 和 Δ_w） 当形状公差、位置公差和尺寸公差之间相互独立时，尺寸公差不控制形状公差和位置公差。此时，最小加工余量应保证将前道工序形成的形状误差和位置误差切掉。

3. 确定加工余量的方法

确定加工余量的方法有以下三种。

（1）查表修正法 根据生产实践和试验研究，现在已将毛坯余量和各种工序的工序余量数据收入手册。确定加工余量时，可从手册中获得所需数据，然后结合工厂的实际情况进行修正。查表时应注意，表中的数据为公称值，对称表面（轴、孔等）的加工余量是双边余量，非对称表面的加工余量是单边余量。这种方法目前应用最广。

（2）经验估计法 此法是根据实践经验来确定加工余量的。为防止加工余量不足而产生废品，往往估计的数值偏大，因而这种方法只适用于单件、小批生产。

（3）分析计算法 这是根据加工余量计算公式和一定的试验资料，通过计算确定加工余量的一种方法。

采用这种方法确定的加工余量比较经济合理，但必须有比较全面可靠的试验资料及先进的计算手段方可进行，目前应用较少。

在确定加工余量时，总加工余量和工序加工余量要分别确定。总加工余量的大小与选择的毛坯制造精度有关。用查表法确定工序加工余量时，粗加工工序的加工余量不应查表确定，而是用总加工余量减去各工序余量求得。同时，要对求得的粗加工工序余量进行分析，如果过小，要增大总加工余量；如果过大，应适当减小总加工余量，以免造成浪费。

六、加工精度

1. 加工精度的概念

加工精度是加工后零件表面的实际尺寸、形状、位置三种几何参数与图样要求的理想几何参数的符合程度。理想的几何参数，对尺寸而言就是平均尺寸；对表面几何形状而言就是绝对的圆、圆柱、平面、锥面和直线等；对表面之间的相互位置而言就是绝对的平行、垂直、同轴、对称等。零件实际几何参数与理想几何参数的偏离数值称为加工误差。

加工精度与加工误差都是评价加工表面几何参数的术语。加工精度用标准公差等级衡量，等级值越小，其精度越高；加工误差用数值表示，数值越大，其误差越大。加工精度高，就是加工误差小，反之亦然。

任何加工方法所得到的实际参数都不会绝对准确，从零件的功能看，只要加工误差在零件图要求的公差范围内，就认为保证了加工精度。

机器的质量取决于零件的加工质量和机器的装配质量，零件加工质量包含零件加工精度和表面质量两大部分。

加工精度包括三个方面的内容：

尺寸精度：指加工后零件的实际尺寸与零件尺寸的公差带中心的符合程度。

形状精度：指加工后的零件表面的实际几何形状与理想的几何形状的符合程度。

位置精度：指加工后零件有关表面之间的实际位置与理想位置的符合程度。

2. 影响加工精度的因素

工艺系统中的各组成部分（包括机床、刀具、夹具等）的制造误差、安装误差和使用中的磨损都直接影响工件的加工精度。也就是说，在加工过程中工艺系统会产生各种误差，从而改变刀具和工件在切削运动过程中的相互位置关系而影响零件的加工精度。这些误差与工艺系统本身的结构状态和切削过程有关。

（1）系统的几何误差

① 机床的几何误差。机床的制造误差、安装误差以及使用中的磨损，都直接影响工件的加工精度。其中主要是机床主轴回转运动、机床导轨直线运动和机床传动链的误差。

② 加工原理误差。加工原理误差是由于采用了近似的加工运动方式或者近似的刀具轮廓而产生的误差，因在加工原理上存在误差，故称为加工原理误差。只要原理误差在允许范围内，这种加工方式仍是可行的。

③ 夹具误差。夹具误差包括定位误差、夹紧误差、夹具安装误差及对刀误差等。这些误差主要与夹具的制造和装配精度有关。

④ 刀具的制造误差及磨损。刀具的制造误差、安装误差以及使用中的磨损，都影响工件的加工精度。在切削过程中，刀具的切削刃、刀面，与工件、切屑产生强烈摩擦，使刀具磨损。当刀具磨损达到一定值时，工件的表面粗糙度增大，切屑颜色和形状发生变化，并伴有振动。刀具磨损将直接影响切削生产率、加工质量和加工成本。

（2）工艺系统的受力变形　由机床、夹具、工件、刀具所组成的工艺系统是一个弹性系统，在加工过程中由于切削力、传动力、惯性力、夹紧力以及重力的作用，会产生弹性变形，从而破坏了刀具与工件之间的准确位置，产生加工误差。例如，车削细长轴时，如图1-3所示，在切削力的作用下，工件因弹性变形而出现"让刀"现象。随着刀具的进给，在工件的全长上背吃刀量将会由多变少，然后再由少变多，结果使零件产生腰鼓形。

工艺系统受力变形对加工精度的影响主要有以下两个方面。

1) 切削过程中受力点位置变化引起的加工误差。切削过程中，工艺系统的刚度随切削力着力点位置的变化而变化，引起系统变形的差异，使零件产生加工误差。

在两顶尖间车削粗而短的光轴时，由于工件刚度较大，在切削力作用下的变形相对机床、夹具和刀具的变形要小得多，故可忽略不计。此时，工艺系统的总变形完全取决于机床床头、尾座（包括顶尖）和刀架（包括刀具）的变形，工件产生的误差为双曲线圆柱度误差。

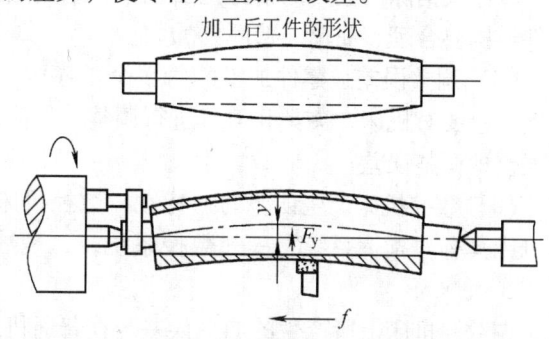

图 1-3　细长轴在车削时受力变形

在两顶尖间车削细长轴时，由于工件细长、刚度小，在切削力作用下，其变形大大超过机床、夹具和刀具的受力变形。因此，机床、夹具和刀具的受力变形可略去不计。此时，工艺系统的变形完全取决于工件的变形，即工件产生的腰鼓形圆柱度误差。

2) 毛坯加工余量不均，材料硬度变化导致切削力大小变化引起的加工误差——复映误差。工件的毛坯外形虽然具有粗略的零件形状，但在尺寸、形状以及表面层材料硬度均匀性上都有较大的误差。毛坯的这些误差在加工时使背吃刀量不断发生变化，导致切削力的变化，进而引起工艺系统产生相应的变形，使零件在加工后还保留与毛坯表面类似的形状或尺寸误差。当然，工件表面残留的误差比毛坯表面误差要小得多，这种现象称为"误差复映规律"，所引起的加工误差称为"复映误差"。

减小工艺系统受力变形的措施主要有：①提高工件加工时的刚度；②提高工件安装时的夹紧刚度；③提高机床部件的刚度。

(3) 工艺系统的热变形　机械加工中，工艺系统在各种热源的作用下会产生一定的热变形。由于工艺系统热源分布的不均匀性及各环节结构、材料的不同，使工艺系统各部分的变形产生差异，从而破坏了刀具与工件的准确位置及运动关系，产生加工误差。尤其对于精密加工，热变形引起的加工误差占总误差的一半以上。

在加工过程中，工艺系统的热源主要有内部热源和外部热源两大类。内部热源来自切削过程，主要包括切削热、摩擦热和派生热源。外部热源主要来自于外部环境，主要包括环境温度和热辐射。这些热源产生的热造成工件、刀具和机床的热变形。

减少工艺系统热变形的措施主要有：①减少工艺系统的热源及其发热量；②加强冷却，提高散热能力；③控制温度变化，均衡温度；④采用补偿措施；⑤改善机床结构，改善机床结构，首先应考虑结构的对称性：一方面，传动元件（轴承、齿轮等）在箱体内安装应尽量对称，使其传给箱壁的热量均衡，变形相近；另一方面，有些零件（如箱体）应尽量采用热对称结构，以便受热均匀；⑥注意合理选材，对精度要求高的零件尽量选用膨胀系数小的材料。

(4) 工件残余应力引起的误差　残余应力是指当外部载荷去掉以后仍存留在工件内部的应力。残余应力是由于金属发生了不均匀的体积变化而产生的，其外界因素来自热加工和冷加工。有残余应力的零件处于一种不稳定状态，一旦其内应力的平衡条件被打破，内应力的分布就会发生变化，从而引起新的变形，影响加工精度。

内应力产生的原因主要有：毛坯制造中产生的内应力、冷校正产生的内应力及切削加工产生的内应力。

减小或消除内应力的措施主要包括：采用适当的热处理工序；给工件足够的变形时间；零件结构要合理、简单，壁厚要均匀。

(5) 调整误差　零件加工的每一个工序中，为了获得被加工表面的形状、尺寸和位置精度，总要对机床、夹具和刀具进行调整。任何调整工作必然会带来一些原始误差，这种原始误差即调整误差。

(6) 数控机床产生误差的独特性　数控机床与普通机床最主要的差别有两点：一是数控机床具有"指挥系统"——数控系统，二是数控机床具有执行运动的驱动系统——伺服系统。

在数控机床上所产生的加工误差与在普通机床上产生的加工误差，其来源有许多共同之处，但也有独特之处。例如，伺服进给系统的跟踪误差、检测系统中的采样延滞误差等，这些都是普通机床加工时所没有的。所以，在数控加工中，除了要控制在普通机床上加工时常出现的那些误差源以外，还要有效地抑制数控加工时才可能出现的误差源。这些误差源对加工精度的影响主要有以下几个方面：

1) 机床重复定位精度的影响。数控机床的定位精度是指数控机床各坐标轴在数控系统的控制下运动的位置精度。引起定位误差的因素包括数控系统的误差和机械传动的误差。数控系统的误差与插补误差、跟踪误差等有关。机床重复定位精度是指重复定位时坐标轴的实际位置和理想位置的符合程度。

2) 检测反馈装置的影响。检测反馈装置也称为反馈元件，通常安装在机床工作台或丝杠上，相当于普通机床的刻度盘和人的眼睛。检测反馈装置将工作台位移量转换成电信号，反馈给数控装置，如果与指令值比较有误差，则控制工作台向消除误差的方向移动。数控系统按有无检测反馈装置可分为开环、闭环与半闭环系统。开环系统精度取决于步进电动机和丝杠精度，闭环系统精度取决于检测反馈装置精度。检测反馈装置是高性能数控机床的重要组成部分。

3) 刀具误差的影响。在加工中心上，由于采用的刀具具有自动交换功能，因而在提高生产率的同时，也带来了刀具交换误差。用同一把刀具加工一批工件时，由于频繁重复换刀，致使刀柄相对于主轴锥孔产生重复定位误差而降低加工精度。

3. 提高加工精度的工艺措施

保证和提高加工精度的方法，大致可概括为以下几种：减小原始误差法、转移原始误差法、补偿原始误差法、就地加工法、均分原始误差法和均化原始误差法。

(1) 减小原始误差法　这是生产中应用较广的一种基本方法。它是在查明产生加工误差的主要因素之后，设法消除或减少这些因素。例如，车削细长轴时，现在采用了大进给反向车削法，基本消除了轴向切削力引起的弯曲变形。若辅之以弹簧顶尖，则可进一步消除热变形引起的热伸长的影响。

(2) 转移原始误差法　这种方法实质上是转移工艺系统的几何误差、受力变形和热变形等。

转移原始误差法的实例很多。当机床精度达不到零件加工要求时，常常不是一味提高机床精度，而是从工艺上或夹具上想办法，创造条件，使机床的几何误差转移到不影响加工精度的方面去。例如,磨削主轴锥孔时,保证其和轴颈的同轴度,不是靠机床主轴的回转精度,而是靠夹具。当机床主轴与工件之间用浮动连接以后,机床主轴的原始误差就被转移掉了。

(3) 补偿原始误差法　这是人为地制造出一种新的误差,去抵消原来工艺系统中的原始误差的方法。当原始误差是负值时,人为的误差就取正值,反之取负值,并尽量使两者大小相等;或者利用一种原始误差去抵消另一种原始误差,尽量使两者大小相等,方向相反,从而达到减小加工误差、提高加工精度的目的。

(4) 就地加工法　在加工和装配中有些精度问题,牵涉到零件或部件间的相互关系,相当复杂。如果一味地提高零部件本身精度,有时不仅困难,甚至不可能,若采用就地加工法(也称自身加工修配法)加工,就可能很方便地解决这些精度问题。就地加工法,即在装配前不对这些表面进行精加工,等装配到机床上以后,图样要求保证部件间什么样的位置关系,就在这样的位置关系上利用一个部件装上刀具去加工另一个部件。这种方法在机械零件加工中常用来作为保证零件加工精度的有效措施。

(5) 均分原始误差法　在加工中,由于毛坯或上道工序误差(以下统称"原始误差")的存在,往往造成本工序的加工误差。由于工件材料性能改变,或者上道工序的工艺改变(如毛坯精化后,把原来的切削加工工序取消),都会引起原始误差发生较大的变化。这种原始误差的变化,对本工序的影响主要有两种情况:一是误差复映,引起本工序误差;二是定位误差扩大,引起本工序误差。

解决这个问题,最好采用分组调整均分原始误差的方法。这种方法的实质就是把原始误差按其大小均分为两组,每组毛坯的误差范围就缩小为原来的1/2,然后按各组分别调整加工。

(6) 均化原始误差法　对配合精度要求很高的轴和孔,常采用研磨工艺。研具本身并不要求具有高精度,但它能在和工件作相对运动的过程中对工件进行微量切削,使工件高点逐渐被磨掉(当然,模具也会被工件磨去一部分),最终使工件达到很高的精度。这种表面间的摩擦和磨损的过程,就是误差不断减小的过程,这就是均化原始误差法。它的实质就是利用有密切联系的表面相互比较、相互检查,找出差异,然后进行相互修正或互为基准进行加工,使工件被加工表面的误差不断缩小和均化。在生产中,许多精密基准件(如平板、直尺、游标万能角度尺、端齿分度盘等)都是利用均化原始误差法加工出来的。

七、表面质量

机械加工表面质量,是指零件在机械加工后表面层的微观几何形状误差和物理、化学及力学性能。产品的工作性能、可靠性和寿命在很大程度上取决于主要零件的表面质量。

机械加工表面质量的含义有两方面的内容。

1. 表面的几何特性

如图 1-4 所示,加工表面的几何形状总是以"峰"、"谷"形式交替出现,其偏差又有宏观、微观的差别。

(1) 表面粗糙度　它是指加工表面的微观几何形状误差,如图1-4所示。其波长 L_3 与波高 H_3 的比值一般小于 50,主要由刀具的形状以及切削过程中塑性变形和振动等因素决定。

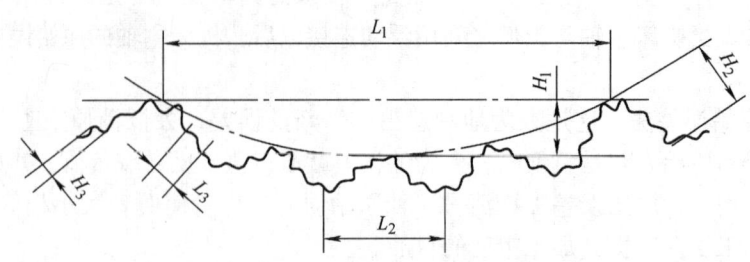

图 1-4 表面几何特性

（2）表面波度　它是介于宏观几何形状误差（$L_1/H_1 > 1000$）与微观表面粗糙度（$L_3/H_3 < 50$）之间的周期性几何形状误差，如图 1-4 所示，其波长 L_2 与波高 H_2 的比值一般为 50~1000。它主要是由机械加工过程中工艺系统低频振动引起的。一般以波高为波度的特征参数，用测量长度上五个最大波幅的算术平均值 ω 表示，即

$$\omega = (\omega_1 + \omega_2 + \omega_3 + \omega_4 + \omega_5)/5$$

（3）表面纹理方向　它是指表面刀纹的方向，取决于该表面所采用的机械加工方法及其主运动和进给运动的关系。一般对运动副或密封件有纹理方向的要求。

（4）伤痕　它是指在加工表面的一些个别位置上出现的缺陷。伤痕大多是随机分布的，例如，砂眼、气孔、裂痕和划痕等。

2. 表面层的物理、化学和力学性能

由于机械加工中切削力和切削热的综合作用，使加工表面层金属的物理、化学和力学性能发生一定的变化，主要表现在以下三个方面。

1）表面层加工硬化（冷作硬化）。

2）表面层金相组织变化及由此引起的表层金属强度、硬度、塑性及耐腐蚀性的变化。

3）表面层产生残余应力或造成原有残余应力的变化。

第二节　数控加工工艺概述

一、数控加工工艺系统的组成

机械加工中，由机床、夹具、刀具和工件等组成的统一体称为工艺系统。数控加工工艺系统是由数控机床、夹具、刀具和工件等组成的，如图 1-5 所示。

（1）数控机床　采用数控技术或装备了数控系统的机床称为数控机床，它是一种技术密集度和自动化程度都比较高的机电一体化加工装备。数控机床是实现数控加工的主体。

（2）夹具　在机械制造中，用以装夹工件（和引导刀具）的装置统称为夹具。在机械制造工厂，夹具的使用十分广泛，从毛坯制造到产品装配以及检测的各个生产环节，都有许多不同种类的夹具。夹具是实现数控加工的纽带。

（3）刀具　金属切削刀具是现代机械加工中的重要工具，无论是普通机床还是数控机床都必须依靠刀具才能完成切削工作，刀具是实现数控加工的桥梁。

（4）工件　工件是数控加工的对象。

二、数控加工工艺的特点

工艺规程是工人在加工时的指导性文件。由于普通机床受控于操作工人，因此在普通机床上用的工艺规程实际上只是一个工艺过程卡，机床的切削用量、进给路线、工序的工步等往往都是由操作工人自行选定的。

数控加工的程序是数控机床的指令性文件。数控机床受控于程序指令，加工的全过程都是按程序指令自动进行的，因此，数控加工程序与普通机床工艺规程有较大差别，涉及的内容也较广。数控机床加工程序不仅要包括零件的工艺过程，而且还要包括切削用量、进给路线、刀具尺寸以及机床的运动过程。因此，要求编程人员对数控机床的性能、特点、运动方式、刀具系统、切削规范，以及工件的装夹方法都要非常熟悉。工艺方案的好坏不仅会影响机床效率的发挥，而且将直接影响到零件的加工质量。

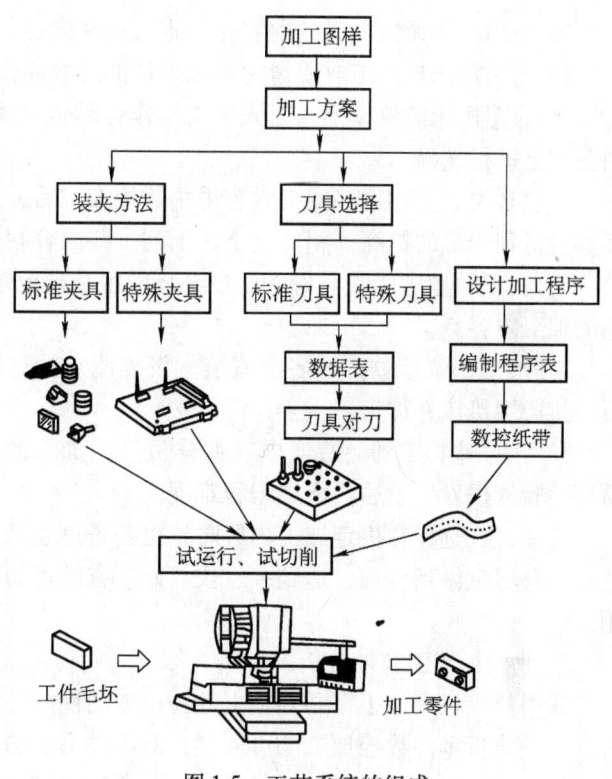

图 1-5　工艺系统的组成

三、数控加工工艺的主要内容

1）选择适合在数控机床上加工的零件，确定工序内容。

2）分析被加工零件的图样，明确加工内容及技术要求。

3）确定零件的加工方案，制订数控加工工艺路线。例如：划分工序、安排加工顺序、处理与非数控加工工序的衔接等。

4）加工工序的设计。例如：选取零件的定位基准，夹具方案的确定，划分工步、选取刀具、确定切削用量等。

5）数控加工程序的调整。选取对刀点和换刀点，确定刀具补偿和加工路线。

6）分配数控加工中的容差。

7）处理数控机床上的部分工艺指令。

虽然数控加工工艺内容较多，但有些内容与普通机床加工工艺非常相似。

四、数控加工工艺设计

当加工零件和数控机床确定之后，编程人员就要选定零件的工艺基准，提出零件的装卡方案、划分数控加工工序、拟订数控加工的工艺方案。所谓拟订加工工艺方案，就是确定零件加工所必需的事项，根据这些事项进行程序设计、刀具安排、工夹具的制造（或选用）等工作。

1. 数控加工工艺内容的选择

对于某个零件来说，并非全部加工工艺过程都适合在数控机床上完成，而往往只是其中的一部分适合于数控加工。这就需要对零件图样进行仔细的工艺分析，选择那些最适合、最需要进行数控加工的内容和工序。在选择并做出决定时，应结合本企业设备的实际，立足于解决难题、攻克关键和提高生产效率，充分发挥数控加工的优势。一般可按下列顺序考虑：

1）通用机床无法加工的内容作为重点选择内容。

2）通用机床难加工、质量也难以保证的内容应作为重点选择内容。

3）通用机床的效率低、工人手工操作劳动强度大的内容，可在数控机床尚有富余能力的基础上进行选择。

一般来说，上述这些加工内容采用数控加工后，在产品质量、生产效率与综合效益等方面都会得到明显的提高。相比之下，下列一些内容则不宜选择采用数控加工：

1）占机调整时间长。例如，以毛坯的粗基准定位加工第一个精基准，要用专用工装协调的加工内容。

2）加工部位分散，要多次安装、设置原点。这时采用数控加工很麻烦，效果不明显，可安排通用机床补加工。

3）按某些特定的制造依据（如样板等）加工的型面轮廓。主要原因是获取数据困难，易与检验依据发生矛盾，增加编程难度。

此外，在选择和决定加工内容时，也要考虑生产批量、生产周期、工序间周转情况等。总之，要尽量做到合理，达到多、快、好、省的目的。要防止把数控机床降格为通用机床使用。

2. 数控加工工艺性分析

采用数控机床加工，必须根据数控机床的性能特点、应用范围，对零件加工工艺进行分析。一是分析零件数控加工的可能性：对零件毛坯的可安装性、材质的可加工性、刀具运动的可行性和加工余量状况进行分析。二是分析程序编制的方便性，视零件图样尺寸的标注方法是否便于坐标计算和程序编制，能否减少刀具的规格和换刀次数，提高生产效率和加工质量。三是通过工艺分析选择合适的加工方案，对于同一零件，由于安装定位的方式、刀具的配备、加工路径的选取、工件坐标系的设置以及生产规模等的差异，往往会有许多可能的加工方案，也就是根据零件的技术要求选择经济、合理的工艺方案。具体要分析的内容大致有以下 7 个方面：

1）零件毛坯的可安装性分析。分析被加工零件的毛坯是否便于定位和装夹，安装基准需不需要进行加工，夹压方式和夹压点的选取是否会妨碍刀具的运动，夹压变形是否对加工质量有影响等。为工件定位、安装和夹具设计提供依据。

2）毛坯材质的加工性分析。分析所提供的毛坯材质本身的力学性能和热处理状态，毛坯的铸造品质和被加工部位的材料硬度，是否有白口、夹砂、疏松等。判断其加工的难易程度，为刀具材料和切削用量的选择提供依据。

3）刀具运动的可行性分析。分析工件毛坯（或坯件）外形和内腔是否存在有碍刀具定位、运动和切削的地方，对有碍部位是否允许进行刀检。为刀具运动路线的确定和程序设计提供依据。

4）加工余量状况的分析。分析毛坯（或坯料）是否留有足够的加工余量，孔加工部位是通孔还是不通孔,有无沉孔等,为刀具选择、加工安排和加工余量分配提供依据。

5) 分析零件图样尺寸的标注方法是否适应数控加工的特点。通常零件图样的尺寸标注方法都是要据装配要求和零件的使用特性分散地从设计基准引注,这样的标注方法会给工序安排、坐标计算和数控加工增加许多麻烦。而数控加工零件图样则要求从同基准引注尺寸或直接给出相应的坐标值(或坐标尺寸),这样有利于编程和协调设计基准、工艺基准、测量基准与编程零点的设置和计算。

6) 分析零件图样给示构成零件轮廓的几何元素的条件是否充分。如果不充分,则会产生下列问题:一是手工编程时无法计算基点或节点的坐标;二是自动编程时,无法对构成零件轮廓的几何元素进行定义。

7) 分析零件结构工艺性是否有利于数控加工。一是分析零件的外形、内腔是否可以采取统一的几何类型或尺寸,尽可能减少刀具数量和换刀次数;二是分析零件内槽圆角是否过小,内槽圆角的大小决定着刀具直径的大小,因而内槽圆角半径不应过小。如图 1-6 所示,零件工艺性的好坏与被加工轮廓的高低、转接圆弧半径的大小等有关。图 1-6b 与图 1-6a 相比,转接圆弧半径大,可以采用较大直径的铣刀来加工。加工平面时,进给次数也相应减少,表面加工质量也会好一些,所以工艺性较好。通常 $R < 0.2H$(H 为被加工零件轮廓面的最大高度)时,可以判定零件该部位的工艺性不好。

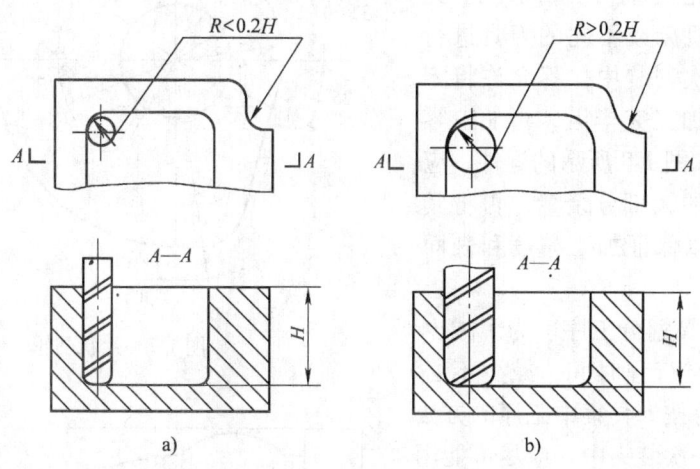

图 1-6 数控加工工艺性对比
a) 内槽圆角半径 $R < 0.2H$ b) 内槽圆角半径 $R > 0.2H$

3. 数控加工工艺路线设计

数控加工的工艺路线设计与用通用机床加工的工艺路线设计的主要区别在于它不是指从毛坯到成品的整个工艺过程,而仅是几道数控加工工艺过程的具体描述。因此在工艺路线设计中一定要注意,由于数控加工工序一般均穿插于零件加工的整个工艺过程中间,因而要与普通加工工艺衔接好。

另外,许多在通用机床加工时由工人根据自己的实践经验和习惯所自行决定的工艺问题(如:工艺中各工步的划分与安排,刀具的几何形状、进给路线及切削用量等),都是数控工艺设计时必须认真考虑的内容,并将正确的选择编入程序中。在数控工艺路线设计中主要应注意以下几个问题。

（1）工序的划分　在数控加工机床上加工零件，工序可以比较集中，在一次装夹中尽可能完成大部分或全部工序。首先应根据零件图样，考虑被加工零件是否可以在一台数控机床上完成整个零件的加工工作，若不能则应决定其中哪一部分在数控机床上加工，哪一部分在其他机床上加工，即对零件的加工工序进行划分。一般工序划分有以下几种方式：

1）按零件装卡定位方式划分工序。由于每个零件结构形状不同，各表面的技术要求也有所不同，故加工时，其定位方式各有差异。一般加工外形时，以内形定位；加工内形时又以外形定位。因而可根据定位方式的不同来划分工序。

如图 1-7 所示的片状凸轮，按定位方式可分为两道工序，第一道工序可在普通机床上进行。以外圆表面和 B 平面定位加工端面 A 和 ϕ22H7 的内孔，然后再加工端面 B 和 ϕ4H7 的工艺孔；第二道工序以已加工过的两个孔和一个端面定位，在数控铣床上铣削凸轮外表面曲线。

2）按粗、精加工划分工序。根据零件的加工精度、刚度和变形等因素来划分工序时，可按粗、精加工分开的原则来划分工序，即先粗加工再精加工。此时，可用不同的机床或不同的刀具进行加工。通常在一次安装中，不允许将零件某一部分表面加工完毕后，再加工零件的其他表面。如图 1-8 所示的零件，应先切除整个零件的大部分余量，再将其表面精车一遍，以保证加工精度和表面粗糙度的要求。

3）按所用刀具划分工序。为了减少换刀次数，压缩空行程时间，减少不必要的定位误差，可按刀具集中工序的方法加工零件，即在一次装夹中，应尽可能用同一把刀具加工出可能加工的所有部位，然后再换另一把刀具加工其他部位。在专用数控机床和加工中心中常采用这种方法。

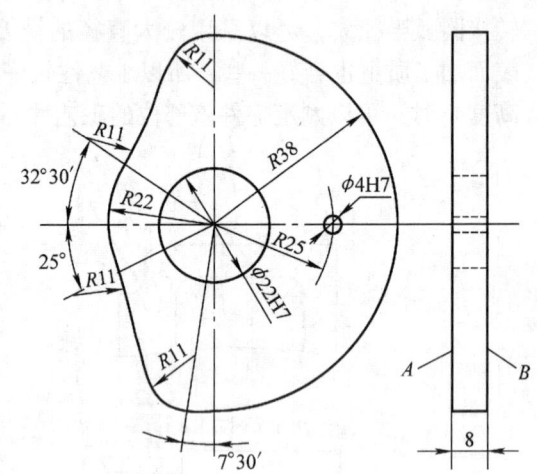

图 1-7　片状凸轮

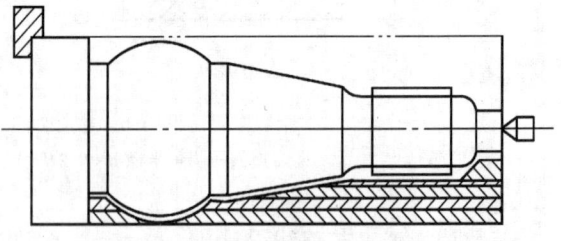

图 1-8　车削加工的零件

4）按加工部位划分工序。对于加工内容很多的零件，可按其结构特点将加工部位分成几个部分，如内形、外形、曲面或平面。

（2）加工顺序的安排　顺序的安排应根据零件的结构和毛坯状况，以及定位安装与夹紧的需要来考虑，重点是工件的刚性不被破坏。顺序安排一般应按以下原则进行：

①上道工序的加工不能影响下道工序的定位与夹紧，中间穿插有通用机床加工工序的也要综合考虑。

②以相同定位、夹紧方式或同一把刀具加工的工序,最好接连进行,以减少重复定位次数、换刀次数与挪动压板次数。

③先进行内形内腔加工工序,后进行外形加工工序。

④在同一次安装中进行的多道工序,应先安排对工件刚性破坏较小的工序。

(3) 数控加工工艺与普通工序的衔接　数控工序前后一般都穿插有其他普通工序,如衔接得不好就容易产生矛盾,因此在熟悉整个加工工艺内容的同时,要清楚数控加工工序与普通加工工序各自的技术要求、加工目的、加工特点。例如,要不要留加工余量,留多少;定位面与孔的精度要求及几何公差;对校形工序的技术要求;对毛坯的热处理状态等。这样才能使各工序相互满足加工需要,且质量目标及技术要求明确,交接验收有依据。

数控工艺路线设计是下一步工序设计的基础,其设计质量会直接影响零件的加工质量与生产效率。设计工艺路线时应对零件图样、毛坯图样认真消化,结合数控加工的特点灵活运用普通加工工艺的一般原则,尽量把数控加工工艺路线设计得更合理一些。

4. 数控加工工序的设计

在确定工序内容时,要充分注意到数控加工的工艺是十分严密的,因为数控机床虽然自动化程度较高,但自适应性差。它不能像通用机床,在加工时可以根据加工过程中出现的问题比较自由地进行人为调整,即使现代数控机床在自适应调整方面做出了不少努力与改进,但自由度也不大。比如,数控机床在攻螺纹时,它就不知道孔中是否已挤满了切屑,是否需要退一下刀或清理一下切屑再继续加工。所以,在数控加工的工序设计中必须注意加工过程中的每一个细节。

数控工序设计的主要任务是进一步把本工序的加工内容、切削用量、工艺装备、定位夹紧方式及刀具运动轨迹都确定下来,为编制加工程序作好充分准备。下面将叙述数控加工工序设计的步骤。

(1) 确定进给路线和安排工步顺序　在数控加工工艺过程中,刀具时刻处于数控系统的控制下,因而每一时刻都应有明确的运动轨迹及位置。进给路线就是刀具在整个加工工序中的运动轨迹,它不但包括了工步的内容,也反映出工步顺序。进给路线是编写程序的依据之一,因此,在确定进给路线时,最好画一张工序简图,将已经拟定出的路线画上去(包括进、退刀路线),这样可为编程带来不少方便。工步的划分与安排一般可随进给路线来进行,在确定时主要考虑以下几点:

①寻求最短加工路线,减少空刀时间以提高加工效率。

②刀具的进、退刀(切入与切出)路线要认真考虑,以尽量减少在轮廓切削中停刀(切削力突然变化造成弹性变形)而留下刀痕,也要避免在工件轮廓面的垂直方向上划伤工件。

③要选择工件在加工后变形小的路线,对横截面积小的细长薄板零件,应采用分几次进给加工到最后尺寸或对称去余量法安排进给路线。

④为保证工件轮廓表面加工后的表面粗糙度要求,最终轮廓应安排在最后一次进给中连续加工出来。

(2) 定位基准与夹紧方案的确定　在确定定位基准与夹紧方案时应注意下列三点:

①尽可能作到设计、工艺与编程计算的基准统一。

②尽量将工序集中,减少装夹次数,尽可能做到在一次装夹后就能加工出全部待加工

表面。

③避免采用占机人工调整装夹方案。

(3) 夹具的选择　由于夹具确定了零件在机床坐标系中的位置,即加工原点的位置,因而首先要求夹具能保证零件在机床坐标系中的正确坐标方向,同时协调零件与机床坐标系的尺寸。除此之外,主要考虑下列几点:

①夹具要开敞,其定位、夹紧机构元件不能影响加工中的进给(如产生碰撞等)。

②当零件加工批量小时,尽量采用组合夹具,可调式夹具及其他通用夹具。

③当小批量或成批生产时才考虑采用专用夹具,但应力求结构简单。

④装卸零件要方便可靠,以缩短准备时间,批量较大的零件应采用气动或液压夹具、多工位夹具。

(4) 刀具的选择　在选择数控机床所用的刀具时应注意以下几个方面:

1) 先进的刀具材料。刀具材料是影响刀具性能的重要环节。除了不断发展常用的高速钢和硬质合金钢材料外,涂层硬质合金刀具已在国外普遍使用。硬质合金刀片的涂层工艺是在韧性较大的硬质合金基体表面沉积一薄层(一般 $5\sim7\mu m$)高硬度的耐磨材料,把硬度和韧性高度地结合在一起,从而改善硬质合金刀片的切削性能。

2) 较高的精度。随着数控机床、柔性制造系统的发展,要求刀具能实现快速和自动换刀;又由于加工的零件日益复杂和精密,这就要求刀具必须具备较高的形状精度。对数控机床上所用的整体式刀具也提出了较高的精度要求,有些立铣刀的径向尺寸精度高达 $5\mu m$,以满足精密零件的加工需要。

3) 良好的切削性能。现代数控机床正向着高速、高刚性和大功率方向发展,因而所使用的刀具必须具有能够承受高速切削和强力切削的性能。同时,同一批刀具在切削性能和刀具寿命方面一定要稳定,这是由于在数控机床上为了保证加工质量,往往实行按刀具使用寿命换刀或由数控系统对刀具寿命进行管理。

(5) 确定切削用量　在程序设计时,编程人员必须确定每道工序的切削用量。编程人员选择切削用量时,一定要充分考虑影响切削的各种因素,正确地选择切削条件,合理地确定切削用量,可有效地提高机械加工质量和产量。影响切削条件的因素有以下几点:

①切削速度、背吃刀量、进给量。

②机床、工具、刀具及工件进给率。

③工件精度及表面粗糙度。

④工件材料的硬度及热处理状况。

⑤刀具预期寿命及最大生产率。

⑥切削液的种类、冷却方式。

⑦工件数量。

⑧机床的寿命。

上述诸因素中以切削速度(v_c)、背吃刀量(a_p)、进给量(f)为主要因素。

切削速度(切削表面速度)是指单位时间内刀具从工件表面所切过的距离,它的单位通常用 m/min 或 m/s 表示。切削速度的快慢直接影响切削效率,若切削速度过小,则切削时间会长,刀具无法发挥其功能;若切削速度太快,虽然切削时间可以缩短,但是刀具容易产生高热，影响刀具的寿命。

　　背吃刀量主要受机床刚度的制约，在机床刚度允许的情况下，尽可能增大背吃刀量，如果不受加工精度的限制，可以使背吃刀量等于零件的加工余量。这样可以减少进给次数。

　　主轴转速要根据机床和刀具允许的切削速度来确定。可以用计算法或查表法来选取。

　　进给量 f(mm/min 或 mm/r) 要根据零件的加工精度、表面粗糙度、刀具和工件材料来选。最大进给速度受机床刚度、进给驱动及数控系统的限制。

　　编程员在选取切削用量时，一定要根据机床说明书的要求和刀具寿命，选择适合机床特点及使刀具寿命最高的切削用量。当然也可凭经验，采用类比法去确定切削用量。

复习思考题

1. 什么叫生产过程和工艺过程？
2. 什么叫工序和工步？构成工序和工步的要素各有哪些？
3. 生产类型有哪几种？各有何特点？
4. 在确定数控加工工艺内容时，应考虑哪些方面的问题？
5. 如何进行数控加工工艺性分析？
6. 为提高数控加工的精度应在加工中应该注意哪些问题？

第二章 数控加工切削基础

本章应知
1. 金属切削过程的规律
2. 切削运动与切削要素
3. 数控机床的常用刀具

本章应会
刀具切削参数的选择

第一节 金属切削过程的规律及其应用

一、切屑的形成及类型

1. 切屑的形成

金属的切削过程是工件上多余的金属层,通过切削加工,被刀具切除而形成切屑的过程。切屑的形成过程实质上是切削层在刀具的切削刃和前刀面的挤压作用下,经过变形、剪切滑移而脱离工件的过程。它包括切削层沿滑移面的剪切变形和切屑在前刀面上排出时的滑移变形两个阶段。

为了进一步分析切削层变形的特殊规律,通常把切削刃作用部位的金属划分为三个变形区(图2-1)。

(1)第Ⅰ变形区 它由靠近切削刃的 OA 线处开始发生塑性变形,到 OM 线处剪切滑移基本完成。

(2)第Ⅱ变形区 切屑沿前刀面排出时,切削层与前刀面相接触的附近区域进一步受到前刀面的挤压和摩擦。

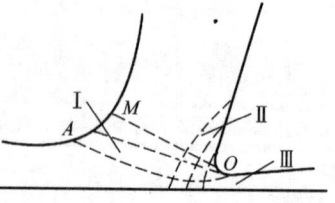

图 2-1 切削时的三个变形区

(3)第Ⅲ变形区 是已加工表面靠近切削刃处的区域。在这一区域,金属受到切削刃和后刀面的挤压与摩擦,造成加工硬化。

很明显,切削层在作用力 F_r(图2-2)的作用下,使切削刃处的金属首先产生弹性变形,接着产生塑性变形。塑性变形的表现是使切削层里的金属沿倾斜的剪切面滑移。这一剪切面不是一个平面,而是一个剪切区(图2-2a中 AO 与 OM 之间)。

切屑的形成过程,可以粗略地看作金属切削层逐步地移至剪切面 OB(图2-2b),即成片地产生滑移。这个过程不断进行,切削层便连续地通过前刀面转变成切屑。

2. 切屑的类型

切削时,由于工件材料和切削条件不同,形成的切屑类型也不同,一般可以分成四类,如图2-3所示。

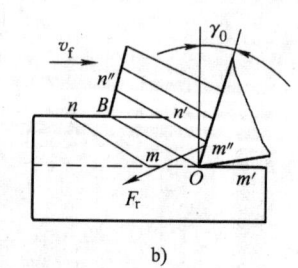

图 2-2 切屑的形成过程

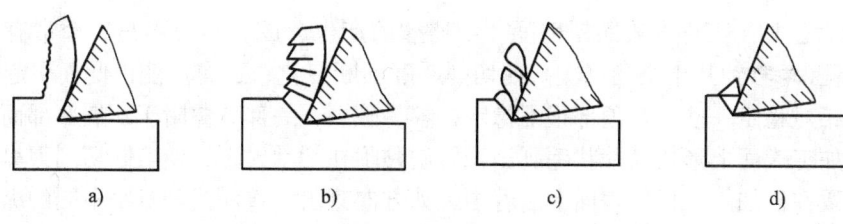

图 2-3 切屑类型

a) 带状切屑 b) 节状切屑 c) 粒状切屑 d) 崩碎切屑

(1) 带状切屑 这类切屑内表面光滑，外表面呈毛茸状并连绵不断。在切削塑性较大的金属材料（如碳素钢、合金钢、铜和铝类合金）时，当金属的内应力还没有达到强度极限时，就会形成这类切屑。

(2) 节状切屑 在切屑形成过程中，如果剪切面上局部材料破裂成节状，但与前刀面接触的一面相互连接而未被完全折断，这就是节状切屑。在切削黄铜或低速切削钢材时，其剪切面上局部受到的剪应力达到强度极限时容易得到这类切屑。

(3) 粒状切屑 在切削过程中，如果切屑破裂成形似梯形的块状，这就是粒状切屑。切削时如果整个剪切面上所受到的剪应力均超过材料的破裂强度时，就会形成粒状切屑。

(4) 崩碎切屑 切削铸铁、黄铜等脆性材料时，切削层在接近切削刃和前刀面的局部金属粒经塑性变形就被挤裂或脆断，形成大小不一、形状不规则的崩碎状切屑。工件材料越脆越硬，刀具前角越小、切削厚度越大时，越容易形成这类切屑。

二、积屑瘤

1. 积屑瘤的现象

在中速或较低的切削速度范围内，切削一般钢料或其他塑性金属材料，而又能形成带状切屑时，紧靠切削刃的前刀面上黏结一硬度很高的楔状金属块，它包围着切削刃且覆盖部分前刀面，这种楔状金属块称为积屑瘤。积屑瘤与被切除材料具有相同的化学成分，但由于其晶格严重畸变而使得硬度约为被切材料的 2~4 倍，如图 2-4 所示。

2. 积屑瘤的形成过程

积屑瘤的形成一般可分为两个过程：形核和核长大。形核时，在一定温度和压力条件下，切屑底层金属晶格畸变并黏附在具有亲和活力的刀具前面，形成积屑瘤核；随着切屑的流动，切屑底层结构相似的原子团不断依附，促使积屑瘤核不断长大，逐渐形成积屑瘤。

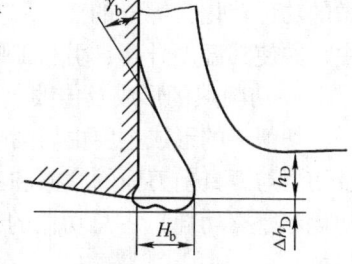

图 2-4 积屑瘤的形成

长大后的积屑瘤受外力作用或振动影响会发生局部断裂或脱落。积屑瘤的产生、成长、脱落过程是在短时间内进行的，并在切削过程中周期性地不断出现。

3. 积屑瘤对切削过程的影响

(1) 增大前角 积屑瘤黏附在前刀面上，增大了刀具的实际前角，当积屑瘤最高时，刀具有 30°左右的前角 γ_o，因而可减少切屑变形，降低了切削力。

(2) 增大切削厚度 积屑瘤前端伸出切削刃外，伸出量为 Δh_D（见图 2-4），使切削厚度增大了 Δh_D，因而影响了加工尺寸。

(3) 增大已加工工件的表面粗糙度　积屑瘤的产生、成长与脱落是一个带有一定周期性的动态过程(每秒钟几十至几百次),使切削厚度不断变化,还有可能由此而引起振动;积屑瘤的底部相对稳定一些,其顶部很不稳定,容易破裂,一部分黏附于切屑底部而排出,一部分留在已加工表面上形成鳞片状毛刺;积屑瘤黏附在切削刃上,使实际切削刃呈一不规则的曲线,导致在已加工工件的表面上沿着主运动方向刻出一些深浅和宽窄不同的纵向沟纹。

(4) 影响刀具寿命　积屑瘤包围着切削刃,同时覆盖着一部分前刀面。积屑瘤一旦形成,它便代替切削刃和前刀面进行切削。于是,切削刃和前刀面都得到积屑瘤的保护,从而减少了刀具磨损。但在积屑瘤不稳定的情况下使用硬质合金刀具时,积屑瘤的破裂可能使硬质合金刀具颗粒剥落,使刀具磨损加剧。

4. 影响积屑瘤产生的主要因素及防止方法

(1) 切削速度的影响　实验研究表明,切削速度是通过切削温度对前刀面的最大摩擦系数和工件材料性质的影响而产生积屑瘤的。所以,控制切削速度使切削温度控制在300℃以下或380℃以上,就可以减少积屑瘤的生成。

(2) 进给量的影响　进给量增大,则切削厚度增大,使刀具与切屑的接触长度越长,从而形成积屑瘤的生成基础。若适当降低进给量,则可削弱积屑瘤的生成基础。

(3) 前角的影响　若增大刀具前角,切屑变形减小,则切削力减小,从而使前刀面上的摩擦减小,减小了积屑瘤的生成基础。实践证明,前角增大到35°时,一般不产生积屑瘤。

(4) 切削液的影响　采用润滑性能良好的切削液可以减少或消除积屑瘤的产生。

(5) 工件材料硬度的影响　当工件材料硬度很低、塑性很高时,可进行适当的热处理,以提高硬度,降低塑性,抑制积屑瘤的产生。

三、切削热、切削温度与切削液

切削热与切削温度是切削过程中产生的另一个重要的物理现象。切削过程中,切削力所做的功可转化为等量的热,除少量散逸在周围介质中外,其余均传散到刀具、切屑和工件中,并使其温度升高,引起工件热变形,加速了刀具的磨损。

1. 切削热的形成及传散

切削热的形成主要由切削功耗产生,而切削中的功耗主要是由被切削层金属的变形,以及切屑与刀具前刀面的摩擦和工件与刀具后刀面的摩擦产生。其中,切削功耗(包括变形功耗和摩擦功耗)占总功耗的98%~99%,因此可以认为,切削过程中的功耗都转化为切削热。

切削热通过切屑、刀具、工件和周围介质传散。各部分传热的比例取决于工件材料、切削速度、刀具材料及其几何形状、加工方式以及是否使用切削液等。例如,不用切削液车削钢料外圆时,由切屑传出的热约占50%~80%,刀具吸收的热约占4%~10%,工件吸收的热约占9%~30%,由周围介质传出的热量约占1%;而钻削钢料时切削热的52%传入钻头。

切削速度越高,切削厚度越大,则由切屑带走的热量越多。

2. 切削温度及其影响因素

切削温度是指切削区的平均温度,即切屑、工件和刀具接触区的平均温度。切削温度直接影响刀具寿命和工件的加工质量,也严重影响切削加工生产率。

影响切削温度的因素有刀具材料、工件材料、切削用量、刀具几何形状和切削液等。

（1）工件材料的影响　工件材料的硬度、强度越高，切削时消耗的功越大，切削温度就越高；工件材料的导热性能越好，切削热传散越快，切削温度则越低。

（2）切削用量的影响　切削用量越大，单位时间内金属被切除量越多，切削热越大，切削温度越高。在切削用量三要素中，切削速度对切削温度的影响最大，进给量次之，背吃刀量影响最小。因此，在保证生产率的前提下，为有效控制切削温度，选用较大的背吃刀量比选用较大的切削速度更有利。

（3）刀具几何角度的影响　刀具角度中以前角和主偏角对切削温度的影响最大。增加刀具前角，可减少切屑变形和摩擦，使切削热减少，有利于降低温度。但前角过大，将使刀头部分散热体积减少，反而不利于降低切削温度。减小主偏角可使主切削刃的工作长度增加，散热条件改善，有利于降低切削温度。

（4）切削液的影响　切削加工时，使用切削液可以有效地降低温度，同时还可以起润滑、清洗和防锈的作用。

第二节　切削运动及切削要素

一、零件表面的形成

切削加工是机械加工的基本方法，它是利用切削工具从工件上切除多余材料来制造机械零件的。在切削加工中，随着工件多余材料不断被切除，工件上存在三个处于不断变化的表面，如图2-5所示。

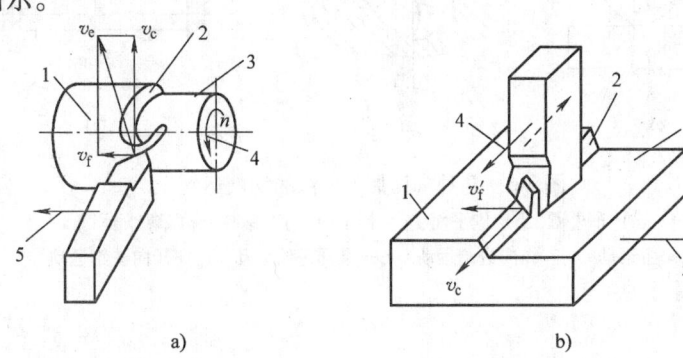

图2-5　常见加工方法中的表面形成
a）车外圆　b）刨平面
1—待加工表面　2—过渡表面　3—已加工表面　4—主运动　5—进给运动

1. 待加工表面

工件有待加工的表面，即工件上即将被切除的多余材料层表面。

2. 已加工表面

工件上经刀具切削后产生的新表面。

3. 过渡表面

工件上由刀具与工件接触的部分切削刃形成的那部分表面，即切削刃正在切削的表面，它总是介于待加工表面和已加工表面之间。亦可以称作加工表面或切削表面。

应当指出，零件三个表面的划分，只是为了便于对切削过程的研究，但在切削加工过程中，零件的三个表面始终都是处于不断的变化之中：这一次加工进给的待加工表面，即为上一次加工进给的已加工表面；过渡表面则随着每次切削加工的刀具进给不断被切除而形成新的过渡表面。

二、金属切削运动

在金属加工过程中，为了要加工出各种各样的零件表面，并使之达到设计要求，刀具与工件之间必须具有一定的相对运动，这就是切削运动。按照在切削过程中所起的作用不同，切削运动可分为主运动和进给运动。图2-6表示了几种常见加工方法的切削运动。

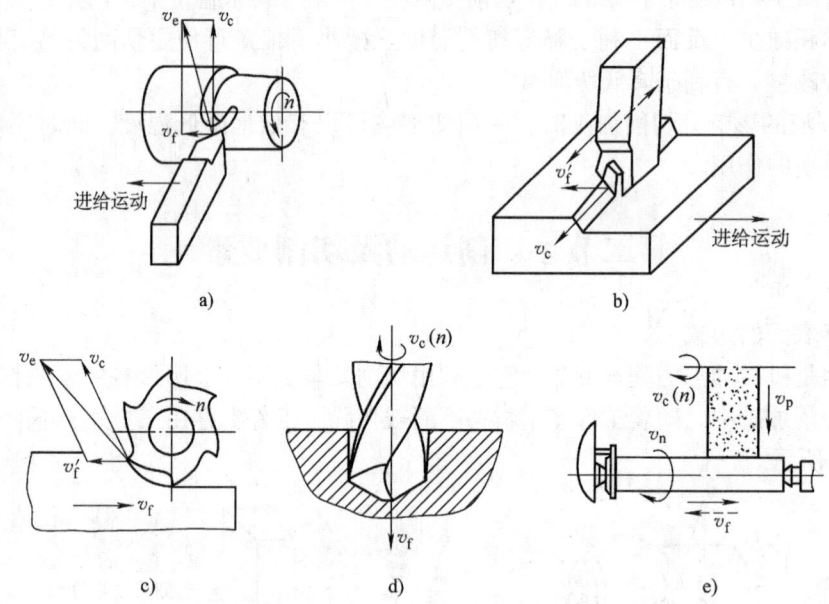

图2-6 几种常见加工方法的切削运动
a）车外圆 b）刨平面 c）铣平面 d）钻孔 e）磨外圆
v_c—主运动 v_f—纵向进给运动 v_n—圆周进给运动 v_p—径向进给运动

1. 主运动

切削运动中速度最高、消耗功率最大的运动称为主运动。主运动是切削金属所需要的最基本运动，有且只有一个。它可以由工件完成，也可以由刀具完成，可以是旋转运动，也可以是直线运动。图2-6中，车削时主轴带动工件的旋转运动，铣削、钻削时刀具的旋转运动，刨削时刨刀的往复直线运动等都是主运动。

2. 进给运动

进给运动可使新的金属不断投入切削，以便切完工件表面上全部余量，从而形成符合设计要求的加工表面。进给运动可由刀具完成（如车削、钻削等），也可由工件完成（如铣削、磨削等）；可以是连续的（如车削），也可以是间歇的（如刨削）；可以只有一个，也可以有几个。一般而言，进给运动的速度较低，消耗的功率较少。

工件在切削运动时，表面的一层金属不断地被刀具切削下来变为切屑，从而加工出新的表面。

三、切削要素

切削要素是指切削用量和切削层参数。

1. 切削用量

切削用量包括切削速度 v_c、进给量 f 和背吃刀量 a_p，分别用来表示主运动、进给运动的运动量大小和每次被切除材料层厚度大小，如图 2-7 所示。

（1）切削速度 v_c　切削刃选定点（或称为参考点。当无特别指定时，一律以刀具或工件进入切削状态的最大直径为计算依据。）相对于工件的主运动瞬时线速度，单位为 m/s 或 m/min。

当主运动为旋转运动时，可按下面公式计算，即

$$v_c = \pi dn / 1000 \tag{2-1}$$

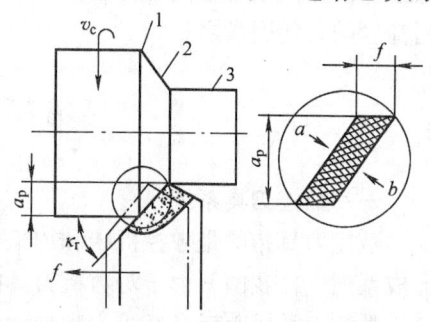

图 2-7　切削用量示意图
1—待加工表面　2—过渡表面
3—已加工表面

式中　d——切削刃选定点的刀具或工件的旋转直径（mm）；

　　　n——主运动的旋转速度（r/min 或 r/s）。

（2）进给量 f　进给运动物体在进给运动方向上的相对位移量，可以用刀具或工件每转（主运动为旋转运动时）或每行程（主运动为直线运动时）的位移量来表示，单位为 mm/r 或 mm/行程。

对于多齿刀具（如钻头、铣刀等）每转或每行程中每一单齿相对于工件在进给运动方向上的位移量，称为每齿进给量 f_z，单位为 mm/齿。

$$f_z = f / z \tag{2-2}$$

式中　z——多齿刀具的齿数。

切削刃上选定点相对工件的进给运动瞬时速度称为进给速度 v_f，单位为 mm/s 或 mm/min。对于连续进给的切削加工，按公式（2-3）进行计算；对于断续进给的切削加工（如刨削、插削），公式（2-3）仍可用，但所求为断续切削的平均速度。

$$v_f = nf = nf_z z \tag{2-3}$$

（3）背吃刀量 a_p　背吃刀量是指已经加工表面与待加工表面间的垂直距离。

加工外圆、内孔等回转表面时：

$$a_p = |d_w - d_m| / 2 \tag{2-4}$$

式中　d_w——工件待加工表面直径（mm）；

　　　d_m——工件已加工表面直径（mm）。

2. 切削层参数

切削层是指工件上正被切削刃切削着的一层金属，亦即相邻两加工表面之间的一层金属，如图 2-7 所示。切削层的几何参数包括切削宽度、切削厚度和切削面积。

（1）切削宽度（b）　切削宽度是指沿主切削刃所测量的待加工表面与已加工表面之间的距离，即主切削刃与切削表面接触的长度。

（2）切削厚度（a）　切削厚度是指刀具或工件每移动一个进给量 f 后，主切削刃相邻两个位置之间的垂直距离。

（3）切削面积（A）　切削面积是指切削层沿垂直于主运动方向所截得的面积。其值等

于切削宽度和切削厚度的乘积,或背吃刀量与进给量的乘积。

$$A = ba = a_p f \quad (\text{mm}^2) \quad (2\text{-}5)$$

切削层的大小反映了切削刃所承受载荷的大小,直接影响到加工质量、生产率和刀具的磨损。实际切削时不能把切削面积 A 都切下来,而在工件上存在残留面积,这是产生表面粗糙度的几何因素之一。

第三节 数控机床刀具

一、数控刀具系统

数控刀具指的是数控机床和加工中心用刀具。数控刀具在国外发展很快,品种很多,已形成系列。在我国,由于对数控刀具的研究开发起步较晚,所以成了工具行业中最薄弱的一环。数控刀具的落后已经成为影响我国国产和进口数控机床充分发挥作用的主要障碍。数控机床(包括加工中心)中除数控磨床和数控电加工机床之外,其他的数控机床都必须采用数控刀具。

数控刀具的分类方法很多。按刀具切削部分的材料可分为高速钢、硬质合金、陶瓷、立方氮化硼和金刚石等刀具;按刀具的结构形式可分为整体式、焊接式、机夹可转位式和涂层刀具;按所使用机床的类型、结构和性能可分为车刀、钻头、铰刀和铣刀等(见图 2-8)。

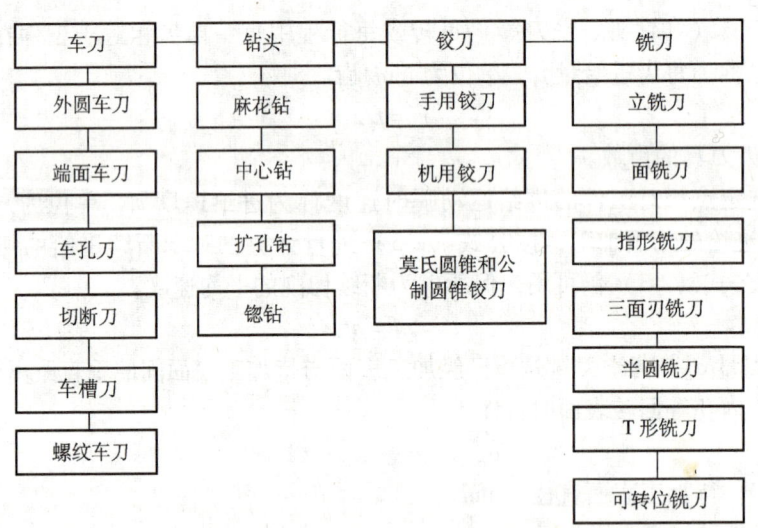

图 2-8 按机床类型分类的数控刀具

从现实情况看,对数控机床刀具应从广义角度来理解"刀具"的含义。随着数控机床结构、功能的发展,现在数控机床的刀具已不是普通机床所采用的"一机一刀"的模式,而是多种不同类型的刀具同时在数控机床的刀盘上(或主轴上)轮换使用,可以达到自动换刀的目的。因此,对"刀具"的含义应理解为"数控工具系统"。图 2-9 和图 2-10 所示为两种典型的数控刀具系统(图 2-9 为链轮式自动换刀装置,图 2-10 为转盘式自动换刀装置),它们是加工中心上应用比较普遍的刀具系统。

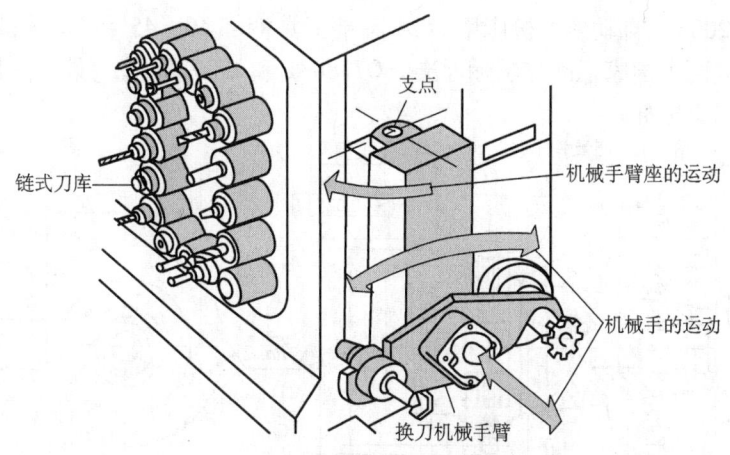

图 2-9　链轮式自动换刀装置

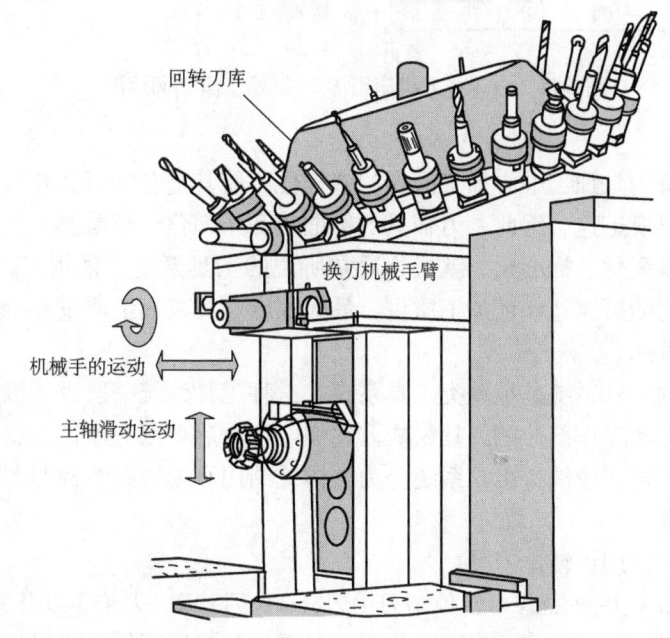

图 2-10　转盘式自动换刀装置

从图 2-9 和图 2-10 所示的这两种换刀装置可以看出，除机床的自动换刀结构外，为了保证刀具的可互换性，刀柄和工具系统也非常重要。

1. 刀柄

刀柄是机床主轴和刀具之间的连接工具，是加工中心必备的辅具。它除了能够准确地安装各种刀具外，还应满足在机床主轴上的自动松开和拉紧定位，刀库中的存储和识别，以及机械手的夹持和搬运等需要。刀柄的选用要和机床的主轴孔相对应，并且已经标准化和系列化。

加工中心上一般采用 7∶24 圆锥刀柄，如图 2-11 所示。这类刀柄不能自锁，换刀比较方便，与直柄相比具有较高的定心精度和刚度。其锥柄部分和机械抓拿部分均有相应的国际和国家标准。GB/T 10944—2006《自动换刀机床用 7∶24 圆锥工具柄部 40、45 和 50 号圆锥柄》

和 GB/T 10945—2006《自动换刀机床用 7∶24 圆锥工具柄部 40、45 和 50 号圆锥柄用拉钉》对此作了规定。这两个国家标准与国际标准 ISO7388/1 和 ISO7388/2 等效。选用时，具体尺寸可以查阅有关国家标准。

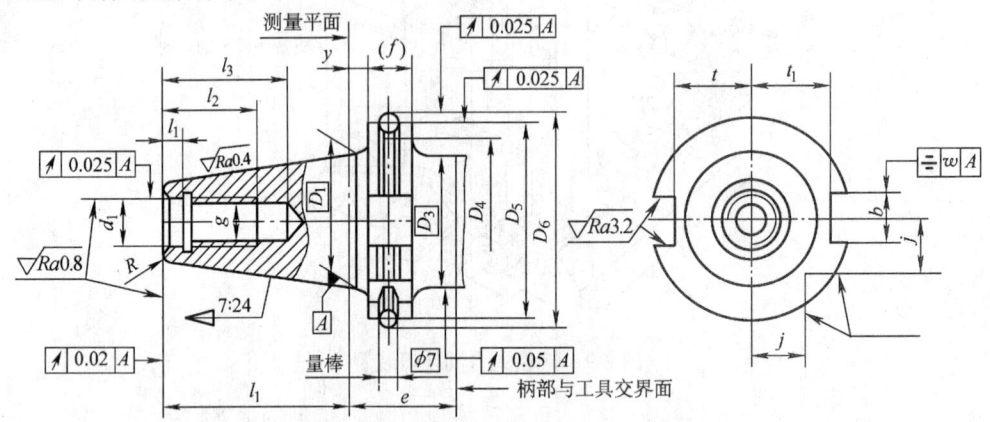

图 2-11　自动换刀机床用 7∶24 圆锥工具柄部简图

2．工具系统

由于数控设备特别是加工中心加工内容的多样性，使其配备的刀具和装夹工具种类也很多，并且要求刀具更换迅速。因此，刀辅具的标准化和系列化十分重要。把通用性较强的刀具和配套装夹工具系列化、标准化，就成为通常所说的工具系统。采用工具系统进行加工，虽然成本高些，但它能可靠地保证加工质量，最大限度地提高加工质量和生产率，使加工中心的效能得到充分发挥。

目前我国建立的工具系统是镗铣类工具系统，这种工具系统一般由与机床主轴连接的锥柄、延伸部分的连杆和工作部分的刀具组成。它们经组合后可以完成钻孔、扩孔、铰孔、镗孔、攻螺纹等加工工艺。镗铣类工具系统分为整体式结构和模块式结构两大类。

二、可转位刀具

在数控机床上常使用可转位刀具。

如图 2-12 所示，机械夹固式可转位车刀由刀杆 1、刀片 2、刀垫 3 以及夹紧元件 4 组成。刀片每边都有切削刃，当某切削刃磨损钝化后，只需松开夹紧元件，将刀片转一个位置便可继续使用。

刀片是机夹可转位车刀的一个最重要的组成元件。按照国标 GB/T 2076—2007，大致可将刀片分为带圆孔、带沉孔以及无孔三大类，形状有三角形、正方形、五边形、六边形、圆形以及菱形等共 17 种。图 2-13 所示为常见可转位刀片的形状及角度。

数控机床使用的可转位刀具具有下述优点。

（1）刀具寿命长　由于刀片避免了由焊接和刃磨高温引起的缺陷，刀具的几何参数完全由刀片和刀杆槽保证，切削性能稳定，从而延长了刀具寿命。

（2）生产效率高　由于机床操作工人不再磨刀，可大大减少停机换刀等辅助时间。

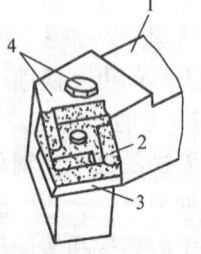

图 2-12　机械夹固式可转位车刀的组成
1—刀杆　2—刀片　3—刀垫　4—夹紧元件

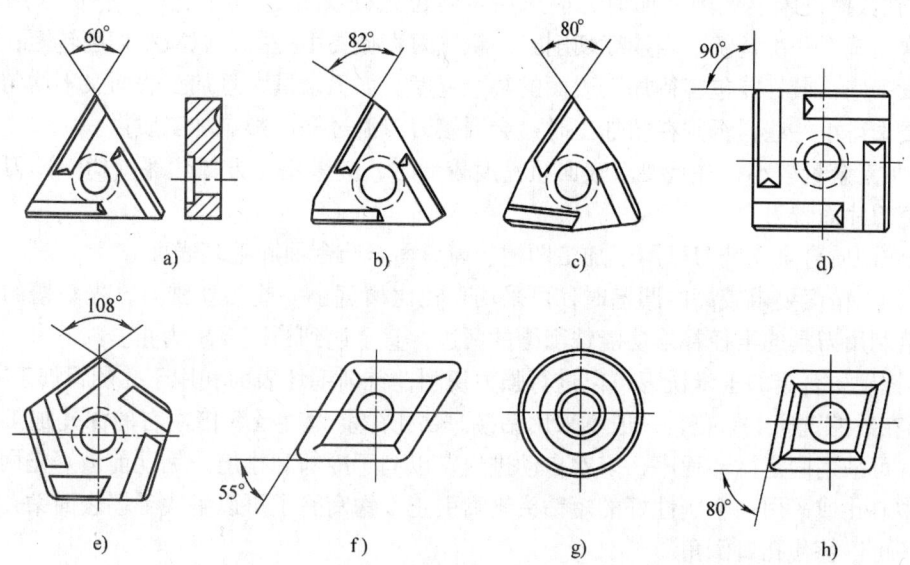

图 2-13 常见可转位刀片的形状及角度
a）T型 b）F型 c）W型 d）S型 e）P型 f）D型 g）R型 h）C型

（3）有利于推广新技术、新工艺 可转位刀具有利于推广使用涂层、陶瓷等新型刀具材料。

三、数控刀具的选择

1. 选择刀片（刀具）应考虑的要素

选择刀片或刀具应考虑的因素是多方面的。由于机床种类、型号的不同，生产经验和习惯的不同，以及其他种种因素而得到的效果也是不相同的，所以将应该考虑的要素归纳为以下几点。

1）被加工工件材料的类别。例如，非铁金属（铜、铝、钛及其合金）；钢铁材料（碳钢、低合金钢、工具钢、不锈钢、耐热钢等）；复合材料；塑料类等。

2）被加工工件的材料性能状况。包括硬度、韧性、组织状态（铸、锻、轧、粉末冶金）等。

3）被加工工件的几何形状（影响到连续切削或间断切削，刀具的切入或退出角度）、零件精度（尺寸公差、几何公差、表面粗糙度）和加工余量等因素。

4）切削工艺的类别。分车、钻、铣、镗，粗加工、精加工、超精加工，内孔、外圆，切削流动状态，刀具变位时间间隔等。

5）要求刀片（刀具）能承受的切削用量（背吃刀量、进给量、切削速度）。

6）被加工工件的生产批量，影响到刀片（刀具）的经济寿命。

7）生产现场的条件（操作间断时间、振动、电力波动或突然中断）。

2. 选用数控铣刀时的注意事项

1）高速钢立铣刀多用于加工凸台和凹槽，最好不要用于加工毛坯面。因为毛坯面有硬化层和夹砂现象，会加速刀具的磨损。

2）在数控机床上铣削平面时，应采用可转位式硬质合金刀片铣刀。一般采用两次进给，一次粗铣，一次精铣。当连续切削时，粗铣刀直径要小一些，以减小切削转矩；精铣刀直径要大一些，最好能包容待加工表面的整个宽度。加工余量大且加工表面又不均匀时，刀具直径要选得小一些，否则在粗加工时，会因接刀刀痕过深而影响加工质量。

3）加工余量较小，并且要求表面粗糙度较低时，应采用立方氮化硼（CBN）刀片面铣刀或陶瓷刀片面铣刀。

4）镶硬质合金立铣刀可用于加工凹槽、窗口面、凸台面和毛坯表面。

5）加工精度要求较高的凹槽时，可采用直径比槽宽小一些的立铣刀，先铣槽的中间部分，然后利用刀具的半径补偿功能铣削槽的两边，直至达到精度要求为止。

6）镶硬质合金的玉米铣刀可以进行强力切削，铣削毛坯表面和用于孔的粗加工。

7）在数控铣床上钻孔，一般不采用钻模。钻孔深度为直径5倍左右的深孔加工容易折断钻头，可采用固定循环程序，多次自动进退，以利于冷却和排屑。钻孔前最好先用中心钻钻一个中心孔或采用一个刚性好的短钻头锪窝引正。锪窝除了可以解决毛坯表面钻孔引正问题外，还可以替代孔口倒角。

3. 选择镗孔（内孔）刀具的考虑要点

选择镗孔刀具的主要问题是刀杆的刚性，要尽可能地防止或消除振动。其考虑要点如下。

1）尽可能选择短的刀臂（工作长度），当工作长度小于4倍刀杆直径时可用钢制刀杆，加工要求高的孔时最好采用硬质合金制刀杆。当工作长度为4~7倍刀杆直径时，加工小孔用硬质合金制刀杆，加工大孔用减振刀杆。当工作长度为7~10倍刀杆直径时，要采用减振刀杆。

2）尽可能选择大的刀杆直径，接近镗孔直径。

3）选择主偏角（切入角 κ_r）接近90°，大于75°。

4）选择正确、快速的镗刀柄夹具。

5）镗深的不通孔时，采用压缩空气（气冷）或切削液（排屑和冷却）。

6）选择无涂层的刀片品种（切削刃圆弧小）和小的刀尖半径（$r_e = 0.2$）。

7）精加工采用正切削刃（正前角）刀片和刀具，粗加工采用负切削刃（负前角）刀片和刀具。

第四节　刀具切削参数的合理选择

一、刀具几何参数的合理选择

所谓刀具合理的几何参数，是指在保证加工质量的前提下，能够满足较高生产率、较低加工成本的刀具几何参数。

1. 前角的选择

前角主要影响切屑变形和切削力的大小以及刀具寿命和加工表面质量的高低。前角增大，可以使切削变形和摩擦减小，故切削力小，切削温度低，加工表面质量高。但前角过大，会使刀具强度降低，寿命下降。前角减小，刀具强度提高，切屑变形增大，易断屑。但前角过小，会使切削力和切削热增加，刀具寿命也随之降低。

选择合理的前角时,在刀具强度允许的情况下,应尽可能取较大的值,具体选择原则如下。

1) 工件材料。塑性材料选用较大的前角;脆性材料选用较小的前角;工件的强度、硬度低应选较大的前角,反之取较小的前角;加工特硬材料或高强度钢(如淬火钢)应选很小的前角甚至负前角。

2) 刀具材料。刀具材料的抗弯强度和冲击韧度较高时应选较大的前角。例如,高速钢刀具比硬质合金刀具的前角要大;陶瓷刀具的前角则应更小一些。

3) 加工过程。粗加工、断续切削选用较小的前角;精加工选用较大的前角。

4) 当工艺系统刚性差和机床功率小时应选较大的前角,以减小切削力和振动;数控机床和自动线用刀具,为了保证刀具稳定(不崩刃及破损),一般使用的刀具前角较小或为零度前角。

表 2-1 为硬质合金车刀合理前角的参考值,高速钢车刀前角一般比表中的值大 5°~10°。

表 2-1 硬质合金车刀合理前角、后角的参考值

工件材料种类	合理前角参考值/(°)		合理后角参考值/(°)	
	粗车	精车	粗车	精车
低碳钢	20~25	25~30	8~10	10~12
中碳钢	10~15	15~20	5~7	6~8
合金钢	10~15	15~20	5~7	6~8
淬火钢	-15~-5		8~10	
不锈钢(奥氏体)	15~20	20~25	6~8	8~10
灰铸铁	10~15	5~10	4~6	6~8
铜及铜合金(脆)	10~15	5~10	6~8	6~8
铝及铝合金	30~35	35~40	8~10	10~12
钛合金($\sigma_b \leq 1.177$GPa)	5~10		10~15	

注:粗加工用的硬质合金车刀,通常都磨有负倒棱及负刃倾角。

2. 后角的选择

后角的主要功用是减小主后刀面与过渡表面层之间的摩擦,减轻刀具磨损。后角减小,将使主后刀面与工件表面间的摩擦加剧,刀具磨损加大,工件冷硬程度增加,加工表面质量差。尤其是切削厚度较小时,由于刃口钝圆半径的影响,上述情况更为严重。后角增大,则摩擦减小,也减小了刃口钝圆半径,对切削厚度较小的情况有利,但使切削刃强度和散热情况变差。

实践证明,合理的后角主要取决于切削厚度。其选择原则如下。

1) 工件材料。工件硬度、强度较高时选用较小的后角,以增加切削刃强度;加工脆性材料时切削力集中在切削刃附近,为强化切削刃应选用较小的后角;工件塑性、韧性较大时选用较大的后角,以减小刀具后刀面的摩擦。

2) 加工过程。粗加工、断续切削时,为强化切削刃,应选用较小的后角;精加工、连

续切削时,刀具的磨损主要发生在刀具后刀面,应选用较大的后角。

3)当工艺系统刚性差,易出现振动时应选较小的后角。在一般条件下,为提高刀具寿命可加大后角,但为降低重磨费用,对重磨刀具可适当减小后角。

副后角可减少副后面与已加工表面间的摩擦。为了使制造、刃磨方便,一般车刀、刨刀等的副后角等于主后角;而切断刀、切槽刀及锯片铣刀等的副后角因受刀头强度限制,只能取得较小,通常$\alpha_o' = 1° \sim 2°$。硬质合金车刀合理后角的参考值见表2-1。

3. 主偏角的选择

主偏角可影响刀具寿命、已加工表面粗糙度及切削力的大小。主偏角较小,则刀头强度高,散热条件好,已加工表面残留面积高度小,参加切削的主切削刃长度长,作用在主切削刃上的平均切削负荷小。但背向力大,切削厚度小,断削效果差。

主偏角的选择原则如下。

1)工件材料。加工很硬的材料(如淬硬钢和冷硬铸铁)时,为减少单位长度切削刃上的负荷,改善切削刃的散热条件,提高刀具寿命,应取$\kappa_r = 10° \sim 30°$,工艺系统刚性好的取小值,反之取大值。

2)加工过程。使用硬质合金刀具进行精加工时,应选用较大的主偏角。

3)当工艺系统刚性低(如车细长轴、薄壁筒)时,应取较大的主偏角,甚至取$\kappa_r \geqslant 90°$,以减小背向力F_p,从而降低工艺系统的弹性变形和振动。

4)单件小批量生产时,希望用一两把车刀加工出工件上所有表面,则主偏角应选为$\kappa_r = 45°$或$90°$,以提高刀具的通用性。

5)需要从工件中间切入的车刀,以及仿形加工的车刀,应适当增大主偏角。有时,主偏角的大小取决于工件形状。例如,加工阶梯轴的工件,则需根据工件形状选择主偏角$\kappa_r = 90°$的刀具。

硬质合金车刀合理主偏角的参考值见表2-2。

表2-2 硬质合金车刀合理主偏角、副偏角的参考值

加工情况		参考数值/(°)	
		主偏角κ_r	副偏角κ_r'
粗车	工艺系统刚性好	45,60,75	5~10
	工艺系统刚性差	65,75,90	10~15
车细长轴、薄壁零件		90,93	6~10
精车	工艺系统刚性好	45	0~5
	工艺系统刚性差	60,75	0~5
车削冷硬铸铁、淬火钢		10~30	4~10
从工件中间切入		45~60	30~45
切断刀、切槽刀		60~90	1~2

4. 副偏角的选择

副偏角的功能在于减小副切削刃与已加工表面的摩擦。减小副偏角可以提高刀具强度,改善散热条件,可减小残留面积高度,但可能增加副后刀面与已加工表面的摩擦,引起振

动。

副偏角主要根据已加工表面的粗糙度要求和刀具强度来选择,其选择原则如下。

1) 在不引起振动的情况下,一般刀具应尽量选用较小的副偏角。例如,车刀、刨刀均可取 $\kappa_r' = 5° \sim 10°$。

2) 工件材料:加工抗振性好、硬度高的材料时应取较小的副偏角,即 $\kappa_r' = 4° \sim 6°$,以提高刀尖强度,改善散热条件。

3) 加工过程:粗加工时,取副偏角 $\kappa_r' = 10° \sim 15°$。精加工时,刀具的副偏角应更小一些($\kappa_r' = 5° \sim 10°$),以减小残留面积,从而减小表面粗糙度值。

4) 当工艺系统刚度较差或从工件中间切入时,可取副偏角 $\kappa_r' = 30° \sim 45°$。

5) 切断刀、锯片刀和槽铣刀等,为了保证刀头强度和重磨后刀头宽度变化较小,只能取很小的副偏角,即 $\kappa_r' = 1° \sim 2°$。

硬质合金车刀合理副偏角的参考值见表2-3。

5. 刃倾角的选择

刃倾角的作用主要是影响切屑流向(图2-14)和刀尖强度(图2-15)。

刃倾角为正值时,切削开始时刀尖与工件先接触,切屑流向待加工表面,可避免缠绕和划伤已加工表面,对半精加工、精加工有利;刃倾角为负值时,切削开始时刀尖后接触工件,切屑流向已加工表面,容易将已加工表面划伤;在粗加工开始,尤其是在断续切削时,可避免刀尖受冲击,起到保护刀尖的作用。

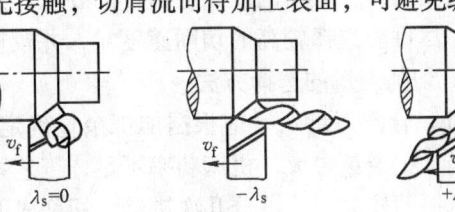

图2-14 刃倾角对切屑流出方向的影响

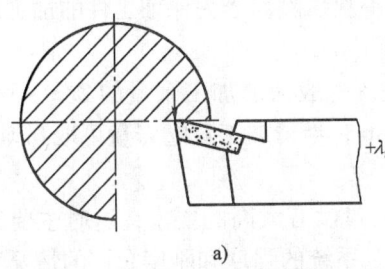 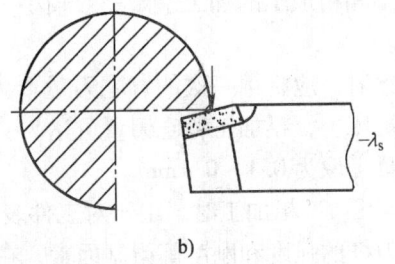

图2-15 刃倾角对刀尖强度的影响
a) 刃倾角为正值 b) 刃倾角为负值

刃倾角的选择原则如下。

1) 工件材料:加工高强度钢、淬硬钢时,应取绝对值较大的负刃倾角,以使刀具有足够的强度。

2) 加工过程:粗加工时取 $\lambda_s = -5° \sim 0°$,精车时取 $\lambda_s = 0° \sim 5°$;断续切削、工件表面不规则、有冲击负荷时取 $\lambda_s = -15° \sim -5°$;强力切削时,为提高刀头强度可取 $\lambda_s = -30° \sim -10°$;微量切削时,为增加切削刃的锋利程度和切薄能力,可取 $\lambda_s = 45° \sim 75°$。

3) 当工艺系统刚性差时,应取 $\lambda_s > 0°$,以减小背向力,避免切削中的振动。

合理刃倾角的参考值见表2-3。

表 2-3　刃倾角 λ_s 数值的参考值

λ_s 值	0°~5°	5°~10°	0°~-5°	-5°~-10°	-10°~-15°	-10°~-45°
应用范围	精车钢和细长轴	精车非铁金属	粗车钢和灰铸铁	精车余量不均匀钢	断续车削钢和灰铸铁	带冲击切削淬硬钢

二、切削用量的合理选择

切削用量的大小对切削力、切削功率、刀具磨损、加工质量、生产率和加工成本等均有显著的影响。在切削加工中，采用不同的切削用量会得到不同的切削效果，为此必须合理选择切削用量。所谓合理选择切削用量，是指在保证工件加工质量和刀具寿命的前提下，充分发挥机床、刀具的切削性能，使生产率最高，生产成本最低。

1. 切削用量的选择原则

（1）粗加工时切削用量的选择原则　根据工件的加工余量，首先选择尽可能大的背吃刀量 a_p；其次根据机床进给系统及刀杆的强度刚度等限制条件，选择尽可能大的进给量 f；最后根据刀具寿命确定最佳的切削速度 v_c，并且校核所选切削用量是机床功率允许的。

（2）精加工时切削用量的选择原则　首先根据粗加工后的加工余量确定背吃刀量 a_p；其次根据已加工表面的表面粗糙度的要求，选取较小的进给量 f；最后在保证刀具寿命的前提下，尽可能选择较高的切削速度 v_c，并校核所选切削用量是机床功率允许的。

2. 切削用量的选择方法

（1）背吃刀量 a_p　应根据加工余量确定。粗加工时应尽量用一次进给切除全部加工余量。当加工余量过大、机床功率不足、工艺系统刚度较低、刀具强度不够、断续切削及切削时冲击振动较大时，可分几次进给。切削表面层有硬皮的铸、锻件时，应尽量使背吃刀量大于硬皮层的厚度，以保护刀尖。

半精加工和精加工的加工余量一般较小，可一次切除。当为保证工件的加工质量时，也可二次进给。

多次进给时，应将第一次的背吃刀量取大些，一般为总加工余量的 2/3~3/4。在中等切削功率的机床上，粗加工背吃刀量可达 8~10mm，半精加工背吃刀量可取 0.5~2mm，精加工背吃刀量可取为 0.1~0.4mm。

（2）进给量 f　粗加工时，由于对工件表面质量没有太高的要求，这时主要考虑机床进给系统以及刀杆的强度和刚度等限制因素，在工艺系统的强度和刚度允许的情况下，选用较大的进给量，可根据工件材料、刀杆尺寸、工件直径和已确定的背吃刀量查阅切削用量等相关手册确定。

半精加工和精加工时，由于进给量对工件的已加工表面的表面粗糙度值影响较大，进给量取得比较小。通常按照工件的表面粗糙度值要求，可根据工件材料、刀尖圆弧半径、切削速度等条件查阅切削用量等相关手册来选择进给量。

（3）切削速度 v_c　根据已选定的背吃刀量、进给量，按照一定刀具寿命允许的切削速度公式来确定切削速度。粗加工时，背吃刀量和进给量都较大，切削速度受刀具寿命和机床功率的限制，一般较低；精加工时，背吃刀量和进给量都取得较小，切削速度主要受加工质量和刀具寿命影响，一般较高。

在选择切削速度时，还应考虑工件材料的强度、刚度及工件的切削加工性等因素的影响。

1）应尽量避开积屑瘤产生的切削速度区域。

2）断续切削，加工大件、细长件、薄壁工件时应选用较低的切削速度。

3）加工合金钢、高锰钢、不锈钢等材料时，切削速度应比加工普通中碳钢的切削速度低20%～30%。

4）在易发生振动的情况下，切削速度应避开自激振动的临界速度。

5）加工带外皮的工件时，应适当降低切削速度。

第五节　金属材料的切削加工性

一、切削加工性的概念

工件材料的切削加工性是指将其切削加工成合格零件的难易程度。某种工件材料加工的难易，不仅取决于工件材料本身，还取决于具体的加工要求及切削条件。研究工件材料切削加工性的目的，是为了找出改善难加工材料切削加工性的途径。

二、衡量切削加工性的指标

衡量金属材料的切削加工性的常用指标有以下几种。

1）刀具一定寿命下所允许的切削速度，用 v_T 表示。这是切削加工中最常用的方式，也是确定切削用量的主要依据。

2）切削力或切削功率。是指当机床动力不足或工艺系统刚度不够时，为保证正常的切削加工质量，工件材料切削时所需的最小切削力或切削功率，这是选择工艺设备和设计工艺装备的主要参数。

3）表面质量或表面粗糙度。在精加工中，常用正常切削加工条件下能够形成的工件表面质量或表面粗糙度来衡量工件材料的加工难易程度。

4）断屑性能。在自动生产线、加工中心，或深孔钻床上，为避免切屑对已加工工件表面的划伤，通常对切屑的断屑要求较高，因此常用材料的断屑性能来衡量材料的可加工性。

同一种材料很难在各种切削加工性指标中同时获得良好的评价。往往在某一种加工方式中，用某一种指标来衡量是容易切削加工的，但对另一种加工方式或另一种指标来说，它又是难切削加工的。因此，材料的可加工性是相对的。在实际生产中多是根据加工要求采用某一种指标来衡量工件材料的可加工性。

最常用的衡量指标是 v_T，其含义是：当刀具寿命为 T 时，切削某种材料所允许的切削速度（mm/min）。v_T 越高，则材料的可加工性越好。一般情况下，刀具寿命取为 $T=60\text{min}$，对一些难切材料，可取 $T=30\text{min}$ 或 $T=15\text{min}$。如果取 $T=60\text{min}$，则 v_T 写成 v_{60}。

各种材料的可加工性可用相对切削性表示。相对切削性是以 45 钢的切削性作为 v_{60} 基准，记为 $(v_{60})_j$，与被切材料 v_{60} 的比值，即

$$k_r = \frac{v_{60}}{(v_{60})_j}$$

则

$$v_{60} = k_r \times (v_{60})_j$$

可见，各种材料的相对切削性 k_r 乘以 45 钢的切削速度，即可得出被切材料的切削速度 v_{60}。k_r 越高，允许的切削速度越高，可切削加工性越好。目前常用的工件材料，按照相对切削性可分为 8 级，见表 2-4。

表2-4 工件材料的相对切削性及分级

切削性等级	名称及种类		相对切削性 k_r	代表性材料
1	很容易切割材料	一般非铁金属	>3.0	5-5-5 铜铅合金,9-4 铝铜合金,铝镁合金
2	容易切削材料	易切削钢	2.5~3.0	退火 15Cr, $R_m = 0.373 \sim 0.441$ GPa 自动机钢 $R_m = 0.393 \sim 0.491$ GPa
3		较易切削钢	1.6~2.5	正火 30 钢 $R_m = 0.441 \sim 0.549$ GPa
4	普通材料	一般钢及铸铁	1.0~1.6	45 钢,灰铸铁
5		稍难切削材料	0.65~1.0	2Cr13 调质 $R_m = 0.834$ GPa 85 钢轧制 $R_m = 0.883$ GPa
6	难切削材料	较难切削材料	0.5~0.65	45Cr 调质 $R_m = 1.03$ GPa 60Mn 调质 $R_m = 0.932 \sim 0.981$ GPa
7		难切削材料	0.15~0.5	50Cr 调质,1Cr18Ni9Ti,某些钛合金
8		很难切削材料	<0.15	某些钛合金,铸造镍基高温合金

三、影响工件材料切削加工性的原因

工件材料的切削加工性能主要受其本身的物理力学性能的影响。

（1）工件材料的强度　工件材料的强度越高，切削力与切削功率越大，切削温度也增加，刀具磨损增大，可加工性降低。一般说来，材料的硬度高，强度也高。

（2）工件材料的硬度　材料的硬度影响表现为以下几个方面。

1）材料的硬度越高，切屑与刀具前面的接触长度狭小，切削力与切削热集中于切削刃附近，使得切削温度增高，磨损加剧。

2）工件材料的高温硬度高时，刀具材料与工件材料的硬度比下降，材料加工硬化倾向大，可加工性也差。

3）工件材料中含硬质点（如 SiO_2、AL_2O_3 等）时，易擦伤刀具，材料的可加工性降低。

（3）工件材料的导热性　材料的热导率越小，切削热越不易传出，切削温度增高，刀具磨损加剧，可加工性越差。

（4）工件材料的塑性与韧性　工件材料的塑性大，则切削变形增大，切削温度升高，切屑易与刀具黏结，会加剧刀具磨损，且加工表面质量差，可切削加工性降低。但塑性过低，刀具与切屑接触长度变小，切削力与切削热集中于刀尖附近，刀具磨损加剧，可切削加工性也差。韧性的影响与塑性相似，并且对断屑影响大。韧性越大，断屑越困难。

四、改善工件材料切削加工性的措施

生产中改善工件材料切削加工性最常见的办法之一是对工件进行适当的热处理，通过改变工件材料的金相组织，使工件材料的切削加工性得到改善。例如，将硬度较高的高碳钢、工具钢等材料进行退火处理，可降低硬度，从而改善切削加工性；低碳钢可通过正火、冷拔等处理，可降低塑性，提高硬度，从而改善切削加工性；中碳钢也可通过正火、调质等热处理方法，使其金相组织与材料硬度均匀，达到改善材料切削加工性的目的。

在满足工件使用性能的前提下，应尽可能选择切削加工性能较好的工件材料，同时还应

注意合理选择材料的供应状态。例如，低碳钢经冷拔后，可降低塑性，改善切削加工性；中碳钢以部分球化的珠光体组织的切削加工性最好；高碳钢完全球化退火状态时，易于切削加工；锻造毛坯余量不均匀，且表层有硬皮，不如冷拔或热轧毛坯的切削加工性好。

调整金属材料的化学成分也是改善工件材料切削加工性的重要途径。例如，在钢中加入易切削元素，如加入硫元素，可使工件材料结晶组织中产生硫化物，降低材料组织结合强度，利于切削；加入铅元素，可造成材料组织结构不连接，有利于断屑。另外，铅还能形成润滑膜，减小摩擦因数，利于切削。

另外，选用合适的刀具材料，确定合理的刀具角度和切削用量，安排适当的切削加工方法和加工顺序，采用切削液等，都可改善工件材料的切削加工性能。

五、机械加工中常见毛坯的种类

1. 铸件

铸件是用铸造方法获得的毛坯。铸造方法取决于生产量、材料和设备。铸件应用较广泛，形状复杂的零件毛坯通常采用铸造方法制造。

2. 锻件

锻造生产的毛坯最显著的优点是锻件中晶粒细化并带有方向性纤维组织，提高了力学性能，但锻造方法不适于内腔形状复杂的零件。所以，机械强度要求高、形状比较简单的钢制件，一般用锻件毛坯。

3. 型材

选用钢厂生产的圆钢、方钢、六角钢、槽钢、工字钢、钢管、钢丝、条料、带料和板料直接制造。型材的轧制生产方法又分为冷轧和热轧。冷轧料精度高，如用六角钢棒制造六角螺母、螺栓，头部可以不必加工，使加工时间大大缩短；热轧料精度低，多用作一般零件的毛坯。

4. 焊接件

焊接已代替了大部分铆钉连接，铸-焊、锻-焊组合件的工艺正得到广泛的应用，能制成各种需要的结构。同铸件相比较，焊接件具有强度高，冲击韧度高，质量轻，材料利用率高，不需大型设备，生产周期短等优点。缺点是残余应力和热影响区对焊接质量影响较大，因此，消除应力处理极为重要。

5. 粉末冶金制件

粉末冶金是将材料制备—加工—零件及半成品制造巧妙结合，是机械制造零件和半成品的一种金属成形技术。具有提高质量、降低成本、节约能源的优点。由于制作粉末的价格高，故只在特殊需要时选用。

六、毛坯的选择原则

影响毛坯选择的因素很多，例如生产类型、零件的材料、结构和尺寸、力学性能要求以及加工成本等。毛坯的选择一般应从以下几方面考虑：

1. 生产类型

生产类型在很大程度上决定了采用某种毛坯制造方法的经济性。大量生产的零件应选择高精度、高效率的毛坯制造方法，以提高生产率，降低成本，如铸件采用金属型机器造型或精密铸造；锻件采用模锻、精锻；型材采用冷轧或冷挤压。零件产量较小时，应选精度和生产率较低的毛坯制造方法。

2. 现有生产条件

确定毛坯的种类及制造方法，必须考虑工厂现场的生产条件，如工厂设备情况、工艺水平、工人技术水平以及对外协作的可能性等。

3. 零件材料及其力学性能

零件材料是决定毛坯种类及其制造方法的主要因素。一般零件材料选定后，其毛坯种类就可确定。例如，材料为铸铁和青铜的零件，应选择铸件毛坯；钢质零件形状不复杂、力学性能要求不太高时，可选择型材；重要的钢制件，为保证其力学性能，应选择锻件毛坯。

4. 零件的结构形状及其外形尺寸

零件的结构形状及其外形尺寸是影响毛坯选择的重要因素。对于形状复杂的毛坯，一般用铸造方法制造；形状复杂和薄壁的铸件毛坯，不宜采用砂型铸造；一般用途的阶梯轴，如台阶直径相差不大，可采用型材棒料；若直径相差较大，则宜采用锻件；尺寸较大的毛坯，不宜采用压铸、模锻。

5. 保证设计的质量要求

一般设计零件图样上标注有：零件的材料、形状、尺寸、公差、表面粗糙度、热处理应达到的性能指标等。

6. 充分考虑利用新工艺、新技术和新材料

随着机械制造技术的发展，毛坯制造方面的新工艺、新技术和新材料的应用也迅速发展，如精锻、精铸、冷挤压、粉末冶金和工程塑料等。在选择毛坯时应充分考虑利用新工艺、新技术、新材料。

复习思考题

1. 金属切削运动包括哪几种？各有何特点？
2. 切削要素包含哪些内容？
3. 选择数控加工刀具时应注意哪些问题？
4. 如何合理选择切削用量？
5. 如何改善金属材料的切削加工性？

第三章 数控机床夹具

本章应知
1. 机床夹具的基本知识
2. 工件的定位与夹紧

本章应会
工件定位基准的选择与夹具的选择

第一节 机床夹具概述

一、机床夹具的概念

在机床上加工工件时，为了在工件的某一部位加工出符合工艺规程要求的表面，加工前需要使工件在机床上占有正确的位置，即定位。由于在加工过程中工件受到切削力、重力、振动、离心力、惯性力等作用，所以还应采用一定的机构，使工件在加工过程中始终保持在原先确定的位置上，即夹紧。在机床上使工件占有正确的加工位置并使其在加工过程中始终保持不变的工艺装备称为机床夹具。

二、机床夹具的组成

虽然机床夹具种类很多，但它们的基本组成是相同的。下面以一个数控铣床夹具为例，说明夹具的组成。

图 3-1 所示为在数控铣床上铣连杆槽的夹具。该夹具靠工作台 T 形槽和夹具体上的定位键 9 确定其在数控铣床上的位置，用 T 形螺钉紧固。

加工时，工件在夹具中的正确位置靠夹具体 1 的上平面、圆柱销 11 和菱形销 10 保证。夹紧时，转动螺母 7，压下压板 2，使其一端压着夹具体，另一端压紧工件，保证工件的正确位置不变。

从上例可知，数控机床夹具由以下几部分组成。

1. 定位装置

定位装置由定位元件组合而成，用于确定工件在夹具中的正确位置。如图 3-1 中的圆柱销 11、菱形销 10 等都是定位元件。

2. 夹紧装置

夹紧装置用于保证工件在夹具中的既定位置，使其在外力作用下不致产生移动。它包括夹紧元件、传动装置及动力装置等。如图 3-1 中的压板 2、螺母 3 和 7、垫圈 4 和 5、螺栓 6 及弹簧 8 等元件组成的装置就是夹紧装置。

3. 夹具体

夹具体用于连接夹具各元件及装置，使其成为一个整体的基础件，以保证夹具的精度和刚度。

4. 其他元件及装置

其他元件及装置包括定位键、操作件和分度装置，以及标准化连接元件等。

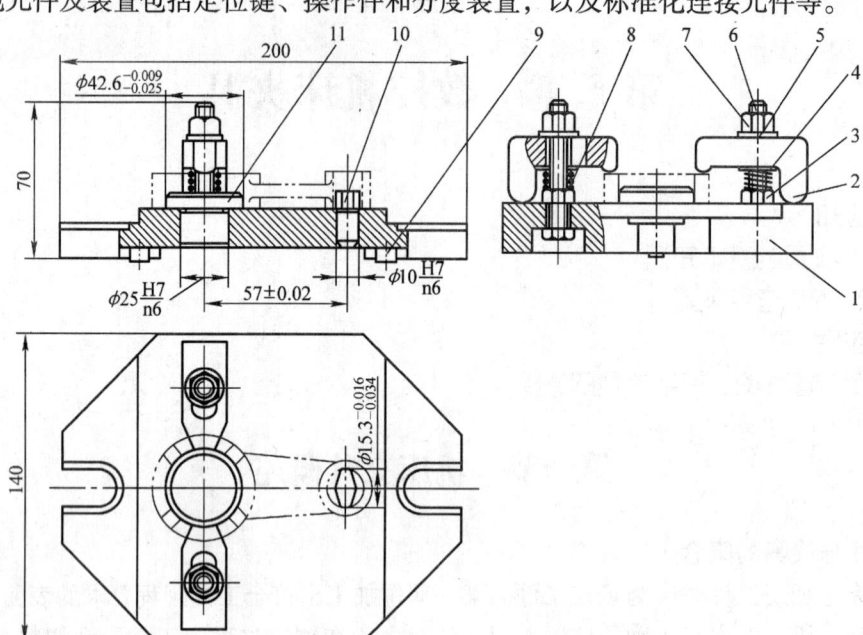

图 3-1　铣连杆槽夹具结构
1—夹具体　2—压板　3、7—螺母　4、5—垫圈　6—螺栓　8—弹簧
9—定位键　10—菱形销　11—圆柱销

三、机床夹具的分类

1. 按专门化程度分类

（1）通用夹具　通用夹具是指已经标准化、无需调整或稍加调整就可用于装夹不同工件的夹具。例如，自定心卡盘、单动卡盘、机用虎钳、回转工作台、分度头等。这类夹具主要用于单件、小批量生产。

（2）专用夹具　专为某一工件的一定工序加工而设计制造的夹具。专用夹具结构紧凑、操作方便，主要用于产品固定的大批大量生产中。

（3）可调夹具　可调夹具是指加工完一种工件后，通过调整或更换个别元件就可加工形状相似、尺寸相近的工件，多用于中小批量生产。

（4）组合夹具　组合夹具是指按一定的工艺要求，由一套预先制造好的通用标准元件和部件组合而成的夹具。这种夹具使用完后，可进行拆卸或重新组装，具有缩短生产周期、减少专用夹具的品种和数量等优点，适用于新产品的试制及多品种、小批量生产。

（5）随行夹具　随行夹具是在自动线加工中针对某一种工件而采用的一种夹具。这类夹具除了具有一般夹具所担负的装夹工件的任务外，还担负着沿自动线输送工件的任务。

2. 按使用机床类型分类

机床夹具可分为车床夹具、铣床夹具、钻床夹具、镗床夹具、加工中心机床夹具和其他机床夹具等。

3. 按驱动夹具工作的动力源分类

机床夹具可分为手动夹具、气动夹具、液压夹具、电动夹具、磁力夹具、真空夹具及自夹紧夹具等。

第二节 工件的定位与夹紧

在机械加工过程中，为了使加工的工件符合图样要求，在加工前首先要将工件在机床上进行安装（将工件装好、夹牢），保证工件在机床上占有正确的加工位置，并在加工过程中能承受各种力的作用而始终保持这一正确位置不变。在工件的安装过程中，实际上有两个方面，即定位和夹紧。

一、工件的定位原理

1. 六点定则

一个尚未定位的工件，其位置是不确定的。工件位置变动的可能性称为自由度。任一工件在空间直角坐标系中有六个自由度，即沿坐标轴的三个移动和绕坐标轴的三个转动，分别用 $\vec{X}$、$\vec{Y}$、$\vec{Z}$ 和 $\hat{X}$、$\hat{Y}$、$\hat{Z}$ 表示。

工件定位的实质就是限制工件的自由度。

用一个支承点限制工件的一个自由度，用合理分布的六个支承点限制工件六个自由度的法则，称为六点定则。如图3-2所示，三个支承点与工件底面接触，限制了工件三个自由度 $\vec{Z}$、$\hat{X}$、$\hat{Y}$；两个支承点与工件的侧面接触，限制了工件的两个自由度 $\vec{X}$、$\hat{Z}$；一个支承点与工件的端面接触，限制了工件的自由度 $\vec{Y}$。

2. 四种定位情况

（1）完全定位　工件的六个自由度都限制的定位称为完全定位，如图3-2所示即为完全定位。

（2）不完全定位　工件被限制的自由度少于六个，但能保证加工要求的定位。如图3-3所示为车削内孔时工件的定位，工件只限制了 $\vec{Y}$、$\hat{Y}$、$\vec{Z}$、$\hat{Z}$ 四个自由度，但不影响加工尺寸 $d_0^{+\delta_d}$ 的精度。这在生产中是允许的。

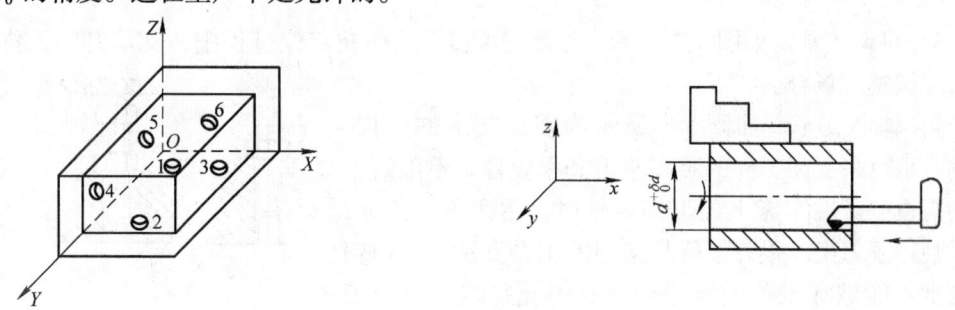

图3-2　工件的六点定位　　　　　　图3-3　工件不完全定位

（3）欠定位　按工件要求应该限制的自由度而没有被限制的定位称为欠定位。欠定位在生产中是不允许的。

（4）过定位　工件的一个或几个自由度被重复限制的定位称为过定位。一般来说，过定位在生产中也是不允许的，它会引起工件变形，影响加工精度。但应说明的是，在生产中过定位现象是存在的。如图3-4所示，车削细长轴时通常采用中心架定位，这也属于过定位，在生产中是允许存在的。在夹具设计时，常用改变定位位置的结构，或者提高夹具和工件有关表面的位置精度，来消除过定位。

二、工件的定位方法及定位元件

1. 对定位元件的基本要求

工件定位时，是通过定位元件的工作表面与工件的定位基面相接触来定位的。因此，定位元件应有足够的精度、强度和刚度，好的耐磨性，合理的工艺性。

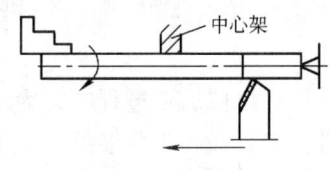

图 3-4 过定位

2. 定位方法和定位元件

（1）工件以平面定位　平面是最常用的定位基准面。箱体、支架等零件，一般都要用平面定位，常用以下几种定位元件。

1）支承钉。如图 3-5 所示为支承钉的标准结构。A 型是平头式，用于已加工过的平面定位（图 3-5a）；B 型是球头式，用于粗糙不平的毛坯平面定位（图 3-5b）；C 型的表面带齿纹，可以增加摩擦力，但不易清除切屑，多用于侧面定位（图 3-5c）。

2）支承板。如图 3-6 所示为支承板的标准结构。其中，A 型见图 3-6a，B 型见图 3-6b。

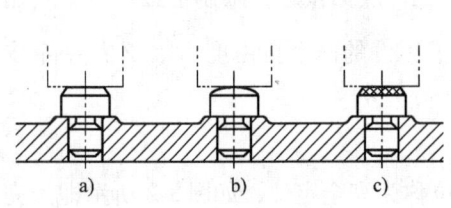

图 3-5 支承钉
a）A 型（平头）　b）B 型（球头）　c）C 型（齿纹）

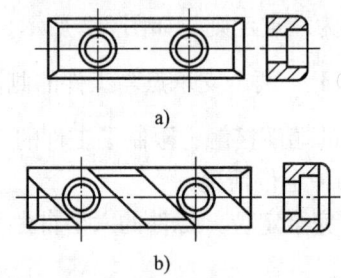

图 3-6 支承板
a）A 型光面支承板　b）B 型带斜槽的支承板

3）可调支承。如图 3-7 所示，可调支承用于工件在定位过程中，支承钉的工作表面位置需要调整的场合。

4）辅助支承。如图 3-8 所示为辅助支承的结构。辅助支承用来提高工件的装夹刚度和稳定性，不限制工件的自由度。在车床上加工细长轴时，用两顶尖装夹，同时使用跟刀架。跟刀架就是典型的辅助支承。使用辅助支承不能破坏工件的既定位置，因此每装夹一个工件，就应调整一次辅助支承。

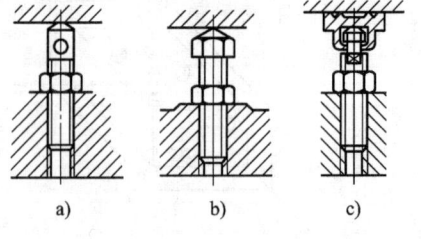

图 3-7 各种可调支承

（2）工件以圆柱孔定位时的定位元件

1）圆柱定位销。如图 3-9 所示为圆柱定位销的标准结构，图 3-9a 为固定式定位销，用于不经常更换的情况；当定位销磨损后需要更换时，可用图 3-9b 所示的可换式定位销。

2）圆锥定位销。工件以孔定位时还可采用圆锥定位销，如图 3-10 所示。圆锥销限制了工件的 $\vec{X}$、$\vec{Y}$、$\vec{Z}$ 三个自由度，图 3-10a 用于粗定位基面，图 3-10b 用于精定位基面。由于工件在单个圆锥销上定位容易倾斜，所以选择定位方案时，应和其他定位元件组合定位。

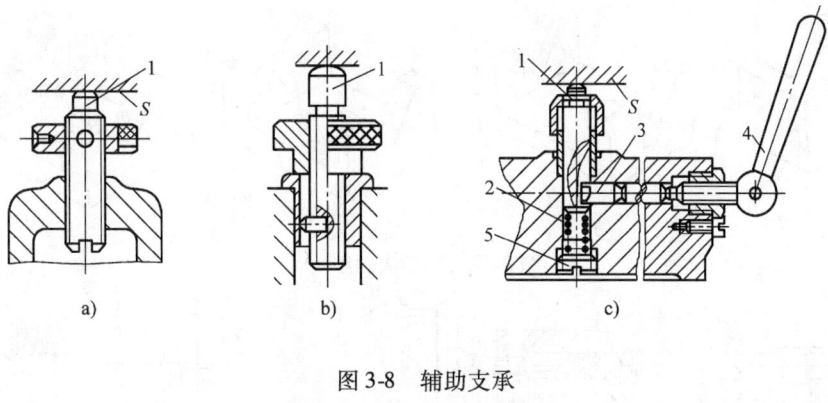

图 3-8 辅助支承
a)、b) 螺旋式 c) 自引式
1—支承 2—弹簧 3—斜块 4—手柄 5—螺钉

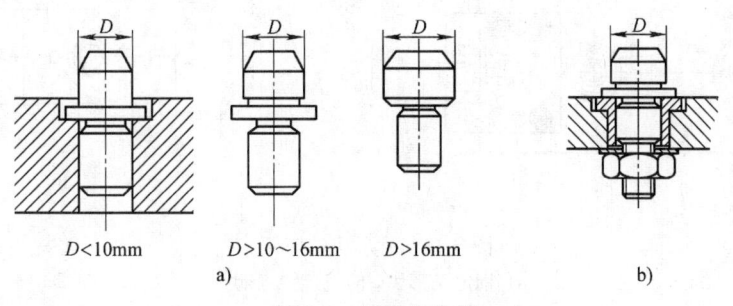

图 3-9 圆柱定位销
a) 固定式定位销 b) 可换式定位销

3) 定位心轴。定位心轴是用内孔或内花键表面作为定位基准的定位元件。通常盘套类和盘状齿轮坯等工件常用定位心轴定位，在车床、磨床上进行加工。心轴的结构形状很多，图 3-11 所示为两种常见的定位心轴结构，图 3-10a 为圆柱心轴，图 3-10b 为花键心轴。心轴的工作表面一般按 7 级精度制造。

(3) 工件以外圆柱面定位时的定位元件

1) V 形块。V 形块是外圆柱面定位时用得最多的定位元件。因为 V 形块可用于完整或不完整的圆柱面定位；可用于精基准，也可以用于粗基准；而且对中性好，装卸工件也方便。图 3-12 为 V 形块的结构，图 3-13 为 V 形块的应用。

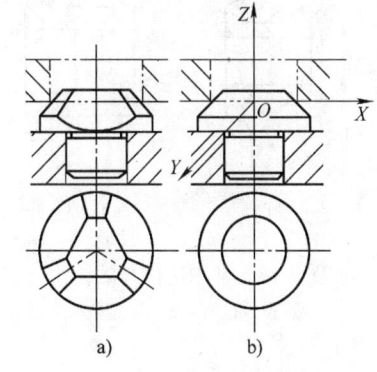

图 3-10 圆锥定位销
a) 用于粗定位基面 b) 用于精定位基面

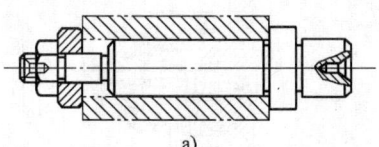

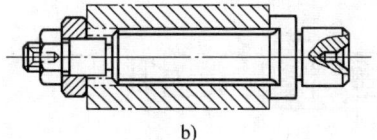

图 3-11 定位心轴
a) 圆柱心轴 b) 花键心轴

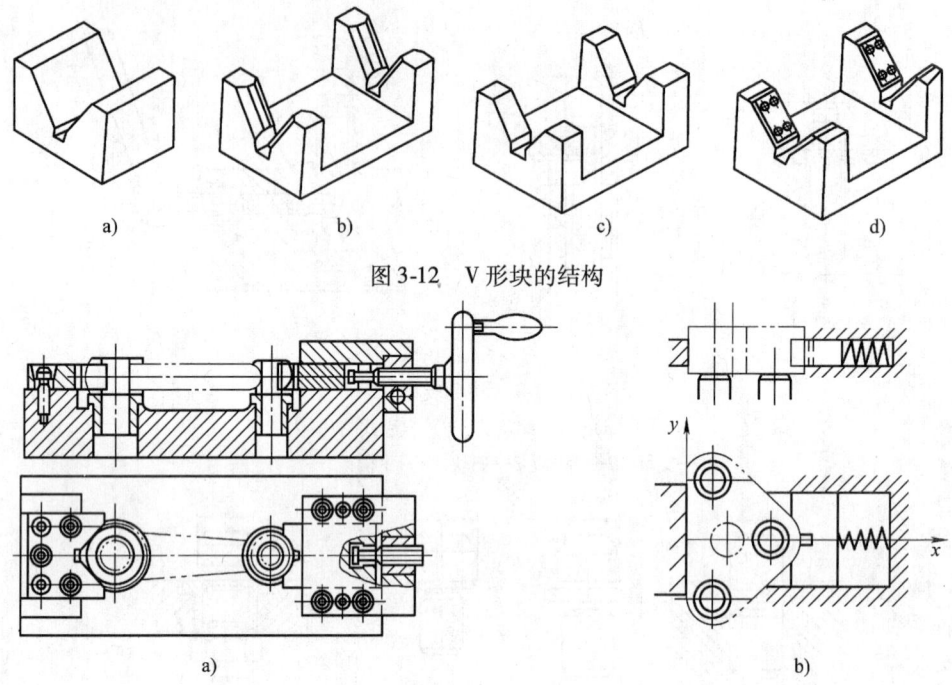

图 3-12　V 形块的结构

图 3-13　V 形块的应用
a）固定 V 形块　b）活动 V 形块

2）定位套和半圆套。图 3-14 所示为常用定位套的结构,图 3-15 所示为半圆套定位装置。

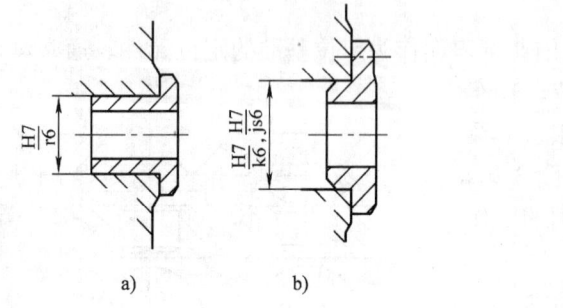

图 3-14　常用定位套的结构
a）长定位套　b）短定位套

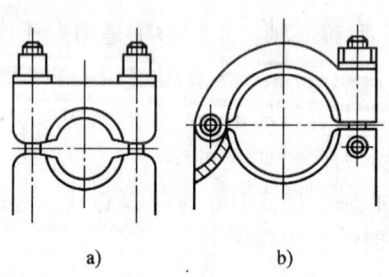

图 3-15　半圆套定位装置

3）圆锥套和定心夹紧机构。图 3-16 所示为圆锥套定位装置，图 3-17 所示为弹簧夹头定心夹紧机构。

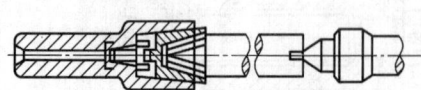

图 3-16　圆锥套定位装置

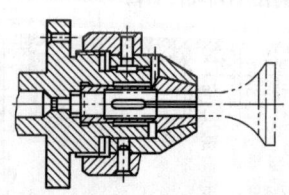

图 3-17　弹簧夹头定心夹紧机构

三、工件的夹紧

工件定位以后，为使加工过程中工件相对于刀具保持正确的加工位置，防止工件在切削力、惯性力以及重力的作用下发生位移或振动，以保证加工质量和安全生产，一般应采用夹紧装置将工件压紧夹牢。

1. 夹紧装置的组成

夹紧装置的结构形式很多，但就其组成来说，一般的夹紧装置都由力源装置和夹紧机构两大部分组成。

（1）力源装置　力源装置产生夹紧力。若夹紧力来源于机械或电力，则该力源装置称为夹具的动力装置，常见的有气压装置、液压装置、电动装置等；若力源来自人力，则称为手动夹紧装置。

（2）夹紧机构　在工件夹紧过程中，将力源装置产生的夹紧力作用在工件上的机构称为夹紧机构。一般的夹紧机构又包括中间力的传递机构和夹紧元件两个部分。

1）中间传力机构。它将力源装置产生的夹紧力传递给夹紧元件，以便对工件实施夹紧。根据需要，中间传力机构可以改变夹紧作用力的大小和方向，并具有一定的自锁性能。

2）夹紧元件。它是夹紧装置的最终执行元件。它和工件直接接触来完成夹紧作用。

2. 夹紧力作用点及其方向确定的原则

1）夹紧力应朝向主要定位面。
2）夹紧力的作用点应施于工件刚度好的方向和部位。
3）夹紧力的作用点应在定位支承范围内。
4）夹紧力的作用点应靠近工件加工表面。

3. 对夹紧装置的基本要求

1）夹紧不应破坏工件的正确定位。
2）夹紧系统有足够的刚性，能确保加工时工件定位稳定、可靠，不发生振动。
3）夹紧时不损伤工件表面，不使工件产生不许可的变形。
4）能用较小的夹紧力来获得需要的夹紧效果。
5）夹紧装置结构的复杂程度、使用效率应与生产规模和生产节拍相适应，并有良好的结构工艺性。
6）夹紧动作迅速，操作方便，安全省力。

第三节　定位基准的选择

一、基准及其种类

基准就是"依据"的意思。在零件上总要依据一些点、线、面来确定另外一些点、线、面的位置，这些被作为依据的点、线、面就称为基准。按基准的不同功用将其分为两大类。

1. 设计基准

在零件的设计图样上所采用的基准为设计基准。设计基准可通过零件设计图样上的尺寸标注方式直接看出。如图 3-18 中的三个零件图样，图 3-18a 中对尺寸 20mm 而言，B 面是 A 面的设计基准，或者 A 面是 B 面的设计基准，它们互为设计基准。一般说来，设计基准是可逆的。图 3-18b 中对同轴度而言，$\phi50$mm 的轴线是 $\phi30$mm 轴线的设计基准；而 $\phi50$mm

圆柱面的设计基准是 φ50mm 的轴线，φ30mm 圆柱面的设计基准是 φ30mm 的轴线。图 3-18c 中对尺寸 45mm 而言，圆柱面的下素线 D 是槽底面 C 的设计基准。

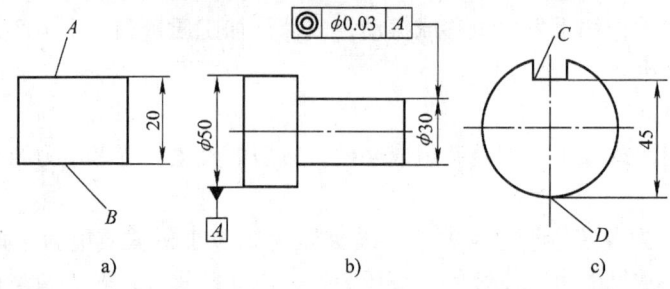

图 3-18 设计基准
a) 以平面为设计基准 b) 以轴线为设计基准 c) 以素线为设计基准

2. 工艺基准

在加工、测量、装配等工艺过程中所使用的基准，统称为工艺基准。工艺基准又可分为以下几种：

（1）定位基准 工件在加工过程中，用于确定工件在机床或夹具上的正确位置所依据的基准。使用夹具时，定位基准就是工件上直接与夹具的定位元件相接触的点、线、面。

（2）测量基准 用于检验已加工表面的尺寸及各表面之间的位置精度所依据的基准。

（3）装配基准 零件装配时用以确定它在机器中所处位置的基准。

二、定位基准的选择

合理使用定位基准对保证工件的加工精度，提高机床使用效率有着决定性意义。所以，用做定位的基准面应具备足够的精确性和可靠性。定位基准分为粗基准和精基准两种。以毛坯面作基准面称为粗基准，以已加工表面作基准面称为精基准。

1. 粗基准的选择

粗基准的选择原则是：应能保证加工面与非加工面之间的位置要求及合理分配各加工面的余量，同时要为后续工序提供精基准。粗基准具体可按下列原则选择：

1）为了保证加工表面与非加工面之间的位置要求，应选非加工面为粗基准。如图 3-19 所示的毛坯，铸造时孔 B 和外圆 A 有偏心。若采用非加工面 A 为粗基准加工孔 B，则加工后的孔 B 与外圆 A 的轴线是同轴的，即壁厚是均匀的，而孔 B 的加工余量不均匀。

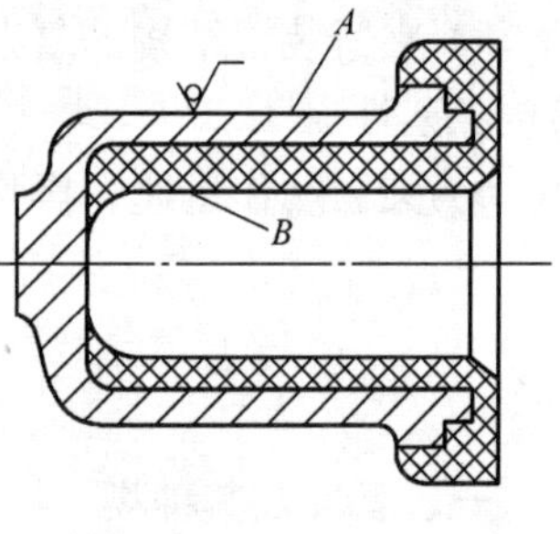

2）合理分配各加工面的余量。在分配余量时，应考虑以下两点：

图 3-19 粗基准选择实例

①为了保证各加工面都有足够的加工余量，应选择毛坯余量最小的面为粗基准。如图 3-20 所示的阶梯轴，因 φ55mm 外圆的余量较小，故应选 φ55mm 外圆为粗基准。如果选 φ108mm 外圆为粗基准加工 φ50mm 外圆时，当两外圆有 3mm 的偏心时，则有可能因 φ50mm 的余量不足而使工件报废。

②为了保证重要加工面的余量均匀，应选重要加工面为粗基准。例如，加工机床床身

时，为保证导轨面有均匀的金相组织和较高的耐磨性，应使加工余量小而均匀。为此，应选择导轨面为粗基准加工床腿底面，如图3-21a所示；然后，再以床腿底面为精基准，加工导轨面，保证导轨面的加余量小而均匀，如图3-21b所示。如果工件上有多个重要加工面都求保证余量均匀时，应选余量要求最严格的面为粗基准。

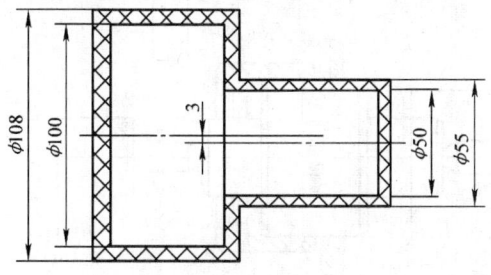 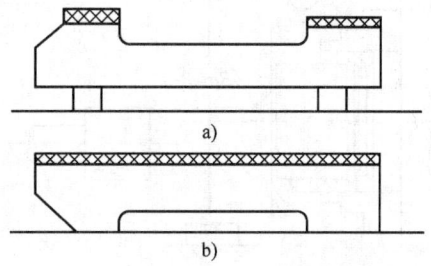

图3-20 阶梯轴加工的粗基准选择

图3-21 床身加工的粗基准选择
a) 以导轨面为粗基准加工床腿底面
b) 以床腿底面为精基准加工导轨面

3）选做粗基准的表面应平整光洁，要避开锻造飞边和铸造浇冒口、分型面、毛刺等缺陷，以保证定位准确，夹具可靠。当用夹具装夹时，选择的粗基准面还应使夹具结构简单，操作方便。

2. 精基准的选择

选择精基准时，应能保证加工精度、工件定位准确、对刀方便、装夹可靠，在具体确定零件的定位时，应遵循以下原则。

1）定位基准的选择应尽量使定位基准与设计基准之间有准确的位置关系，要方便对刀，即便于"编程原点"的测量。如图3-22所示零件，本工序要加工 C 面，保证尺寸（40±0.1）mm 和（80±0.1）mm。因尺寸（40±0.1）mm 的设计基准是 B 面，为保证加工精度，程序原点与设计基准重合，可选在 B 面上。为使 B 面水平，则可选 A 面作为定位基准，使 Z 轴对刀较方便。另外，尺寸（80±0.1）mm 的设计基准是 D 面，将程序原点选择在 D 面上，使 X 轴对刀较方便。

另外，要指出的是，在普通机床上加工工件时，必须遵守基准重合原则，即尽量选择设计基准作为定位基准，避免产生基准不重合误差。

2）为使各加工表面间有较高的位置精度，或为使加工表面具有均匀的加工余量，有时可采用两个加工表面互为基准反复加工的方法，这称为互为

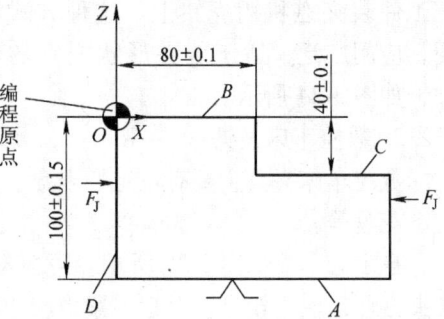

图3-22 定位基准的选择

基准原则。如图3-23所示，轴承套的 $\phi 82_{+0.003}^{+0.018}$ mm 小外圆和 ϕ（72±0.0095）mm 内孔有很高的同轴度要求，车削之后均要磨削。磨削时，先以小外圆为精基准用百分表找正磨内孔（图3-23a），再以内孔为精基准用心轴安装磨小外圆（图3-23b）。由于内外圆互为基准，上工序为下工序准备了精度更高的定位基面，因此可得到较高的同轴度。

3）同一零件的多道工序应尽可能选择同一个定位基准，即符合基准统一原则。这样可保证各加工表面间的相互位置精度，避免或减少因基准转换而引起的误差。例如，轴类零件

采用顶尖孔作统一的定位基准加工各阶梯外圆表面，可保证各外圆表面之间较小的同轴度误差；机床主轴箱体多用底面和导向面统一的定位基准加工各轴孔、前端面和侧面。

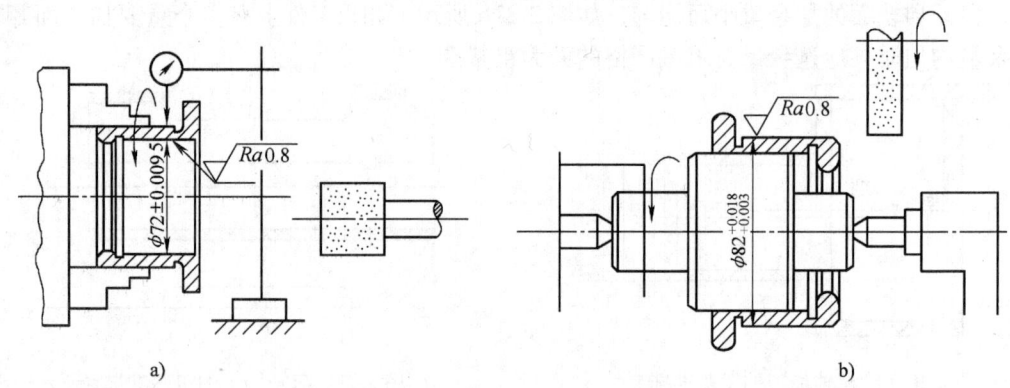

图 3-23 互为基准实例
a）外圆定位磨内孔 b）心轴安装磨小外圆

4）大、精、稳原则，即应选择面积较大、精度较高、安装稳定可靠的表面作定位精基准。这是因为精基准必须保证足够高的定位精度，还要保证工作在夹紧力、切削力和工作自身重力的作用下，不致引起位置偏移或产生过大的变形。

第四节 数控机床常用夹具

一、数控机床的通用夹具

1. 数控铣床夹具

数控铣床常用夹具是机用虎钳。装夹时，先把机用虎钳固定在工作台上，找正钳口，再把工件装夹在机用虎钳上。这种方式装夹方便，应用广泛，适于装夹形状规则的小型工件，如图 3-24 所示。

2. 数控车床夹具

数控车床夹具主要有自定心卡盘、单动卡盘、花盘等。

自定心卡盘如图 3-25 所示，可自动定心，装夹方便，应用较广，但它夹紧力较小，不便于夹持外形不规则的工件。

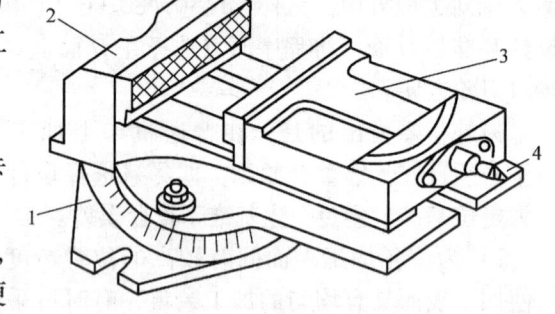

图 3-24 机用虎钳
1—底座 2—固定钳口 3—活动钳口 4—螺杆

单动卡盘如图 3-26 所示，其四个爪都可单独移动，安装工件时需找正，夹紧力大，适用于装夹毛坯及截面形状不规则和不对称的较重、较大的工件。

通常用花盘装夹不对称和形状复杂的工件，装夹工件时需反复校正和平衡。

3. 加工中心夹具

数控回转工作台是各类数控铣床和加工中心的理想配套附件，有立式工作台、卧式工作台和立卧两用回转工作台等不同类型产品。立卧两用回转工作台在使用过程中可分别以立式和水平两种方式安装于主机工作台上。工作台工作时，利用主机的控制系统或专门配套的控制系统，完成与主机相协调的各种必需的分度回转运动。

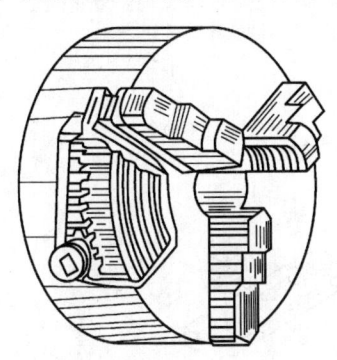

图 3-25　自定心卡盘

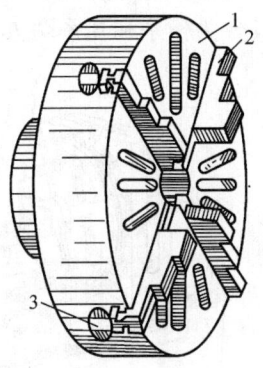

图 3-26　单动卡盘
1—卡盘体　2—卡爪　3—丝杆

为了扩大加工范围，提高生产效率，加工中心除了有沿 X、Y、Z 三个坐标轴的直线进给运动之外，往往还带有 A、B、C 三个回转坐标轴的圆周进给运动。数控回转工作台作为机床的一个旋转坐标轴由数控装置控制，并且可以与其他坐标联动，使主轴上的刀具能加工到工件除安装面及顶面以外的周边。回转工作台除了用来进行各种圆弧加工或与直线坐标进给联动进行曲面加工以外，还可以实现精确的自动分度。因此，回转工作台已成为加工中心一个不可缺少的部件。

除以上通用夹具外，数控机床夹具主要采用组合夹具、拼装夹具、可调夹具和数控夹具。

二、组合夹具

组合夹具是一种标准化、系列化、通用化程度很高的工艺装备，我国目前已基本普及。组合夹具由一套预先制造好的不同形状、不同规格、不同尺寸的标准元件及部件组装而成。图 3-27 为被加工盘类零件的工序图，用来钻径向分度孔的组合夹具的立体图及其分解图如图 3-28 所示。

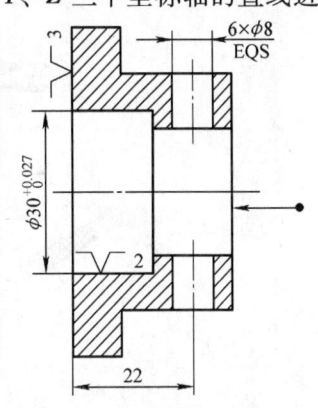

图 3-27　盘类零件钻径向孔的工序图

1. 组合夹具的特点

组合夹具一般是为某一工件的某一工序组装的专用夹具，也可以组装成通用可调夹具或成组夹具。组合夹具适用于各类机床，但以钻模和车床夹具用得最多。

组合夹具把专用夹具的设计、制造、使用、报废的单向过程变为组装、拆散、清洗入库、再组装的循环过程。可用几小时的组装周期代替几个月的设计制造周期，从而缩短了生产周期，节省了工时和材料，降低了生产成本；还可减少夹具库房面积，有利于管理。

组合夹具的元件精度高，耐磨性好，并且能实现完全互换，元件精度一般为 IT6～IT7 级。用组合夹具加工的工件，位置精度一般可达 IT8～IT9 级；若精心调整，可以达到 IT7 级。

由于组合夹具有很多优点，又特别适用于新产品试制和多品种小批量生产，所以近年来发展迅速，应用较广。组合夹具的主要缺点是体积较大，刚度较差，一次投资多，成本高，这使组合夹具的推广应用受到一定限制。

组合夹具分为槽系和孔系两大类。

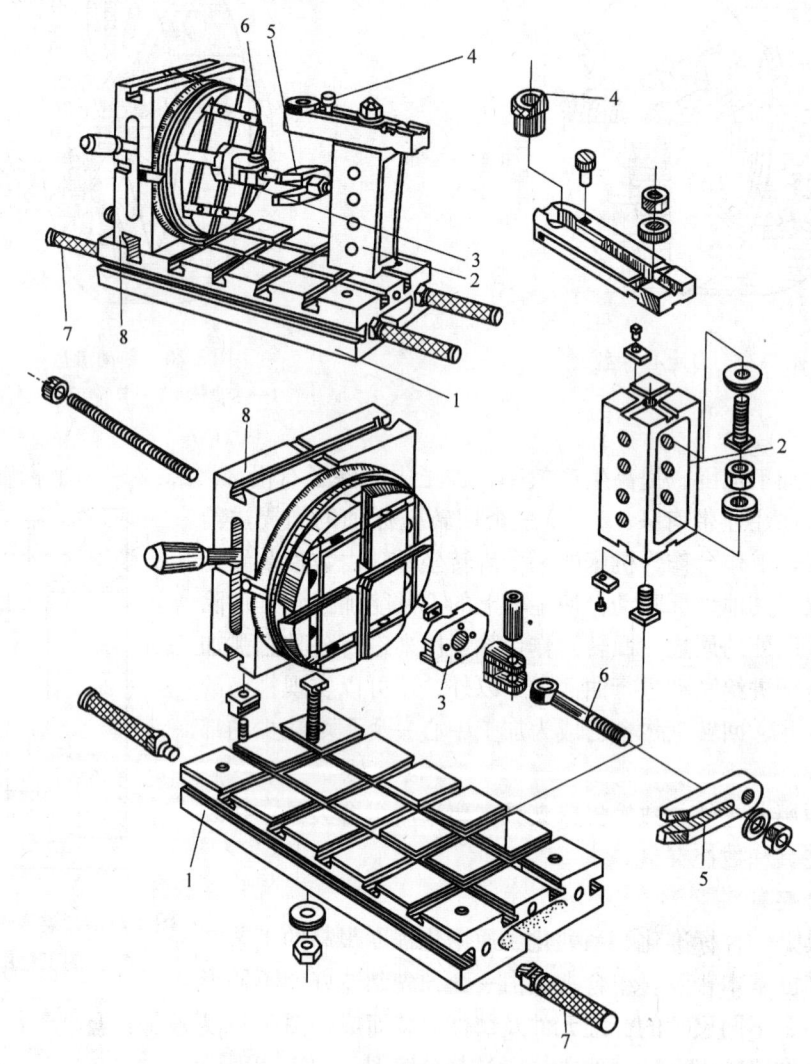

图 3-28　钻盘类零件径向孔的组合夹具
1—基础件　2—支承件　3—定位件　4—导向件　5—夹紧件　6—紧固件　7—其他件　8—合件

2. 孔系组合夹具

目前许多发达国家都有自己的孔系组合夹具。图 3-29 为德国 BIUCO 公司的孔系组合夹具组装示意图。元件与元件间用两个销钉定位，一个螺钉紧固。定位孔孔径有 10mm、12mm、16mm、24mm 四个规格；相应的孔距为 30mm、40mm、50mm、80mm；孔径公差为 H7，孔距公差为 0.02mm。

孔系组合夹具的元件用一面两圆柱销定位，属允许使用的过定位。其定位精度高，刚性比槽系组合夹具好,组装可靠,体积小,元件的工艺性好,成本低,可用作数控机床夹具。但组装时,元件的位置不能随意调节,常用偏心销钉或部分开槽元件进行弥补。

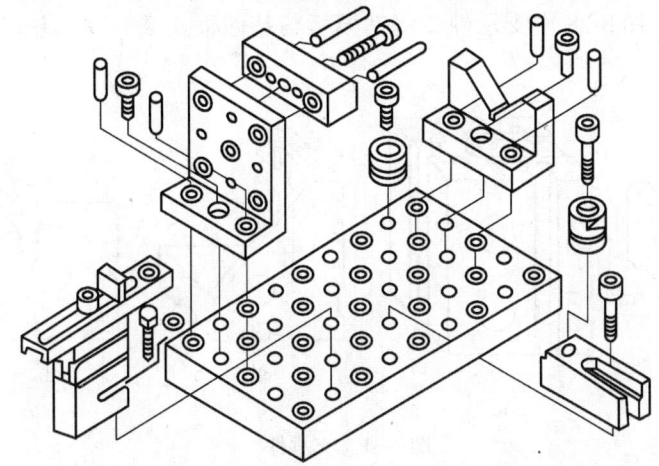

图 3-29　BIUCO 孔系组合夹具组装示意图

3. 槽系组合夹具

为了适应不同工厂、产品的需要,槽系组合夹具分大、中、小型三种规格,其主要参数见表 3-1。

表 3-1　槽系组合夹具的主要结构要素及性能

规格	槽宽/mm	槽距/mm	联接螺栓	键用螺钉	支承件截面积/mm²	最大载荷/N	工件最大尺寸 长×宽×高 mm mm mm
大型	$16^{+0.08}_{0}$	75 ± 0.01	M16 × 1.5	M5	75 × 75 90 × 90	200000	2500 × 2500 × 1000
中型	$12^{+0.08}_{0}$	60 ± 0.01	M12 × 1.5	M5	60 × 60	100000	1500 × 1000 × 500
小型	$8^{+0.015}_{0}$ $6^{+0.015}_{0}$	30 ± 0.01	M8、M6	M3、M2.5	30 × 30 22.5 × 22.5	50000	500 × 250 × 250

4. 组合夹具的元件

(1) 基础件　图 3-30 所示为长方形、圆形、方形及基础角铁等基础件,它们常作为组合夹具的夹具体。图 3-28 中的基础件 1 为长方形基础板做的夹具体。

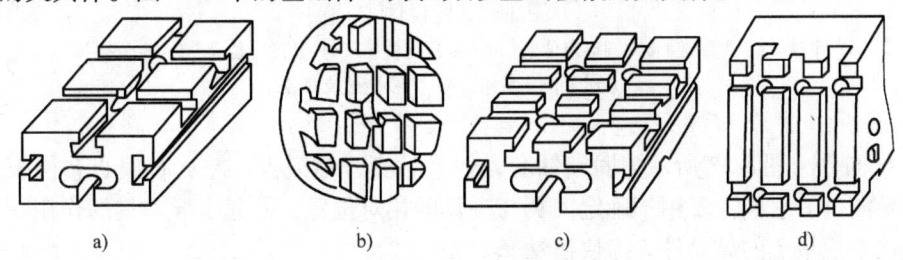

图 3-30　基础件
a) 长方形　b) 圆形　c) 方形　d) 基础角铁

(2) 支承件 图 3-31 所示为 V 形支承、长方形支承、加肋角铁和角度支承等支承件。它们是组合夹具中的骨架元件,数量最多,应用最广,可作为各元件间的连接件,又可作为大型工件的定位件。图 3-28 中支承件 2 将钻模板与基础板连成一体,并保证钻模板的高度和位置。

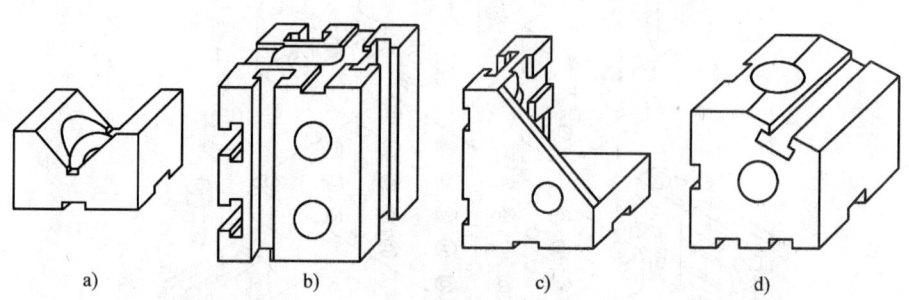

图 3-31 支承件
a) V 形支承 b) 长方形支承 c) 加肋角铁 d) 角度支承

(3) 定位件 图 3-32 所示为平键、T 形键、圆形定位销、菱形定位销、圆形定位盘、定位接头、方形定位支承座、六菱定位支承座等定位件,主要用于工件的定位及元件之间的定位。图 3-28 中,定位件 3 为菱形定位盘,用作工件的定位;支承件 2 与基础件 1,钻模板之间的平键,以及合件(端齿分度盘)8 与基础件 1 之间的 T 形键均用作元件之间的定位。

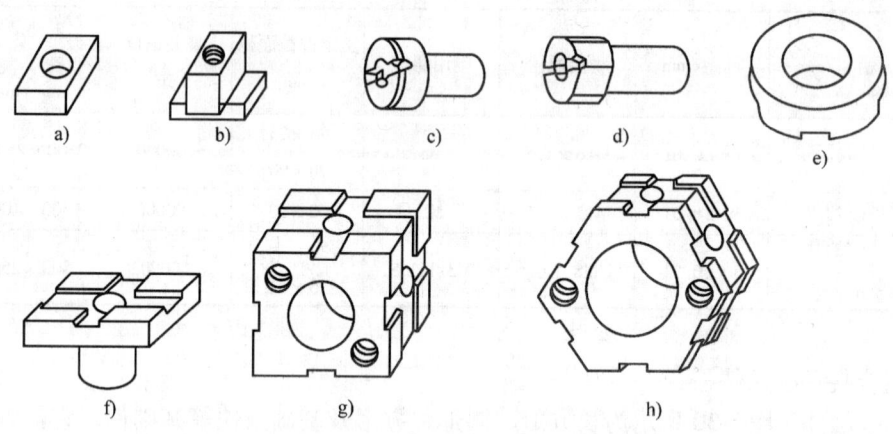

图 3-32 定位件
a) 平键 b) T 形键 c) 圆形定位销 d) 菱形定位销 e) 圆形定位盘 f) 定位接头
g) 方形定位支承座 h) 六菱定位支承座

(4) 导向件 图 3-33 所示为固定钻套,快换钻套,钻模板,左、右偏心钻模板,立式钻模板等导向件。它们主要用于确定刀具与夹具的相对位置,并起引导刀具的作用。图 3-28 中,安装在钻模板上的导向件 4 为快换钻套。

(5) 夹紧件 图 3-34 所示为弯压板、摇板、U 形压板、叉形压板等夹紧件。它们主要用于压紧工件,也可用作垫板和挡板。图 3-28 中的夹紧件 5 为 U 形压板。

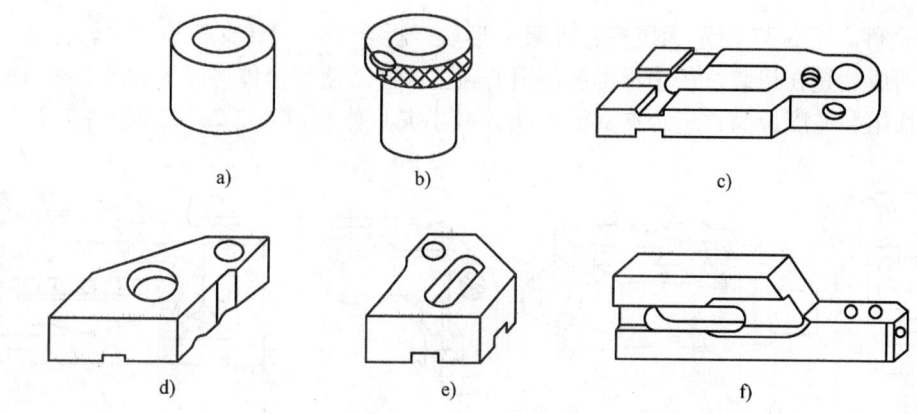

图 3-33 导向件

a) 固定钻套　b) 快换钻套　c) 钻模板　d) 左偏心钻模板　e) 右偏心钻模板　f) 立式钻模板

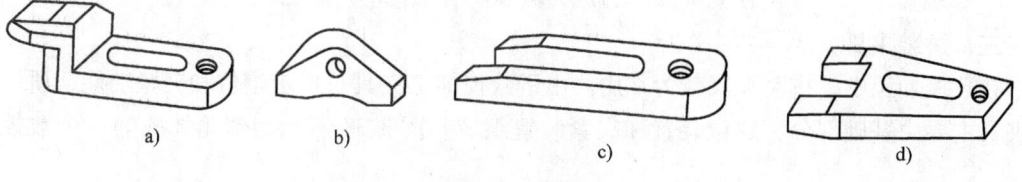

图 3-34 压紧件

a) 弯压板　b) 摇板　c) U形压板　d) 叉形压板

（6）紧固件　图 3-35 所示为各种螺栓、螺钉、垫圈、螺母等紧固件，它们主要用于紧固组合夹具中的各种元件及压紧被加工件。由于紧固件在一定程度上影响整个夹具的刚性，所以螺纹件均采用细牙螺纹，可增加各元件之间的联接强度。同时这种紧固件所选用的材料、制造精度及热处理等要求均高于一般标准紧固件。图 3-28 中紧固件 6 为关节螺栓，用来压紧工件，且各元件间均采用槽用方头螺栓、螺钉、螺母、垫圈等紧固件紧固。

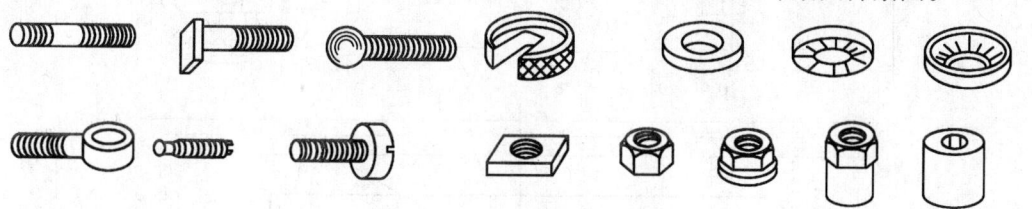

图 3-35 紧固件

（7）其他件　图 3-36 所示为三爪支承环、手柄、连接板、平衡块等。其他件是指以上六类元件之外的各种辅助元件。图 3-28 中的四个手柄就属此类元件，用于夹具的搬运。

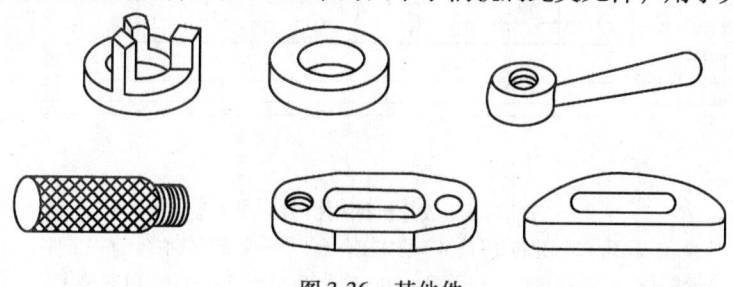

图 3-36 其他件

(8) 合件 图 3-37 所示为尾座、可调 V 形块、折合板、回转支架等合件。合件由若干零件组合而成,是在组装过程中不拆散使用的独立部件。使用合件可以扩大组合夹具的使用范围,加快组装速度,简化组合夹具的结构,减小夹具体积。图 3-28 中的合件 8 为端齿分度盘。

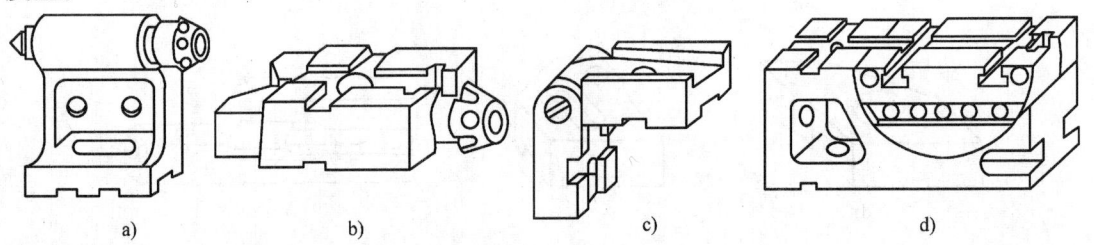

图 3-37 合件
a) 尾座 b) 可调 V 形块 c) 折合板 d) 回转支架

三、拼装夹具

在数控加工中,拼装夹具较为常用。由于数控加工夹具只要求定位和夹紧功能,所以拼装夹具主要由基础部分、定位装置和夹紧装置组成。图 3-38 所示为镗箱体孔的一个数控机

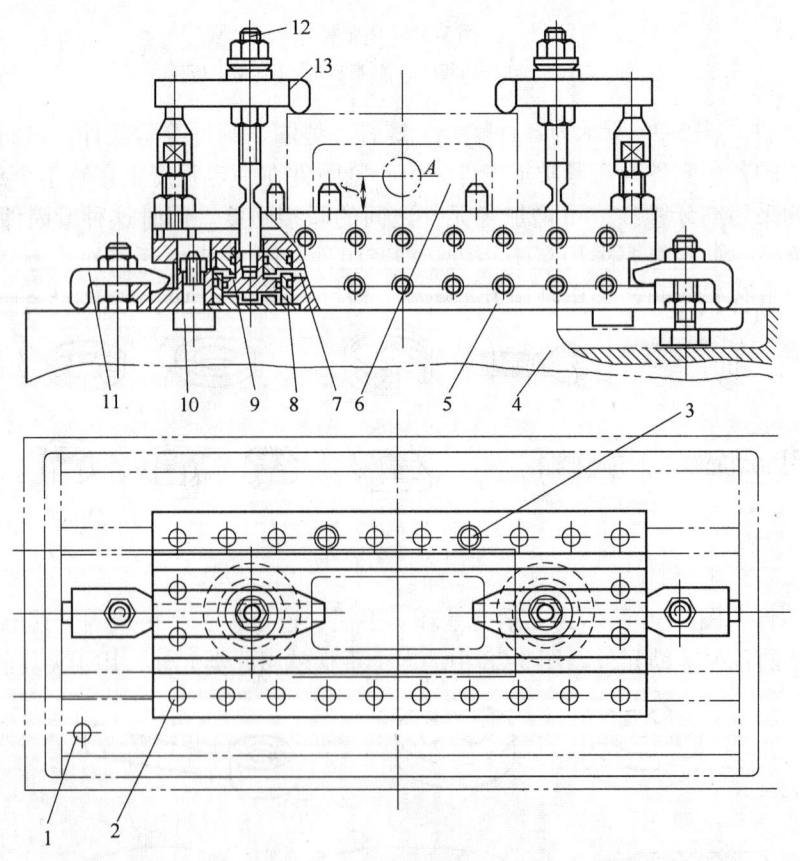

图 3-38 数控机床用拼装夹具
1、2—定位孔 3—定位销钉 4—机床工作台 5—液压基础平台 6—工件
7—通油孔 8—液压缸 9—活塞 10—定位键 11、13—压板 12—拉杆

床用拼装夹具,其基础部分是液压基础平台5;定位装置是由平台5的平面和3个定位销钉3组成;夹紧装置是由平台5内的两个液压缸8、活塞9、拉杆12和压板13组成。夹具在机床工作台T形槽中定位是通过基础平台底部的两个定位键10完成,并通过两个压板11把夹具固定在工作台上。把工件装夹在夹具上,可用工件原点作为编程原点,这时工件原点与机床原点的距离为编程原点偏移量;基础平台上的定位孔2也可以作为编程原点使用。此时,孔2距机械零点(机床原点)的距离为编程原点偏移量。

拼装夹具是用元件和合件装配成的。所谓合件,是指在组装夹具过程中不拆散使用的独立部件。图3-38中的液压缸8、活塞9、拉杆12和压板13组成液压压板合件。

第五节　项目训练:确定装夹方案并选择夹具

一、实训目的与要求
1. 学会选择数控加工装夹方案
2. 学会选择夹具

二、实训内容
在数控铣床上铣削如图3-39所示的盖板,请确定装夹方案并选择夹具。

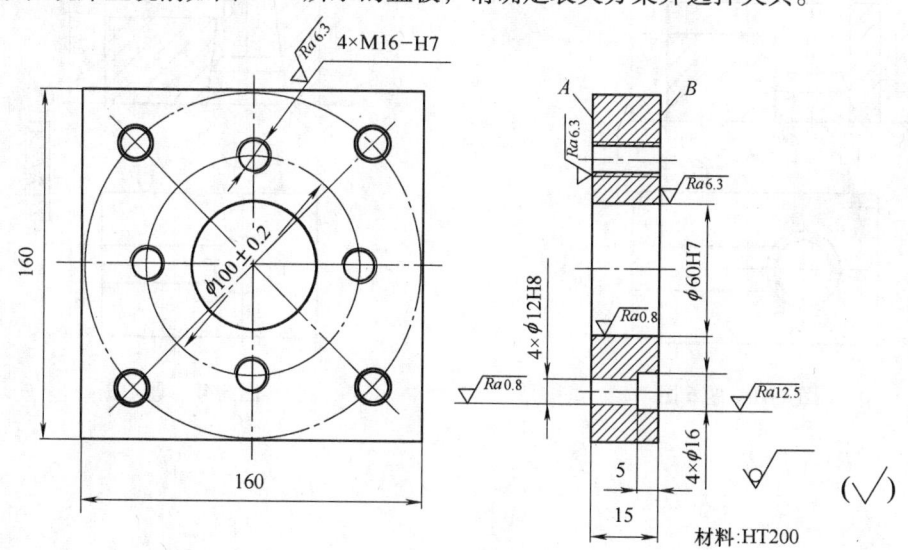

图3-39　盖板

复习思考题

1. 试述机床夹具的概念、组成及其作用。
2. 工件的定位与夹紧有什么区别?
3. 常用的定位方法有哪些?
4. 什么是粗基准和精基准?试述它们的选择原则。
5. 如图3-40所示的一批零件,欲在铣床上加工C、D面,其余各面均已加工完毕,若符合图样规定的精度要求,问应如何选择定位方案?

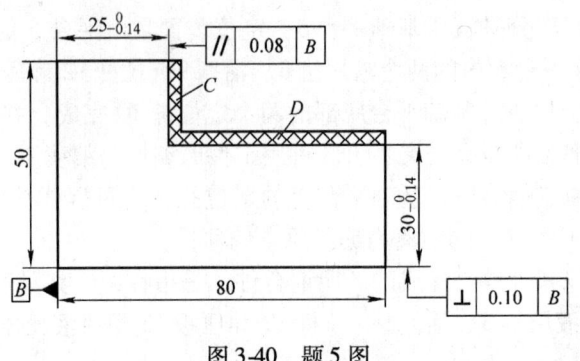

图 3-40 题 5 图

6. 有一批如图 3-41 所示的零件，圆孔和各平面均已加工合格，今在铣床上铣宽度为 $b-\Delta b$ 的槽。要求保证槽底到底面的距离为 $h-\Delta h$；槽侧面到 A 面的距离为 $a\pm\Delta a$，且与 A 面平行。试分析图示的定位方案是否合理？有无改进之处？

7. 有一批如图 3-42 所示的零件，锥孔和各平面均已加工合格，今在铣床上铣宽度为 $b-\Delta b$ 的槽。要求保证槽底到底面的距离为 $h-\Delta h$；槽侧面与 A 面平行；槽对称轴线通过锥孔轴线。试分析图示的定位方案是否合理？有无改进之处？

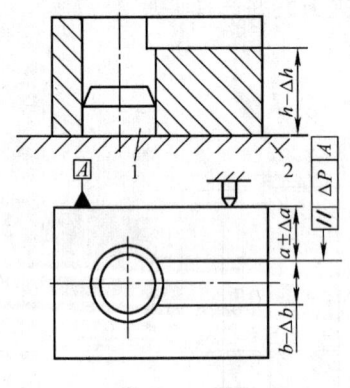

图 3-41 题 6 图

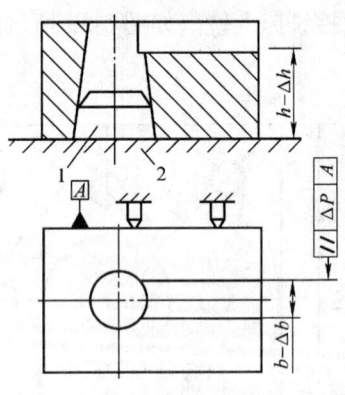

图 3-42 题 7 图

第四章 数控车削加工工艺及设备

本章应知
1. 数控车床的组成及典型结构
2. 数控车床的常用刀具

本章应会
数控车削加工的工艺制订

第一节 数控车床概述

车床主要是用于进行车削加工,在车床上一般可以加工各种回转表面,如内外圆柱面、圆锥面、成形回转表面及螺纹面等。在数控车床上还可加工高精度的曲面与端面螺纹。用的刀具主要是车刀、各种孔加工刀具(如钻头、铰刀、镗刀等)及螺纹刀具。车床主要用于加工各种轴类、套筒类和盘类零件上的回转表面。数控车床加工零件的尺寸精度可达 IT5～IT6,表面粗糙度值可达 $Ra1.6\mu m$ 以下。

一、数控车床的分类

数控车床品种繁多、规格不一,可按如下方法进行分类:

1. 按数控车床主轴位置分类

1)立式数控车床。立式数控车床的主轴垂直于水平面,并有一个直径很大的圆形工作台,供装夹工件用。这类数控机床主要用于加工径向尺寸较大、轴向尺寸较小的大型复杂零件。

2)卧式数控车床。卧式数控车床的主轴轴线处于水平位置,它的床身和导轨有多种布局形式,是应用最广泛的数控车床。

2. 按刀架数量分类

1)单刀架数控车床。普通数控车床一般都配置有各种形式的单刀架,如四刀位卧式回转刀架,如图 4-1a 所示;多刀位回转刀架,如图 4-1b 所示。

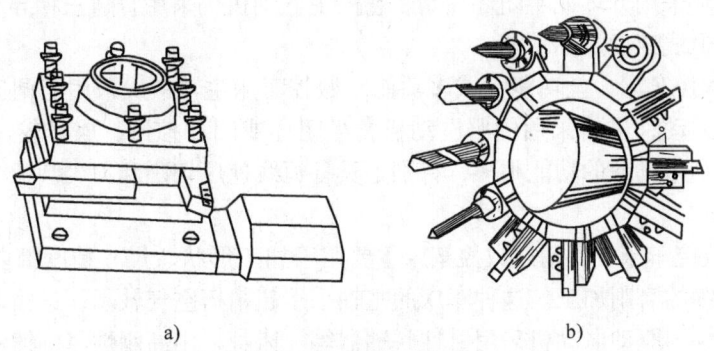

a)　　　　　　　　　　b)

图 4-1　单刀架形式的自动回转刀架
a)四刀位卧式回转刀架　b)多刀位回转刀架

2）双刀架数控车床。这类数控车床中，双刀架的配置可以是平行交错结构，如图 4-2a 所示；也可以是同轨垂直交错结构，如图 4-2b 所示。在数控车床上，各种刀架转换刀具的过程都是接受转位指令→松开夹紧机构→分度转位→粗定位→精定位→锁紧 + 发出动作完成回答信号。驱动刀架工作的动力有电动和液压两类。

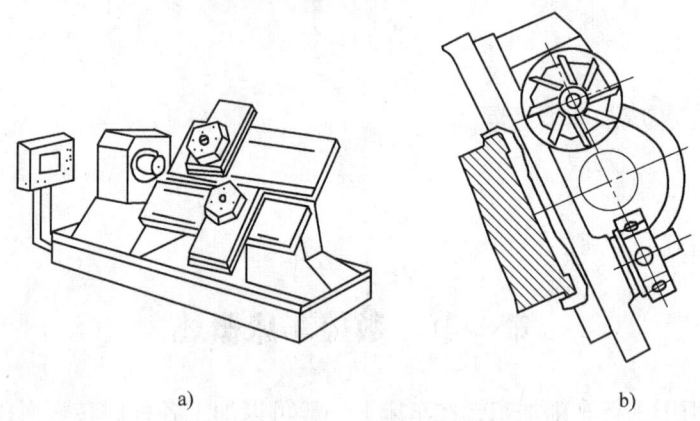

图 4-2 双刀架形式的自动回转刀架
a) 平行交错双刀架 b) 同轨垂直交错双刀架

3. 按加工零件的类型分类

1）卡盘式数控车床。这类数控车床未设置尾座，主要适用于车削盘类（含短轴类）零件，其夹紧方式多为电动液压控制。

2）顶尖式数控车床。这类数控车床设置有普通尾座或数控尾座，主要适合车削较长的轴类零件及直径不太大的盘、套类零件。

4. 按数控车床的档次分

1）简易数控车床。简易数控车床一般是用单板机或单片机进行控制，属于低档次数控车床。机械部分由卧式车床略作改进而成。主电动机一般不作改动，进给多采用步进电动机，开环控制，四刀位回转刀架。简易数控车床没有刀尖圆弧半径自动补偿功能，所以编程时计算比较繁琐，加工精度较低。

2）经济型数控车床。经济型数控车床一般有单显 CRT、程序储存和编辑功能，属于中档次数控车床，多采用开环或半闭环控制。它的主电动机仍采用普通三相异步电动机，所以它的缺点是没有恒线速度切削功能。

3）全功能数控车床。全功能（或多功能）数控车床主轴一般采用能调速的直流或交流主轴控制单元来驱动，进给采用伺服电动机，半闭环或闭环控制，属于较高档次的数控车床。多功能数控车床具备的功能很多，特别是具备恒线速度切削和刀尖圆弧半径自动补偿功能。

4）高精度数控车床。高精度数控车床主要用于加工形状、尺寸精度都要求很高的零部件，可以代替后续的磨削加工。这种车床的主轴采用超精密空气轴承，进给采用超精密空气静压导向面，主轴与驱动电动机采用磁性联轴器等。床身采用高刚性厚壁铸铁，中间填砂处理，采用空气弹簧三点支承。总之，为了进行高精度加工，在机床各方面均采取了很多措施。

5）高效率数控车床。高效率数控车床主要有一个主轴两个回转刀架及两个主轴两个回转刀架等形式，两个主轴和两个回转架能同时工作，提高了机床加工效率。

6）车削中心。在数控车床上增加刀库和 C 轴控制后，除了能车削、镗削外，还能对端面和圆周面上任意部位进行钻、铣、攻螺纹等加工，而且在具有插补的情况下，还能铣削曲面，这样就构成了车削中心。

二、数控车床的组成和布局

机床的组成和布局对数控机床是十分重要的，直接影响机床的使用性能。数控车床的布局，大都采用机、电、液、气一体化布局，全封闭或半封闭防护。数控车床的组成也有许多不同于普通车床之处。

1. 数控车床的组成

图 4-3 所示为 CYNCP-320 型数控车床的外观图。该数控车床为两坐标连续控制卧式车床，床身 14 为平床身，床身导轨面上支撑着 30°倾斜布置的滑板 13，排屑方便。导轨的横截面为矩形，支撑刚性好，且导轨上配置有防护罩 8。床身的左上方安装有主轴箱 4，主轴由 AC 交流伺服电动机驱动，免去变速传动装置，因此使主轴箱的结构变得十分简单。为了快速而省力地装夹工件，主轴卡盘 3 的夹紧与松开是由主轴尾端的液压缸来控制的。

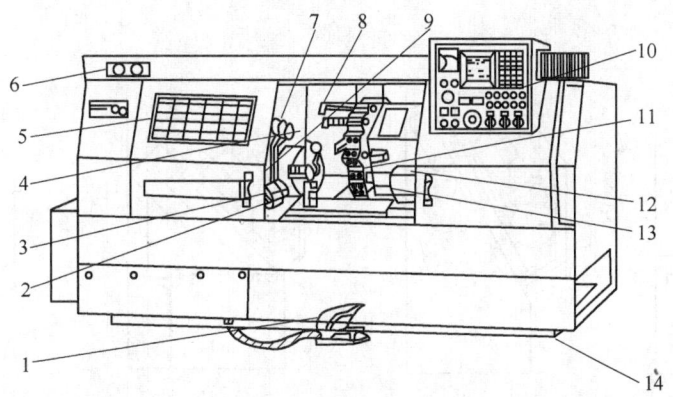

图 4-3 CYNCP-320 型数控车床的外观图
1—脚踏开关 2—对刀仪 3—主轴卡盘 4—主轴箱 5—机床防护门
6—压力表 7—对刀仪防护罩 8—防护罩 9—对刀仪转臂 10—操作
面板 11—回转刀架 12—尾座 13—滑板 14—床身

床身右上方安装有尾座 12，该机床有两种可配置的尾座，一种是标准尾座，另一种是选择配置的尾座。

滑板的倾斜导轨上安装有回转刀架 11，其刀盘上有 10 个工位，最多安装 10 把刀具。滑板上分别安装有 X 轴和 Z 轴的进给传动装置。

根据用户的要求，主轴箱前端面上可以安装对刀仪 2，用于机床的机内对刀。检测刀具时，对刀仪转臂 9 摆出，其上端的接触式传感器测头对所用刀具进行检测。检测完成后，对刀仪的转臂摆回图中所示的原位，且测头被锁在对刀仪防护罩 7 中。

操作面板 10 由上下两部分组成，上半部分为数控系统操作面板，下半部分为机床操作面板。5 是机床防护门，可以配置手动防护门，也可以配置气动防护门。液压系统的压力由压力表6显示。1是主轴卡盘夹紧与松开的脚踏开关。

2. 数控车床的布局

(1) 床身和导轨的布局

1) 如图4-4a所示为水平床身的布局,它的工艺性好,便于导轨面的加工。水平床身配上水平放置的刀架,可提高刀架的运动精度。这种布局一般可用于大型数控车床或小型精密数控车床上,但是水平床身由于下部空间小,故排屑困难。从结构尺寸上看,刀架水平放置使滑板横向尺寸较长,从而加大了机床宽度方向的结构尺寸。

2) 如图4-4b所示为斜床身的布局,其导轨倾斜的角度分别为30°、45°、60°和75°等。当导轨倾斜的角度为90°时,称为立床身,如图4-4d所示。倾斜角度小,排屑不便;倾斜角度大,导轨的导向性及受力情况差。其倾斜角度的大小还直接影响机床外形尺寸高度与宽度的比例。综合考虑以上因素,中小规格的数控车床,其床身的倾斜度以60°为宜。

3) 如图4-4c所示为平床身斜滑板的布局。这种布局形式一方面具有水平床身工艺性好的特点;另一方面,机床宽度方向的尺寸较水平配置滑板的要小,且排屑方便。

平床身斜滑板和斜床身的布局形式被中、小型数控车床普遍采用。这是由于此两种布局形式排屑容易,热切屑不会堆积在导轨上,也便于安装自动排屑器;操作方便,易于安装机械手,以实现单机自动化;机床占地面积小,外形美观,容易实现封闭式防护。

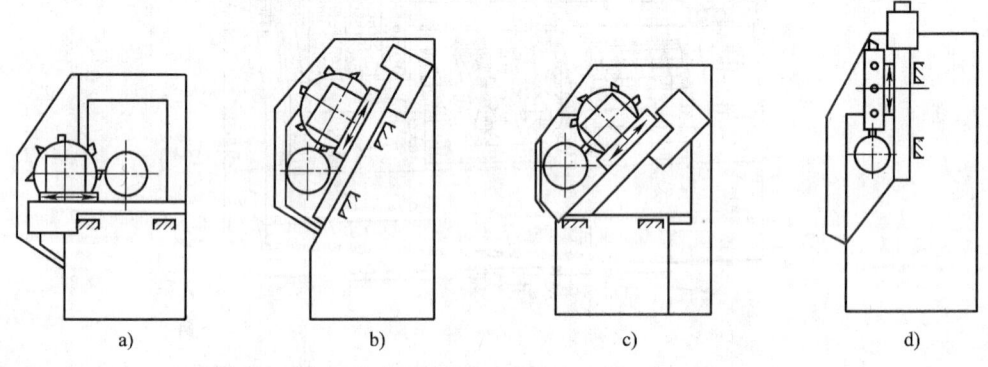

图4-4 数控车床的布局形式
a) 水平床身 b) 斜床身 c) 平床身斜滑板 d) 立床身

(2) 刀架的布局 刀架作为数控车床的重要部件,其布局形式对机床整体布局及工作性能影响很大。目前两轴联动数控车床多采用12工位的回转刀架,也有采用6工位、8工位、10工位回转刀架的。回转刀架在机床上的布局有两种形式,一种是用于加工盘类零件的回转刀架,其回转轴垂直于主轴;另一种是用于加工轴类和盘类零件的回转刀架,其回转轴平行于主轴。

四坐标控制的数控车床,床身上安装有两个独立的滑板和回转刀架,故称为双刀架四坐标数控车床。其上每个刀架的切削进给量是分别控制的,因此两刀架可以同时切削同一工件的不同部位,既扩大了加工范围,又提高了加工效率。四坐标数控车床的结构复杂,且需要配置专门的数控系统实现对两个独立刀架的控制。这种机床适合加工曲轴、飞机零件等形状复杂、批量较大的零件。

三、数控车床的典型结构

下面以济南第一机床厂生产的 MJ-50 型数控车床为例，介绍数控车床的典型结构。

1. 主轴箱结构

MJ-50 数控车床主轴箱结构如图 4-5 所示。交流主轴电动机通过带轮 15 把运动传给主轴 7。主轴有前后两个支承。前支承由一个圆锥孔双列圆柱滚子轴承 11 和一对角接触球轴承 10 组成，轴承 11 用于承受径向载荷，两个角接触球轴承一个大口向外（朝向主轴前端），另一个大口向里（朝向主轴后端），用来承受双向的轴向载荷和径向载荷。前支承轴承的间隙用螺母 8 来调整，螺钉 12 用于防止螺母 8 回松。主轴的后支承为圆锥孔双列圆柱滚子轴承 14，轴承间隙由螺母 1 和 6 来调整。螺钉 17 和 13 是防止螺母 1 和 6 回松的。主轴的支承形式为前端定位，主轴受热膨胀向后伸长。前后支承所用圆锥孔双列圆柱滚子轴承的支承刚性好，允许的极限转速高。前支承中的角接触球轴承能承受较大的轴向载荷，且允许的极限转速高。主轴所采用的支承结构适宜高速大载荷的需要，主轴的运动经过同步带轮 16 和 3 以及同步带 2 带动脉冲编码器 4，使其与主轴同速运转。脉冲编码器用螺钉 5 固定在主轴箱体 9 上。

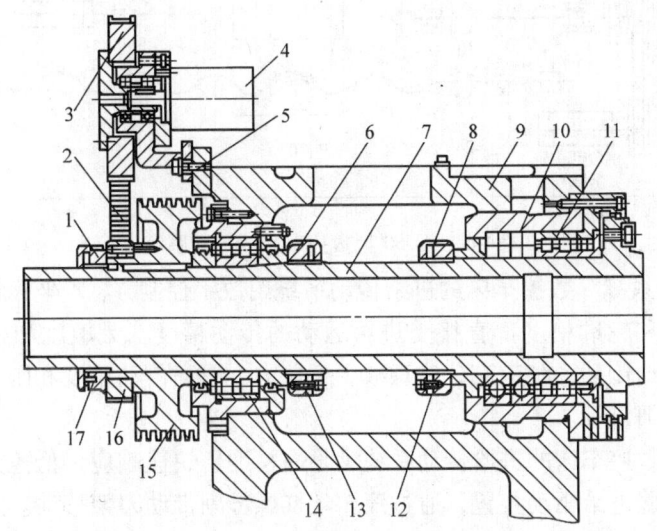

图 4-5 MJ-50 数控车床主轴箱结构

1、6、8—螺母 2—同步带 3、16—同步带轮 4—脉冲编码器 5、12、13、17—螺钉
7—主轴 9—主轴箱体 10—角接触球轴承 11、14—双列圆柱滚子轴承 15—带轮

2. 传动系统

（1）主传动系统　数控车床的主运动要求速度在一定范围内可调，有足够的驱动功率，主轴回转轴心线的位置准确稳定，并有足够的刚性与抗振性。

全功能型数控车床的主轴变速是按照加工程序指令自动进行的。为确保机床主传动的精度，降低噪声，减少振动，主传动链要尽可能地缩短；为保证满足不同的加工工艺要求并能获得最低切削速度，主传动系统应能大范围无级变速；为提高端面加工的生产率和加工质量，还应能实现恒切削速度控制。此外，主轴应能配合其他构件实现工件自动装夹。

图 4-6 所示为 MJ-50 型数控车床的传动系统。其中，主运动传动系统由功率为 11/15kW

的 AC 伺服电动机驱动，经一级 1:1 的带传动带动主轴旋转，使主轴在 35～3500r/min 的转速范围内实现无级调速。主轴箱内部省去了齿轮传动变速机构，因此减少了齿轮传动对主轴精度的影响，并且维修方便。另外，在主轴箱内还安装有脉冲编码器，主轴的运动通过同步带轮以及同步带 1:1 地传到脉冲编码器。当主轴旋转时，脉冲编码器便发出检测脉冲信号给数控系统，使主轴电动机的旋转与刀架的切削进给保持同步关系，即实现加工螺纹时主轴转一转，刀架 Z 向移动一个工件导程的运动关系。

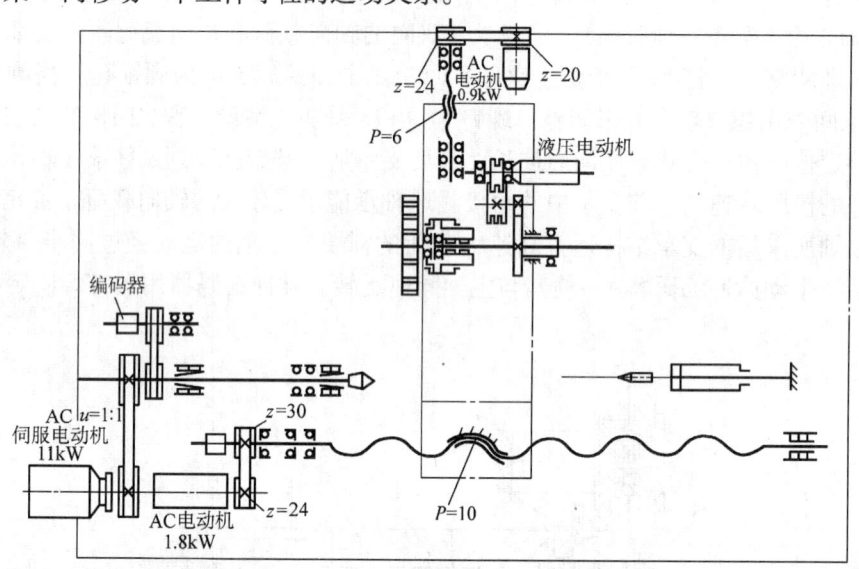

图 4-6 MJ-50 型数控车床的传动系统

（2）进给传动系统 数控车床的进给传动系统用数字控制 X、Z 坐标轴的直接对象，工件最后的尺寸精度和轮廓精度都直接受进给运动的传动精度、灵敏度和稳定性的影响。为此，数控车床的进给传动系统应充分注意减少摩擦力，提高传动精度和刚度，消除传动间隙以及减少运动件的惯量等。

为使全功能型数控车床的进给传动系统满足高精度、快速响应、低速大转矩的要求，一般采用交、直流伺服进给驱动装置，通过滚珠丝杠螺母副带动刀架移动。刀架的快速移动和进给移动为同一条传动路线。

如图 4-6 所示，MJ-50 型数控车床的进给传动系统分为 X 轴进给传动和 Z 轴进给传动。X 轴进给由功率为 0.9kW 的交流伺服电动机驱动，经 20/24 的同步带轮传动到滚珠丝杠，其螺母带动回转刀架移动，滚珠丝杠螺距为 6mm。Z 轴进给由功率为 1.8kW 的交流伺服电动机驱动，经 24/30 的同步带轮传动到滚珠丝杠，其上螺母带动滑板移动，滚珠丝杠螺距为 10mm。

滚珠丝杠螺母轴向间隙可通过预紧方法消除，预紧载荷以能有效地减少弹性变形所带来的轴向位移为度，过大的预紧力将增加摩擦阻力，降低传动效率，并使寿命大为缩短。所以，一般要经过几次仔细调整才能保证机床在最大轴向载荷下，既消除间隙，又能灵活运转。目前，丝杠螺母副已由专业厂生产，其预紧力由制造厂调好后供用户使用。

3. 自动回转刀架

数控车床的刀架是机床的重要组成部分，其结构直接影响机床的切削性能和工作效率。

回转式刀架上回转头各刀座用于安装或支持各种不同用途的刀具，通过回转头的旋转、分度和定位，实现机床的自动换刀。回转刀架分度准确，定位可靠，重复定位精度高，转位速度快，夹紧性好，可以保证数控车床的高精度和高效率。

按照回转刀架的回转轴相对于机床主轴的位置，可分为立式和卧式两种。

（1）立式回转刀架　立式回转刀架的回转轴垂直于机床主轴，有四方刀架和六方刀架等外形，多用于经济型数控车床上。

（2）卧式回转刀架　卧式回转刀架的回转轴与机床主轴平行，可径向与轴向安装刀具。径向刀具多用作外圆柱面及端面加工，轴向刀具多用作内孔加工。回转刀架的工位数最多可达到20个，常用的有8、10、12、14工位四种。刀架回转及松开夹紧的动力可采用全电动、全液压电动回转松开-碟形弹簧夹紧、电动回转-液压松开夹紧等。刀位计数采用光电编码器。由于回转刀架的机械结构复杂，使用中故障率相对较高，因此在选用及使用维护中要给予足够重视。

MJ-50型数控车床的自动回转刀架为卧式回转刀架的结构，其转位换刀过程为：接收到数控系统的换刀指令—刀盘松开—刀盘旋转到指令要求的刀位—刀盘夹紧并发出转位结束信号。在机床自动工作状态下，当指定换刀的刀号后，数控系统可以通过内部的运算判断，实现刀盘就近转位换刀，即刀盘可正转也可反转。但当手动操作机床时，从刀盘方向观察，只允许刀盘顺时针转动换刀。

第二节　数控车削加工工艺的制订

工艺制订是进行数控车削编程之前要认真进行的一项工作，这项工作会直接影响数控加工的产品质量和生产效率，如果工艺设计不当，还可能会使机床和刀具受到损坏。下面将依次对数控车削加工工艺制订的步骤进行介绍。

一、分析零件图样

分析零件图样是进行工艺分析的前提，它将直接影响零件加工程序的编制与加工。分析零件图样主要考虑以下几个方面：

1. 构成零件轮廓的几何条件

由于设计等多方面的原因，可能在零件图样上出现构成零件加工轮廓的数据不充分，尺寸模糊不清等缺陷，这样会增加编程的难度，有时甚至无法编程。

1）零件图上漏掉某尺寸，使其几何条件不充分，影响到零件轮廓的构成。

2）零件图上的图线位置模糊或尺寸标注不清，使编程无法下手。

3）零件图上给定的几何条件不合理，造成数学处理困难。

2. 尺寸精度要求

分析零件图样尺寸精度的要求，以判断能否利用车削工艺达到，并确定控制尺寸精度的工艺方法。

在该项分析过程中，还可以同时进行一些尺寸的换算，如增量尺寸与绝对尺寸及尺寸链计算等。在利用数控车床车削零件时，常常对零件要求的尺寸取上、下极限尺寸的平均值作为编程的尺寸依据。

3. 几何精度要求

零件图样上给定的几何公差是保证零件精度的重要依据。加工时，要按照其要求确定零件的定位基准和测量基准，还可以根据机床的特殊需要进行一些技术性处理，以便有效地控制零件的几何精度。

4. 表面粗糙度要求

表面粗糙度是保证零件表面微观精度的重要要求，也是合理选择机床、刀具及确定切削用量的依据。

5. 材料与热处理要求

零件图样上给定的材料与热处理要求，是选择刀具、机床型号，以及确定切削用量的依据。

二、确定毛坯

在确定毛坯种类及制造方法时，应考虑下列因素：

1. 零件材料及其力学性能

零件的材料大致确定了毛坯的种类。例如，材料为铸铁和青铜的零件应选择铸件毛坯；钢质零件当形状不复杂、力学性能要求不太高时可选型材；重要的钢质零件，为保证其力学性能，应选择锻件毛坯。

2. 零件的结构形状与外形尺寸

形状复杂的毛坯，一般用铸造方法制造。薄壁零件不宜用砂型铸造；中小型零件可考虑用先进的铸造方法；大型零件可用砂型铸造。一般用途的阶梯轴，如各台阶直径相差不大，可用圆棒料；如各台阶直径相差较大，为减少材料消耗和机械加工的劳动量，则宜选择锻件毛坯。尺寸大的零件一般选择自由锻造；中小型零件可选模锻件。

3. 生产类型

大量生产的零件应选择精度和生产率都比较高的毛坯制造方法。例如，铸件采用金属模机器造型或精密铸造；锻件采用模锻、精锻；冲压件采用冷轧和冷拉型材。零件产量较小时应选择精度和生产率较低的毛坯制造方法。

4. 现有生产条件

确定毛坯的种类及制造方法，必须考虑具体的生产条件。例如，毛坯制造的工艺水平、设备状况以及对外协作的可能性等。

5. 充分考虑利用新工艺、新技术的可能性

随着机械制造技术的发展，毛坯制造方面的新工艺、新技术和新材料的应用也发展很快。例如，精铸、精锻、冷挤压、粉末冶金和工程塑料等在机械中的应用日益增加。采用这些方法可大大减少机械加工量，其经济效果非常显著。

三、确定装夹方法和对刀点

1. 零件的装夹

在数控车床加工中，零件定位安装的基本原则与卧式车床相同。但为了提高数控车床的效率，除了采用自定心卡盘和单动卡盘外，数控车床中还有许多相应的夹具，它们主要分为两大类，即用于轴类零件的夹具和用于盘类零件的夹具。

（1）用于轴类零件的夹具　数控车床加工轴类零件时，毛坯装在主轴顶尖和尾座顶尖之间，由主轴上的拨动卡盘或拨齿顶尖带动旋转。这类夹具在粗车时可以传递足够大的转矩，以适应主轴高速旋转车削。

(2) 用于盘类零件的夹具 这类夹具适用于无尾座的卡盘式数控车床上。用于盘类零件的夹具主要有可调卡爪卡盘和快速可调卡盘。

2. 确定对刀点和换刀点

(1) 对刀 对刀是操作数控车床的重要内容，对刀的好坏将直接影响到车削零件的尺寸精度。

1) 刀位点是指在加工程序编制中，用以表示刀具特征的点，也是对刀和加工的基准点。各类车刀的刀位点如图 4-7 所示。

2) 对刀是指执行加工程序前，调整刀具的刀位点，使其尽量重合于某一理想基准点的过程。理想基准点可设定在基准刀的刀尖上，也可设定在光学对刀镜内的十字刻线交点上。对刀一般分为手动对刀和自动对刀两种。目前，大多数的数控车床采用手动对刀。

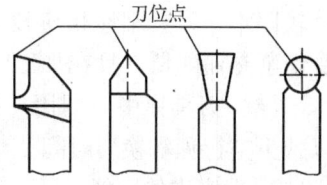

图 4-7 车刀的刀位点

(2) 确定对刀点 对刀点是指采用刀具加工零件时，刀具相对零件运动的起点。确定对刀点应注意以下原则：

1) 尽量与零件的设计基准或工艺基准一致。
2) 便于用常规量具在车床上进行找正。
3) 该点的对刀误差应较小或可能引起的加工误差为最小。
4) 尽量使加工程序中的引入或返回路线短，并便于换刀。

(3) 确定换刀点 换刀点是指在加工过程中，自动换刀装置的换刀位置。换刀点的位置应保证刀具转位时不碰撞被加工零件或夹具，一般可设置在对刀点。

四、确定加工方案

1. 制订工艺路线

在数控车床加工过程中，由于加工对象复杂多样，特别是轮廓曲线的形状及位置千变万化，加上材料、批量不同等多方面因素的影响，在对具体零件制订工艺路线时，应该考虑以下原则：

(1) 先粗后精（图 4-8） 粗加工完成后，接着进行半精加工和精加工。其中，安排半精加工的目的是：当粗加工后所留余量的均匀性满足不了精加工要求时，则可安排半精加工作为过渡性工序，以便使精加工余量小而均匀。

精加工时，零件的轮廓应由最后一刀连续加工而成。这时，加工刀具的进、退刀位置要考虑妥当，尽量沿轮廓的切线方向切入和切出，以免因切削力突然变化而造成弹性变形，致使光滑连接轮廓上产生表面划伤、形状突变或滞留刀痕等疵病。

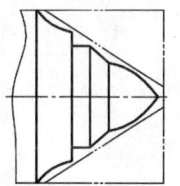

图 4-8 先粗后精示例

(2) 先近后远 这里所说的远与近，是按加工部位相对于对刀点的距离大小而言的。通常在粗加工时，离对刀点近的部位先加工，离对刀点远的部位后加工，以便缩短刀具的移动距离，减少空行程时间。对于车削加工，先近后远还有利于保护坯件或半成品的刚性，改善其切削条件。

例如，当加工图 4-9 所示零件时，如果按 $\phi 38 \text{mm} \rightarrow \phi 36 \text{mm} \rightarrow \phi 34 \text{mm}$ 的次序安排车削，不仅会增加刀具返回对刀点所需的空行程时间，而且还可能使台阶的外直角处产生毛刺。

对这类直径相差不大的台阶轴，当第一刀的背吃刀量（图4-9中最大背吃刀量可为3mm左右）未超限时，宜按 $\phi 34mm \rightarrow \phi 36mm \rightarrow \phi 38mm$ 的顺序先近后远地安排加工。

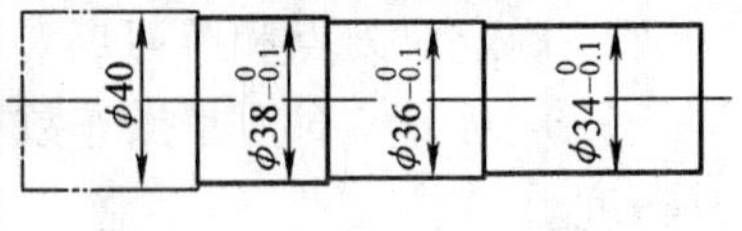

（3）先内后外　对既有内表面（内型腔），又有外表面的零件，在制定其加工方案时，通常应安排先加工内型和内腔，后加工外形表面。这是因为控制内表面的尺寸和形状较困难，刀具刚性相应较差，刀尖（切削刃）的寿命易受切削热而降低，且在加工中清除切屑较困难等。

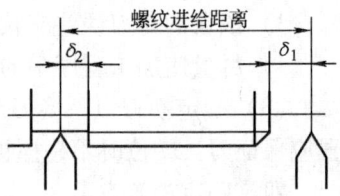

图4-9　先近后远示例

（4）刀具集中　即用一把刀加工完相应各部位，再换另一把刀加工相应的其他部位，以减少空行程和换刀时间。

2. 确定进给路线

确定进给路线的重点在于确定粗加工及空行程的进给路线。进给路线包括切削加工的路线及刀具引入、切出等非切削空行程。

（1）刀具引入、切出　在数控车床上进行加工时，要安排好刀具的引入、切出路线，尽量使刀具沿轮廓的切线方向引入、切出。

尤其是车螺纹时，必须设置升速段 δ_1 和降速段 δ_2，这样可避免因车刀升、降速而影响螺距的稳定（图4-10）。

（2）确定最短的空行程路线　确定最短的空行程路线，除了依靠大量的实践经验外，还应善于分析，必要时可辅以一些简单计算。现将实践中的部分设计方法或思路介绍如下：

1）巧用对刀点。图4-11a为采用矩形循环方式进行粗车的一般情况示例。其起刀点 A 的设定是考虑到精车等加工过程中需方便地换刀，故设置在离坯件较远的位置处，同时将起刀点与其对刀点重合在一起，按三刀粗车的进给路线安排如下：

第一刀为 $A \rightarrow B \rightarrow C \rightarrow D \rightarrow A$

第二刀为 $A \rightarrow E \rightarrow F \rightarrow G \rightarrow A$

第三刀为 $A \rightarrow H \rightarrow I \rightarrow J \rightarrow A$

图4-10　螺纹进给切削

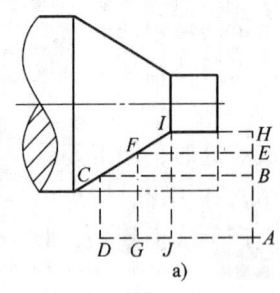 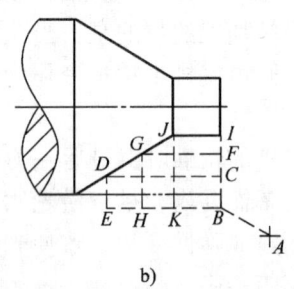

图4-11　巧用起刀点

a）采用矩形循环方式进行粗车的一般情况　b）将起刀点与对刀点分离

图4-11b则是将起刀点与对刀点分离，并设于图示 B 点位置，仍按相同的切削量进行三刀粗车，其进给路线安排如下：

起刀点与对刀点分离的空行程为 $A \rightarrow B$

第一刀为 B→C→D→E→B

第二刀为 B→F→G→H→B

第三刀为 B→I→J→K→B

显然，图 4-11b 所示的进给路线短。

2）巧设换刀点。为了考虑换（转）刀的方便和安全，有时将换（转）刀点也设置在离坯件较远的位置处（图 4-11 中的 A 点）。那么，当换第二把刀后，进行精车时的空行程路线必然也较长。如果将第二把刀的换刀点也设置在图 4-11b 中的 B 点位置上，则可缩短空行程距离。

3）合理安排"回零"路线。在手工编制较复杂轮廓的加工程序时，为使其计算过程尽量简化，既不易出错，又便于校核，编程者（特别是初学者）有时将每一刀加工完后的刀具终点通过执行"回零"（即返回对刀点）指令，使其全部返回对刀点位置，然后再执行后续程序。这样会增加进给路线的距离，从而大大降低生产效率。因此，在合理安排"回零"路线时，应使其前一刀终点与后一刀起点间的距离尽量减短或者为零，即可满足进给路线为最短的要求。

（3）确定最短的切削进给路线　切削进给路线短，可有效地提高生产效率，降低刀具的损耗等。在安排粗加工或半精加工的切削进给路线时，应同时兼顾到被加工零件的刚性及加工的工艺性等要求，不要顾此失彼。

图 4-12 为粗车图 4-8 所示零件时几种不同的切削进给路线的安排示例。其中，图 4-12a 所示为利用数控系统具有的封闭式复合循环功能来控制车刀沿着工件轮廓进行切削进给的路线；图 4-12b 所示为利用其程序循环功能安排的"三角形"切削进给路线；图 4-12c 所示为利用其矩形循环功能而安排的"矩形"切削进给路线。

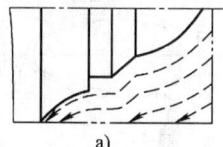 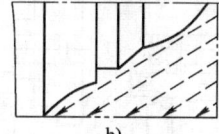 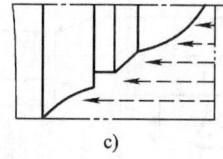

a)　　　　　　　　　b)　　　　　　　　　c)

图 4-12　切削进给路线示例

a) 利用封闭式复合循环减小间距　b) "三角形"切削进给路线　c) "矩形"切削进给路线

对以上三种切削进给路线，经分析和判断后可知矩形循环进给路线的进给长度总和最短。因此，在同等条件下，其切削所需时间（不含空行程）最短，刀具的损耗小。另外，矩形循环加工的程序段格式较简单，所以这种进给路线的安排，在制订加工方案时应用较多。

3. 特殊处理

（1）先精后粗　在特殊情况下，其加工顺序可不按"先近后远"、"先粗后精"的原则考虑。例如，加工图 4-13 所示的套筒零件时，若按一般情况安排最后加工各孔的顺序为 φ80mm→φ60mm→φ52mm。这时，加工基准将由所车第一个台阶孔（φ80mm）来体现，对刀时也以其为参考。由于该零件上的 φ52mm 孔要求与滚动轴承形成过渡配合，其尺寸公差较严（IT7）。另外，该孔的位置较

图 4-13　套筒零件

深,因此,车床纵向长丝杠在该加工段区域可能产生误差,车刀的刀尖在切削过程中也可能产生磨损等,使其尺寸精度难以保证。对此,在安排工艺路线时,宜将$\phi 52mm$孔作为加工(兼对刀)的基准,并按$\phi 52mm \rightarrow \phi 80mm \rightarrow \phi 60mm$的顺序车各孔,就能较好地保证其尺寸公差要求。

(2) 分序加工　车削如图4-14a所示的手柄零件时,需要经过分序加工的特殊安排,使整个手柄的形状便于加工。

设批量加工该手柄时,所用坯料为$\phi 32mm$棒料,制订其加工方案则宜采用两次装夹、三个程序进行安排。

第一次装夹(棒料)及第一个程序段安排加工如图4-14b所示部分:先车削$\phi 12mm$和$\phi 20mm$两圆柱面及$\phi 20mm$圆锥面(粗车掉$R42mm$圆弧的部分余量),换刀后按总长要求留加工余量切断。

第二次装夹(调头)及第二个程序段安排粗加工,即包络$SR\ 7mm$球面的30°圆锥面,然后对全部圆弧表面半精车(留较少精车余量),如图4-14c所示。

换精车刀后,保持第二次装夹状态,按第三个程序安排即可将全部圆弧表面一刀精车成形。

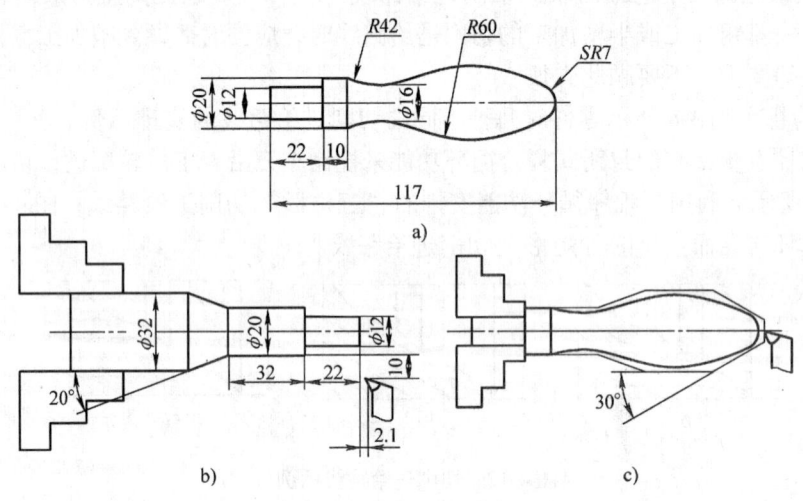

图4-14　手柄分序加工
a) 手柄零件图　b) 第一次装夹　c) 第二次装夹

虽然按上述过程制订其加工方案比较繁琐,但因第一、二次加工程序都很简单,可采用作图法或直接编制,而第二、三次加工程序可合并为一个加工程序连续执行,故该方案在车削实践中常常采用。

(3) 巧用切断(车槽)刀　对切断面带一倒角要求的零件(图4-15a),在批量车削加工中比较普遍。为了便于切断并避免调头倒角,可巧用切断刀同时完成倒角和切断两个工序,效果很好。

图4-15b所示为用切断刀先按$4mm \times \phi 26mm$工序尺寸安排车槽。这样,既为倒角提供了方便,也减小了刀具切断较大直径坯件时的长时间摩擦,同时还有利于切断时排屑。

图4-15c所示为倒角时,切断刀刀位点的起、止位置。

图 4-15d 所示为切断时,切断刀的起、止位置。

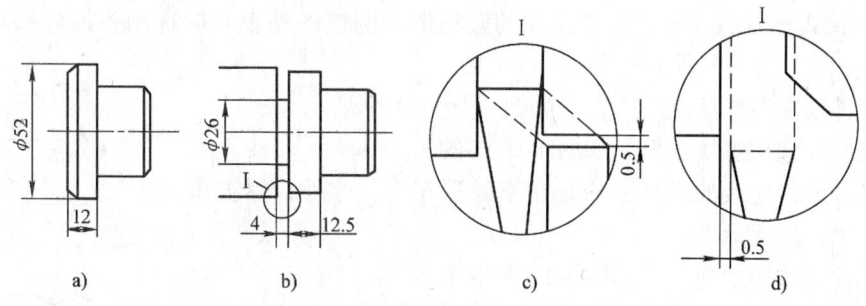

图 4-15 巧用切断刀
a) 零件图　b) 用切断刀车槽　c) 倒角　d) 切断

五、刀具的选择

1. 数控车床的刀具种类

由于工件材料、生产批量、加工精度以及机床类型、工艺方案的不同,车刀的种类异常繁多。根据与刀体的连接固定方式不同,车刀主要可分为焊接式与机械夹固式两大类。

(1) 焊接式车刀　用焊接的方法固定在刀体上的硬质合金刀片称为焊接式车刀。这种车刀的优点是结构简单,制造方便,刚性较好。缺点是由于存在焊接应力,使刀具材料的使用性能受到影响,甚至出现裂纹。另外,刀杆不能重复使用,硬质合金刀片不能充分回收利用,造成刀具材料的浪费。

根据工件加工表面以及用途不同,焊接式车刀又可分为切断刀、外圆车刀、端面车刀、内孔车刀、螺纹车刀以及成形车刀等,如图 4-16 所示。此外还有一种圆弧形车刀,其特征是主切削刃的形状为圆弧,如图 4-17 所示。

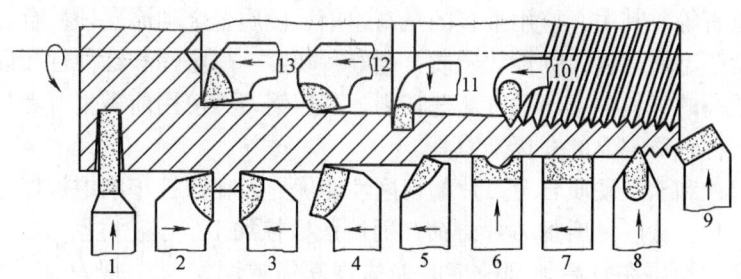

图 4-16 焊接式车刀的种类
1—切断刀　2—90°左偏刀　3—90°右偏刀　4—弯头车刀　5—直头车刀
6—成形车刀　7—宽刃精车刀　8—外螺纹车刀　9—端面车刀
10—内螺纹车刀　11—内槽车刀　12—通孔车刀　13—不通孔车刀

(2) 机械夹固式可转位车刀　机械夹固式可转位车刀见图 2-12。刀片是机夹可转位车刀的一个最重要组成元件。常见的刀片形状见图 2-13。

(3) 孔加工刀具　数控车床常用的孔加工刀具有:中心钻、麻花钻、镗孔刀等,如图 4-18 所示。

2. 数控车刀的选用

(1) 焊接式车刀的选用　加工工件的圆柱形或圆锥形外表面应选用各种外圆车刀,如图 4-16 中的 2、3、4、5 所示。

加工工件端面应选用端面车刀,如图 4-16 中的 9 所示。

加工螺纹应选用螺纹车刀,如图 4-16 中的 8、10 所示。

加工各种光滑连接的成形面应选用圆弧形车刀。此外,螺纹车刀有时也可用来加工成形面。

切断工件应选用切断刀,如图 4-16 中的 1 所示。

(2) 机械夹固式可转位车刀的选用　为了方便对刀和减少换刀时间,便于实现机械加工的标准化,数控车削加工时应尽可能采用机械夹固定式可转位车刀。现在,机械夹固式可转位刀具得到广泛的应用,在数量上达到整个数控刀具的 30%～40%,金属切除量占总数的 80%～90%。

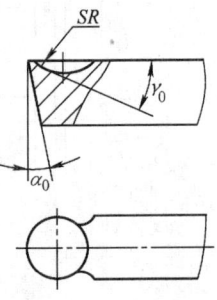

图 4-17　圆弧形车刀

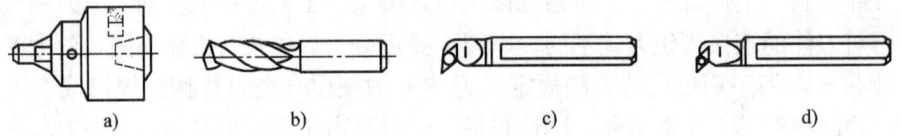

图 4-18　数控车床上常用的孔加工刀具
a) 中心钻　b) 麻花钻　c) 粗镗孔刀　d) 精镗孔刀

机械夹固式车刀的选用应从刀片的材料、尺寸和形状等方面考虑。

① 刀片材料的选择。车刀刀片材料主要有高速钢、硬质合金、涂层硬质合金、陶瓷、立方碳化硼和金刚石等。其中,应用最多的是高速钢、硬质合金和涂层硬质合金刀片。

高速钢通常是型坯材料,韧性较硬质合金好,硬度、耐磨性和红硬性较硬质合金差,不适宜切削硬度较高的材料,也不适宜高速切削。高速钢刀具使用前需生产者自行刃磨,且刃磨方便,适于各种特殊需要的非标准刀具。

硬质合金刀片和涂层硬质合金刀片的切削性能优异,在数控车削中被广泛使用。特别是涂层硬质合金刀片,涂层可增加刀片寿命,而一般数控加工的切削速度较高,涂层在较高切削速度时能体现其优越性。涂层的物质有碳化钛、氧化钛和氧化铝等。硬质合金刀片有标准规格系列,具体技术参数和切削性能一般由刀具生产厂家提供。

选择刀片材质,主要依据被加工工件的材料、被加工表面的精度、表面质量要求、切削载荷大小以及切削过程中有无冲击和振动等。

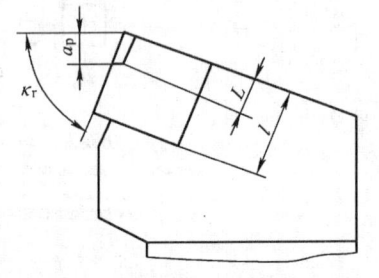

图 4-19　切削刃长度、背吃刀量与主偏角的关系

② 刀片尺寸的选择。刀片尺寸的大小(刀片切削刃的长度 l 取决于必要的有效切削刃长度 L。有效切削刃长度 L 与背吃刀量 a_p 和车刀的主偏角 κ_r

有关（图4-19），选取时可查阅有关刀具手册。

③刀片形状的选择。刀片形状主要依据被加工工件的表面形状、切削方法、刀具寿命和刀片的转位次数等因素来选择。刀片是机械夹固式可转位车刀的一个最重要的组成元件，刀片形状如图4-19所示。被加工表面及适用的刀片形状可参考表4-1选取。

表4-1 被加工表面及适用的刀片形状

车削外圆表面	主偏角	45°	45°	60°	75°	95°
	刀片形状及加工示意图	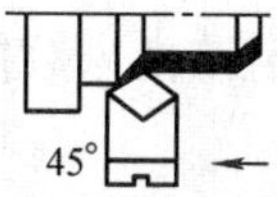 45°	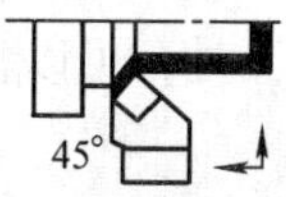 45°	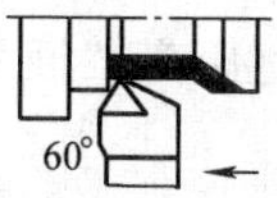 60°	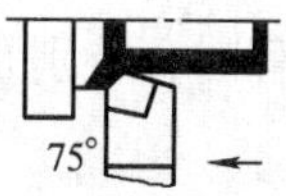 75°	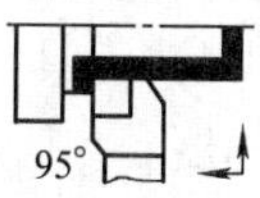 95°
	推荐选用的刀片	SCMA SPMR SCMM SNMM-8 SPUN SNMM-9	SCMA SPMR SCMM SNMG SPUN SPGR	TCMA TNMM-8 TCMM TPUN	SCMM SPUM SCMA SPMR SNMA	CCMA CCMM CNMM-7
车削端面	主偏角	75°	90°	90°	95°	
	刀片形状及加工示意图	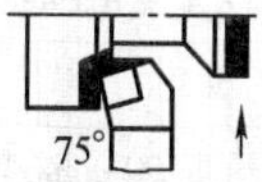 75°	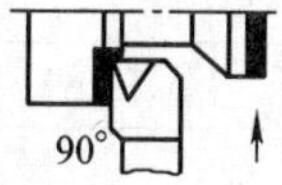 90°	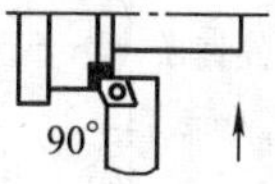 90°	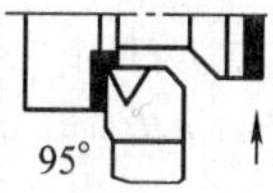 95°	
	推荐选用的刀片	SCMA SPMR SCMM SPUR SPUN CNMG	TNUN TNMA TCMA TPUN TCMM TPMR	CCMA	TPUN TPMR	
车削成形面	主偏角	15°	45°	60°	90°	93°
	刀片形状及加工示意图	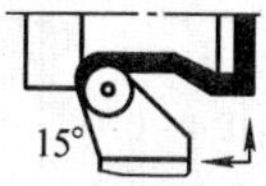 15°	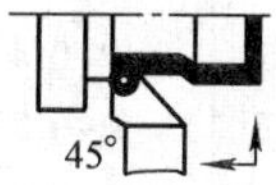 45°	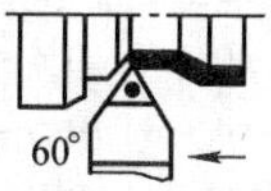 60°	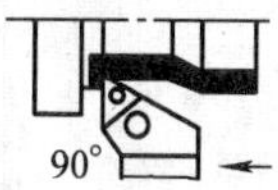 90°	
	推荐选用的刀片	RCMM	RNNG	TNMM-8	TNMG	TNMA

六、确定切削用量

数控车床加工中的切削用量包括：背吃刀量、主轴转速或切削速度（用于恒线速度切削）、进给速度或进给量。

1. 确定背吃刀量 a_p

在工艺系统刚度和机床功率允许的情况下，尽可能选取较大的背吃刀量，以减少进给次数。当零件精度要求较高时，则应考虑留出精车余量，其所留的精车余量一般比普通车削时所留的余量少，常取 0.1～0.5mm。

2. 确定进给速度 v_f

进给速度 v_f 的选取应该与背吃刀量和主轴转速相适应。在保证工件加工质量的前提下，可以选择较高的进给速度（2000mm/min 以下）。

确定进给速度的原则如下。

1）当工件的质量要求能够得到保证时，为提高生产效率，可选择较高的进给速度，一般在100~200mm/min范围内选取。

2）在切断、加工深孔或用高速钢刀具加工时，宜选择较低的进给速度，一般在20~50mm/min范围内选取。

3）当加工精度、表面粗糙度要求较高时，进给速度应选小些，一般在20~50mm/min范围内选取。

4）刀具空行程时，特别是远距离"回零"时，可以设定该机床数控系统设定的最高进给速度。

有些数控机床规定可以选用进给量f表示进给速度。表4-2为硬质合金车刀粗车外圆、端面的进给量参考值，表4-3为按表面粗糙度选择的半精车、精车的进给量参考值。粗车时一般取$f=0.3~0.8$mm/r，精车时常取$f=0.1~0.3$mm/r，切断时常取$f=0.05~0.2$mm/r。

表4-2 硬质合金车刀粗车外圆、端面的进给量参考值

工件材料	车刀刀杆尺寸 (B/mm×H/mm)	工件直径 d_w/mm	背吃刀量 a_p/mm ≤3	(3,5]	(5,8]	(8,12]	>12
			进给量 f/(mm/r)				
碳素结构钢、合金结构钢及耐热钢	16×25	20	0.3~0.4	—	—	—	—
		40	0.4~0.5	0.3~0.4	—	—	—
		60	0.5~0.7	0.4~0.6	0.3~0.5	—	—
		100	0.6~0.9	0.5~0.7	0.5~0.6	0.4~0.5	—
		400	0.8~1.2	0.7~1.0	0.6~0.8	0.5~0.6	—
	20×30 25×25	20	0.3~0.4	—	—	—	—
		40	0.4~0.5	0.3~0.4	—	—	—
		60	0.5~0.7	0.5~0.7	0.4~0.6	—	—
		100	0.8~1.0	0.7~0.9	0.5~0.7	0.4~0.7	—
		400	1.2~1.4	1.0~1.2	0.8~1.0	0.6~0.9	0.4~0.6
铸铁铜合金	16×25	40	0.4~0.5	—	—	—	—
		60	0.5~0.8	0.5~0.8	0.4~0.6	—	—
		100	0.8~1.2	0.7~1.0	0.6~0.8	0.5~0.7	—
		400	1.0~1.4	1.0~1.2	0.8~1.0	0.6~0.8	—
	20×30 25×25	40	0.4~0.5	—	—	—	—
		60	0.5~0.9	0.5~0.8	0.4~0.7	—	—
		100	0.9~1.3	0.8~1.2	0.7~1.0	0.5~0.8	—
		400	1.2~1.8	1.2~1.6	1.0~1.3	0.9~1.1	0.7~0.9

注：1. 加工断续表面及有冲击的工件时，表内进给量应乘系数$K=0.75~0.85$。
    2. 在无外皮加工时，表内进给量应乘系数$K=1.1$。
    3. 加工耐热钢及其合金时，进给量不大于1mm/r。
    4. 加工淬硬钢时，进给量应减小。当钢的硬度为44~56HRC时，乘系数$K=0.8$；当钢的硬度为57~62HRC时，乘系数$K=0.5$。

表 4-3 按表面粗糙度选择的半精车、精车的进给量参考值

工件材料	表面粗糙度 $Ra/\mu m$	切削速度范围 $v_c/(m/min)$	刀尖圆弧半径 r_ε/mm		
			0.5	1.0	2.0
			进给量 $f/(mm/r)$		
铸铁、青铜、铝合金	5~10	不限	0.25~0.40	0.40~0.50	0.50~0.60
	2.5~5		0.15~0.25	0.25~0.40	0.40~0.60
	1.25~2.5		0.10~0.15	0.15~0.20	0.20~0.35
碳钢及合金钢	5~10	<50	0.30~0.50	0.45~0.60	0.55~0.70
		>50	0.40~0.55	0.55~0.65	0.65~0.70
	2.5~5	<50	0.18~0.25	0.25~0.30	0.30~0.40
		>50	0.25~0.30	0.30~0.35	0.30~0.50
	1.25~2.5	<50	0.10	0.11~0.15	0.15~0.22
		50~100	0.11~0.16	0.16~0.25	0.25~0.35
		>100	0.16~0.20	0.20~0.25	0.25~0.35

注：$r_\varepsilon = 0.5$mm 用于 12mm×12mm 及以下刀杆；$r_\varepsilon = 1.0$mm 用于 30mm×30mm 及以下刀杆；$r_\varepsilon = 2.0$mm 用于 30mm×45mm 及以上刀杆。

3. 确定主轴转速

（1）光车外圆时主轴转速 光车外圆时主轴转速应根据零件上被加工部位的直径，并按零件和刀具材料以及加工性质等条件所允许的切削速度来确定。

切削速度除了计算和查表选取外，还可以根据实践经验确定。需要注意的是，交流变频调速的数控车床低速输出力矩小，因而切削速度不能太低。

切削速度确定之后，用公式 $n = 1000v_c/\pi d$ 计算主轴转速。表 4-4 为硬质合金外圆车刀切削速度的参考值。

表 4-4 硬质合金外圆车刀切削速度的参考值

工件材料	热处理状态	a_p/mm		
		[0.3,2]	(2,6)	(6,10)
		$f/(mm/r)$		
		[0.08,0.3]	(0.3,0.6]	(0.6,1]
		$v_c/(m/min)$		
低碳钢、易切钢	热轧	140~180	100~120	70~90
中碳钢	热轧	130~160	90~110	60~80
	调质	100~130	70~90	50~70
合金结构钢	热轧	100~130	70~90	50~70
	调质	80~110	50~70	40~60
工具钢	退火	90~120	60~80	50~70
灰铸铁	<190HBW	90~120	60~80	50~70
	190~225HBW	80~110	50~70	40~60
高锰钢($\omega_{Mn}13\%$)			10~20	
铜及铜合金		200~250	120~180	90~120
铝及铝合金		300~600	200~400	150~200
铸铝合金($\omega_{si}13\%$)		100~180	80~150	60~100

注：切削钢及灰铸铁时刀具寿命约为 60min。

（2）车螺纹时的主轴转速 在车削螺纹时，车床的主轴转速将受到螺纹的螺距 P（或导程）大小、驱动电动机的升降频特性，以及螺纹插补运算速度等多种因素影响，故对于不同的数控系统，推荐不同的主轴转速选择范围。大多数经济型数控车床推荐车螺纹时的主轴转速为：$n \leqslant 1200/P - K$（K 为保险系数，一般取为80）。

4. 切削用量的选择原则

切削用量（a_p、f、v_c）选择是否合理，对于能否充分发挥机床潜力与刀具的切削性能，以及实现优质、高产、低成本和安全操作具有很重要的作用。切削用量的选择原则如下：

1）粗车时，首先考虑选择一个尽可能大的背吃刀量 a_p，其次选择一个较大的进给量 f，最后确定一个合适的切削进度 v_c。增大背吃刀量 a_p 可使进给次数减少，增大进给量 f 有利于断屑。因此，根据以上原则选择粗车切削用量对于提高生产效率，减少刀具消耗，降低加工成本是有利的。

2）精车时，加工精度和表面粗糙要求较高，加工余量不大且均匀，因此选择较小（但不太小）的背吃刀量 a_p 和进给量 f，并选用切削性能好的刀具材料和合理的几何参数，以尽可能提高切削速度 v_c。

3）在安排粗、精车削用量时，应注意机床说明书给定的允许切削用量范围。对于主轴采用交流变频调速的数控车床，由于主轴在低转速时转矩降低，尤其应注意此时的切削用量选择。

表4-5为数控切削用量推荐表，供编程时参考。

表 4-5 数控切削用量推荐表

工件材料	工件条件	背吃刀量/mm	切削速度/(m/min)	进给量/(mm/r)	刀具材料
碳素钢 $\sigma_b > 600\text{MPa}$	粗加工	5～7	60～80	0.2～0.4	YT 类（P 类）
	粗加工	2～3	80～120	0.2～0.4	
	精加工	0.2～0.3	120～150	0.1～0.2	
	钻中心孔		500～800r/min		W18Cr4V
	钻孔		～30	0.1～0.2	
	切断（宽度<5mm）		70～110	0.1～0.2	YT 类（P 类）
铸铁 200HBW 以下	粗加工		50～70	0.2～0.4	YG 类（K 类）
	精加工		70～100	0.1～0.2	
	切断（宽度<5mm）		50～0	0.1～0.2	

总之，切削用量的具体数值应根据机床性能、相关的手册并结合实际经验用模拟方法确定。同时，使主轴转速、背吃刀具及进给速度三者能相互适应，以形成最佳的切削用量。

第三节 典型零件的数控车削加工工艺分析

一、轴类零件的数控车削加工工艺分析

典型轴类零件如图4-20所示，零件材料为45钢，无热处理和硬度要求，试对该零件进

行数控车削工艺分析。

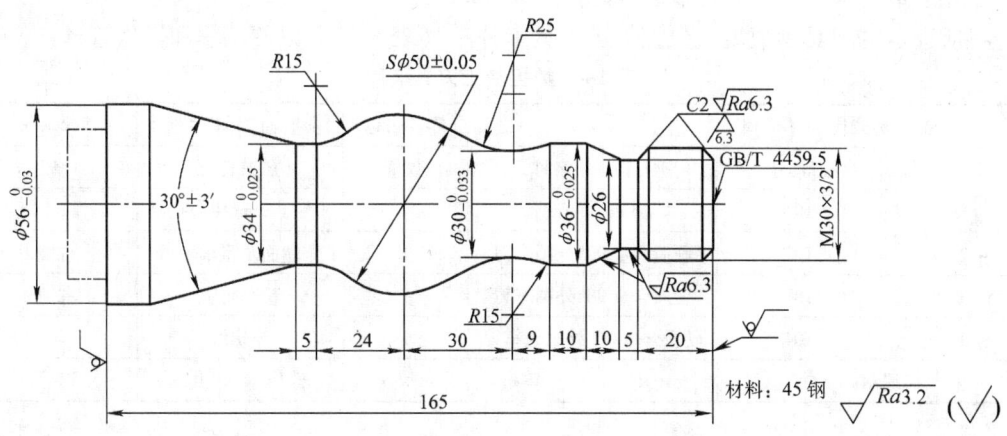

图 4-20 典型轴类零件

1. 零件图工艺分析

该零件表面由圆柱、圆锥、顺圆弧、逆圆弧及螺纹等表面组成。其中，多个直径尺寸有较严的尺寸精度和表面粗糙度等要求；球面 $S\phi50$mm 的尺寸公差还兼有控制该球面形状（线轮廓）误差的作用。尺寸标注完整，轮廓描述清楚。零件材料为 45 钢，无热处理和硬度要求。

通过上述分析，可采用以下几点工艺措施：

1）对图样上给定的几个精度要求较高的尺寸，因其公差数值较小，故编程时不必取平均值，而全部取其公称尺寸即可。

2）在轮廓曲线上，有三处为圆弧，其中两处为既过象限又改变进给方向的轮廓曲线，因此在加工时应进行机械间隙补偿，以保证轮廓曲线的准确性。

3）为便于装夹，坯件左端应预先车出夹持部分（双点画线部分），右端面也应先粗车出并钻好中心孔。毛坯选 $\phi60$mm 棒料。

2. 选择设备

根据被加工零件的外形和材料等条件，选用 TND360 数控车床。

3. 确定零件的定位基准和装夹方式

（1）定位基准 确定坯料轴线和左端大端面（设计基准）为定位基准。

（2）装夹方法 左端采用自定心卡盘定心夹紧，右端采用活动顶尖支承的装夹方式。

4. 确定加工顺序及进给路线

加工顺序按由粗到精、由近到远（由右到左）的原则确定。即先从右到左进行粗车（留 0.25mm 精车余量），然后从右到左进行精车，最后车削螺纹。

5. 刀具选择

1）选用 $\phi5$mm 中心钻钻削中心孔。

2）粗车及平端面选用 90°硬质合金右偏刀，为防止副后刀面与工件轮廓干涉（可用作图法检验），副偏角 κ'_r 不宜太小，选 $\kappa'_r = 35°$。

3）精车选用90°硬质合金右偏刀，车螺纹选用硬质合金60°外螺纹车刀，刀尖圆弧半径应小于轮廓最小圆角半径 r_ε，取 $r_\varepsilon = 0.15 \sim 0.2 \text{mm}$。

将所选定的刀具参数填入数控加工刀具卡片中（表4-6），以便编程和操作管理。

表4-6 数控加工刀具卡片

产品名称或代号		×××		零件名称	典型轴	零件图号	×××
序号	刀具号	刀具规格名称		数量	加工表面		备注
1	T01	φ5mm 中心钻		1	钻 φ5mm 中心孔		
2	T02	硬质合金90°外圆车刀		1	车端面及粗车轮廓		右偏刀
3	T03	硬质合金90°外圆车刀		1	精车轮廓		右偏刀
4	T04	硬质合金60°外螺纹车刀		1	车螺纹		
编制		×××	审核	×××	批准	××× 共 页	第 页

6. 切削用量选择

（1）背吃刀量的选择 轮廓粗车循环时选 $a_p = 3\text{mm}$，精车 $a_p = 0.25\text{mm}$；螺纹粗车时选 $a_p = 0.4\text{mm}$，逐刀减少，精车 $a_p = 0.1\text{mm}$。

（2）主轴转速的选择 车直线和圆弧时，查表4-4选粗车切削速度 $v_c = 90\text{m/min}$、精车切削速度 $v_c = 120\text{m/min}$，然后利用公式 $v_c = \pi d n / 1000$ 计算主轴转速 n（粗车直径 $d = 60\text{mm}$，精车工件直径取平均值）：粗车 500r/min、精车 1200r/min。

（3）进给速度的选择 查表4-2和表4-3选择粗车、精车每转进给量，再根据加工的实际情况确定粗车每转进给量为 0.4mm/r，精车每转进给量为 0.15mm/r，最后根据公式 $v_f = nf$ 计算粗车、精车进给速度分别为 200mm/min 和 180mm/min。

综合前面分析的各项内容，并将其填入表4-7所示的数控加工工艺卡片。此表是编制加工程序的主要依据和操作人员配合数控程序进行数控加工的指导性文件。主要内容包括：工步顺序、工步内容、各工步所用的刀具及切削用量等。

表4-7 典型轴类零件数控加工工艺卡片

单位名称	×××	产品名称或代号		零件名称		零件图号	
		×××		典型轴		×××	
工序号	程序编号	夹具名称		使用设备		车间	
001	×××	自定心卡盘和活动顶尖		TND360 数控车床		数控中心	
工序号	工步内容	刀具号	刀具规格/mm	主轴转速/(r/min)	进给速度/(mm/min)	背吃刀量/mm	备注
1	平端面	T02	25×25	500			手动
2	钻中心孔	T01	φ5	950			手动
3	粗车轮廓	T02	25×25	500	200	3	自动
4	精车轮廓	T03	25×25	1200	180	0.25	自动
5	粗车螺纹	T04	25×25	320	960	0.4	自动
6	精车螺纹	T04	25×25	320	960	0.1	自动
编制	×××	审核	×××	批准	×××	年 月 日 共 页	第 页

二、轴套类零件的数控车削加工工艺分析

下面以图 4-21 所示的锥孔螺母套零件为例,介绍数控车削加工工艺。单件小批量生产,所用机床为 CJK6240。

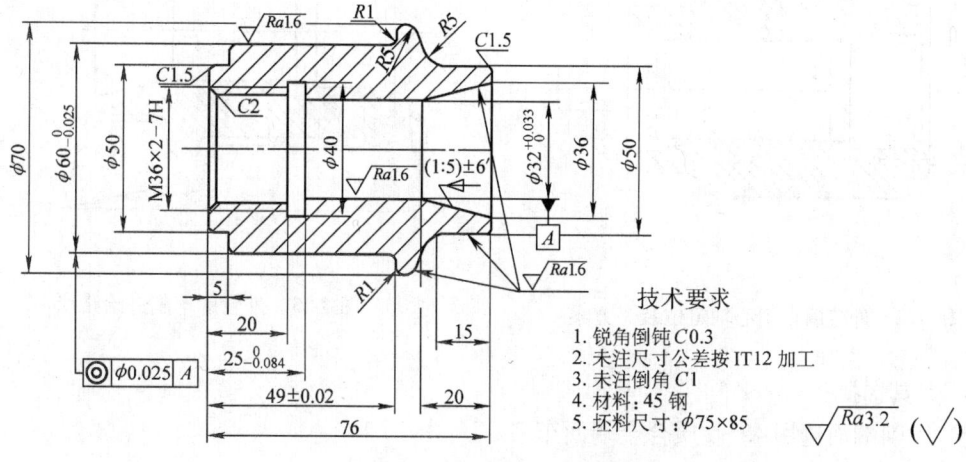

图 4-21 锥孔螺母套零件

1. 零件工艺分析

该零件表面由内外圆柱面、圆锥孔、顺圆弧、逆圆弧及内螺纹等表面组成,其中多个直径尺寸与轴向尺寸有较高的尺寸精度、表面粗糙度和形位公差要求。零件图尺寸标注完整,符合数控加工尺寸标注要求;轮廓描述清楚完整;零件材料为 45 钢,切削加工性能较好,无热处理和硬度要求。

通过上述分析,采取以下几点工艺措施:

1) 零件图样上带公差的尺寸,除内螺纹退刀槽尺寸 $25_{-0.084}^{0}$ mm 公差值较大,编程时可取平均值 24.958mm 外,其他尺寸因公差值较小,故编程时不必取其平均值,而取公称尺寸即可。

2) 左右端面均为多个尺寸的设计基准,相应工序加工前,应该先将左右端面车出来。

3) 内孔圆锥面加工完后,需调头再加工内螺纹。

2. 确定装夹方案

加工内孔时以外圆定位,用自定心卡盘夹紧。加工外轮廓时,为保证同轴度要求和便于装夹,以坯件左端面和轴心线为定位基准,为此需要设计一心轴装置(图 4-22 双点画线部分),用自定心卡盘夹持心轴左端,心轴右端留有中心孔并用尾座顶尖顶紧以提高工艺系统的刚性。

3. 确定加工顺序及进给路线

加工顺序的确定按由内到外、由粗到精、由远到近的原则确定,在一次装夹中尽可能加工出较多的工件表面。结合本零件的结构特征,可先粗、精加工内孔各表面,然后粗、精加工外轮廓表面。由于该零件为单件小批量生产,进给路线设计不必考虑最短进给路线或最短空行程路线,外轮廓表面车削进给路线可沿零件轮廓顺序进行,如图 4-23 所示。

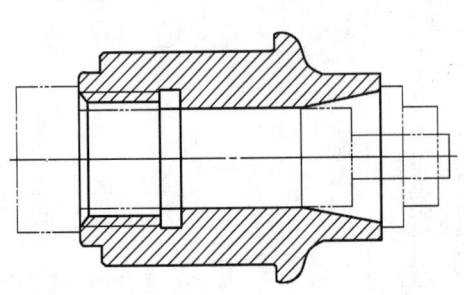 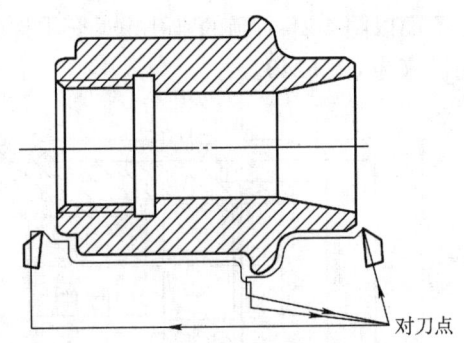

图 4-22 外轮廓车削心轴定位装夹方案　　图 4-23 外轮廓车削进给路线

4. 刀具选择

1）车削端面选用 45°硬质合金端面车刀。
2）$\phi 4mm$ 中心钻，钻中心孔以利于钻削底孔时刀具找正。
3）$\phi 31.5mm$ 高速钢钻头，钻内孔底孔。
4）粗镗内孔选用内孔镗刀。
5）内孔精加工选用 $\phi 32mm$ 铰刀。
6）螺纹退刀槽加工选用 5mm 内槽车刀。
7）内螺纹切削选用 60°内螺纹车刀。
8）选用 93°硬质合金右偏刀，副偏角选 35°，自右到左车削外圆表面。
9）选用 93°硬质合金左偏刀，副偏角选 35°，自左到右车削外圆表面。

将所选定的刀具参数填入表 4-9 数控加工刀具卡片中，以便于编程和操作管理。

5. 确定切削用量

根据被加工表面质量要求、刀具材料和工件材料，参考切削用量手册或有关资料选取切削速度与每转进给量，然后根据公式 $n = 1000v_c / \pi d$ 和公式 $v_f = fn$ 计算主轴转速与进给速度（计算过程略），将计算结果填入表 4-8 数控加工工序卡片中。车螺纹时主轴转速根据公式 $n \leqslant 1200/P - K$ 计算，进给速度由系统根据螺距与主轴转速自动确定。

背吃刀量的选择因粗、精加工而有所不同。粗加工时，在工艺系统刚性和机床功率允许的情况下，尽可能取较大的背吃刀量，以减少进给次数；精加工时，为保证零件表面粗糙度要求，背吃刀量一般取 0.1~0.4mm 较为合适。

6. 填写工艺文件

1）按加工顺序将各工步的加工内容、所用刀具及切削用量等填入表 4-8 数控加工工序卡片中。
2）将选定的各工步所用刀具的刀具型号、刀片型号、刀片牌号及刀尖圆弧半径等填入表 4-9 数控加工刀具卡片中。
3）将各工步的进给路线（图 4-23），绘成文件形式的进给路线图。

上述二卡一图是编制该轴套零件本工序数控车削加工程序的主要依据。

表4-8 数控加工工序卡片

(单位名称)	数控加工工序卡片		产品名称或代号	零件名称	材料	零件图号
			数控车工艺分析实例	锥孔螺母套	45钢	
工序号	程序编号		夹具编号	使用设备	车间	
				CJK6240	数控中心	
工步号	工步内容	刀具号	刀具规格 /mm	主轴转速 /(r/min)	进给速度 /(mm/min)	背吃刀量 /mm	备注
1	平端面	T01	25×25	320		1	手动
2	钻中心孔	T02	φ4	950		2	手动
3	钻孔	T03	φ32.5	200		15.75	手动
4	镗通孔至尺寸φ31.9mm	T04	20×20	320	40	0.2	自动
5	铰孔至尺寸φ32$_{0}^{+0.033}$	T05	φ32	320		0.1	手动
6	粗镗内孔斜面	T04	20×20	320	40	0.8	自动
7	精镗内孔斜面保证(1:5)±6′	T04	20×20	320	40	0.2	自动
8	粗车外圆至尺寸φ71mm光轴	T08	25×25	320		1	手动
9	调头车另一端面,保证长度尺寸76mm	T01	25×25	320			自动
10	粗镗螺纹底孔至尺寸φ34mm	T04	20×20	320	40	0.5	自动
11	精镗螺纹底孔至尺寸φ34.2mm	T04	20×20	320	25	0.1	自动
12	切5mm内孔退刀槽	T06	16×16	320			手动
13	φ34.2mm孔边倒角C2	T07	16×16	320			自动
14	粗车内孔螺纹	T07	16×16	320		0.4	自动
15	精车内孔螺纹至M36×2-7H	T07	16×16	320		0.1	自动
16	自右至左车外表面	T08	25×25	320	30	0.2	自动
17	自左至右车外表面	T09	25×25	320	30	0.2	自动
编制		审核		批准		共1页	第1页

表4-9 数控加工刀具卡片

产品名称或代号	数控车工艺分析实例	零件名称	锥孔螺母套	零件图号		程序编号	
工步号	刀具号	刀具规格名称		数量	加工表面	刀尖半径/mm	备注
1	T01	45°硬质合金端面车刀		1	车端面	0.5	
2	T02	φ4mm中心钻		1	钻φ4mm中心孔		
3	T03	φ31.5mm的钻头		1	钻孔		
4	T04	镗刀		1	镗孔及镗内孔锥面	0.4	
5	T05	φ32mm的铰刀		1	铰孔		
6	T06	内槽车刀		1	切5mm宽螺纹退刀槽	0.4	

(续)

产品名称或代号		数控车工艺分析实例	零件名称		锥孔螺母套	零件图号		程序编号	
工步号	刀具号	刀具规格名称		数量		加工表面		刀尖半径/mm	备注
7	T07	内螺纹车刀		1		车内螺纹及螺纹孔倒角		0.3	
8	T08	93°右手偏刀		1		自右至左车外表面		0.2	
9	T09	93°左手偏刀		1		自左至右车外表面		0.2	
编制			审核			批准		共1页	第1页

三、盘类零件的数控车削加工工艺分析

如图 4-24 所示带孔圆盘零件，材料为 45 钢，分析其数控车削工艺。

1. 零件图工艺分析

如图 4-24 所示零件，该零件属于典型的盘类零件，材料为 45 钢，可选用圆钢为毛坯。为保证在进行数控加工时工件能可靠地定位，可在数控加工前将左侧端面、ϕ95mm 外圆加工，同时将 ϕ55mm 内孔钻 ϕ53mm 孔。

2. 选择设备

根据被加工零件的外形和材料等条件，选定 Vturn-20 型数控车床。

3. 确定零件的定位基准和装夹方式

（1）定位基准 以已加工出的 ϕ95mm 外圆及左端面为工艺基准。

（2）装夹方法 采用自定心卡盘夹紧。

4. 制定加工方案

根据图样要求、毛坯及前道工序的加工情况，确定工艺方案及加工路线。

1）粗车外圆及端面。
2）粗车内孔。
3）精车外轮廓及端面。
4）精车内孔。

5. 选择刀具及刀位号

选择刀具及刀位号如图 4-25 所示。

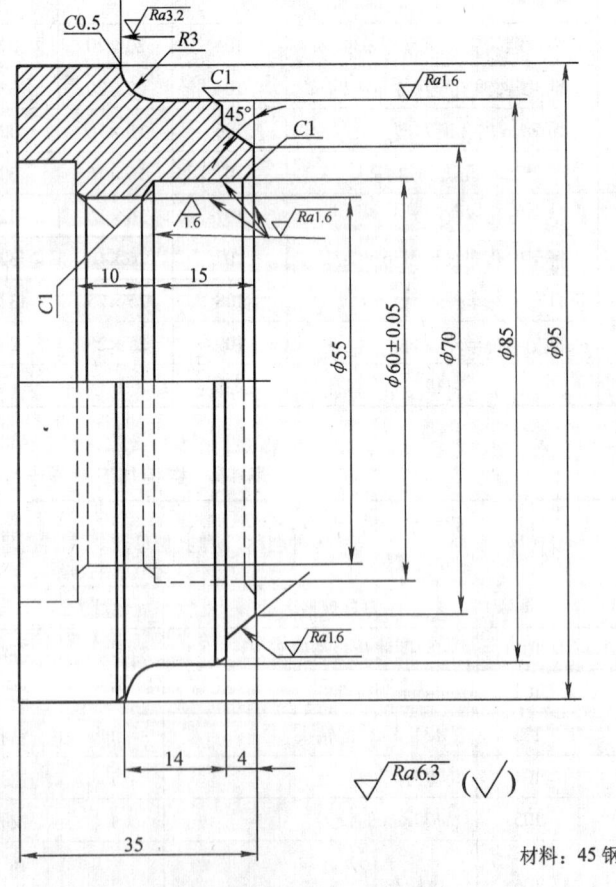

图 4-24 带孔圆盘零件

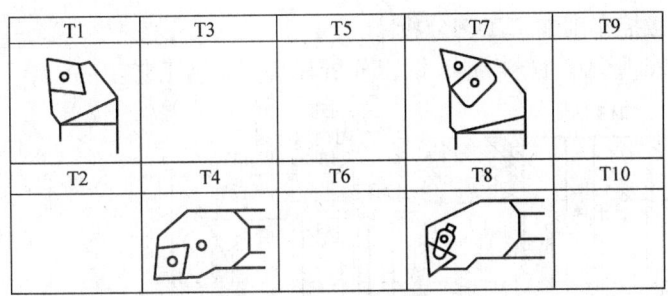

图 4-25 刀具及刀位号选择

将所选定的刀具参数填入表 4-10 带孔圆盘数控加工刀具卡片中。

表 4-10 带孔圆盘数控加工刀具卡片

产品名称或代号	×××		零件名称	带孔圆盘	零件图号	×××
序号	刀具号	刀具规格名称	数量	加工表面		备注
1	T01	硬质合金外圆车刀	1	粗车端面、外圆		
2	T04	硬质合金内孔车刀	1	粗车内孔		
3	T07	硬质合金外圆车刀	1	精车端面、外轮廓		
4	T08	硬质合金内孔车刀	1	精车内孔		
编制	×××	审核	×××	批准	×××	共 页 第 页

6. 确定切削用量（略）

7. 拟订数控加工工艺卡片

以工件右端面为工件原点，换刀点定为 X200、Z200。数控加工工艺卡片见表 4-11。

表 4-11 带孔圆盘的数控加工工艺卡片

单位名称	×××		产品名称或代号	零件名称	零件图号
			×××	带孔圆盘	×××
工序号	程序编号		夹具名称	使用设备	车间
001	×××		自定心卡盘	Vturn-20 数控车床	数控中心
工步号	工步内容	刀具号	刀柄规格/mm	主轴转速/(r/min)	进给速度/(mm/min)	背吃刀量/mm	备注
1	粗车端面	T01	20×20	400	80		
2	粗车外圆	T01	20×20	400	80		
3	粗车内孔	T04	φ20	400	60		
4	精车外轮廓及端面	T07	20×20	1100	110		
5	精车内孔	T08	φ32	1000	100		
编制	×××	审核	××	批准	×××	年 月 日	共 页 第 页

四、配合件的数控车削加工工艺分析

配合件如图 4-26 所示,材料为 45 钢,分析其数控车削工艺。

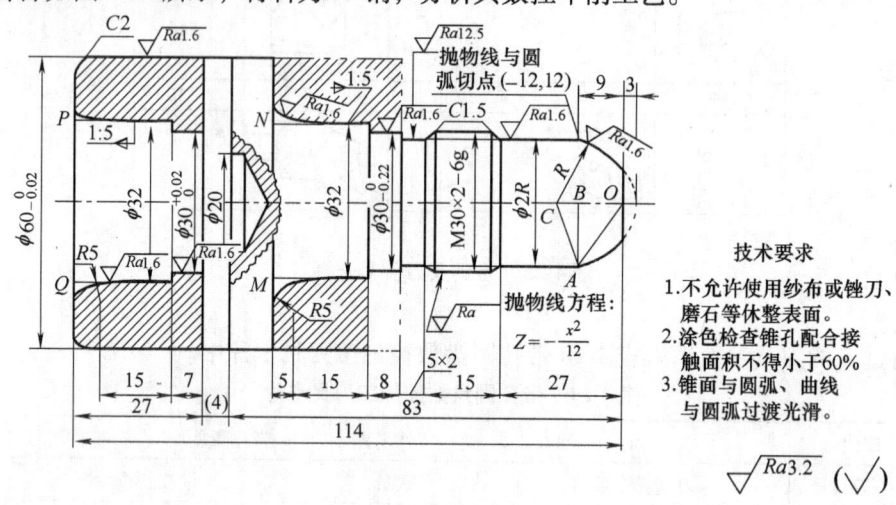

图 4-26 配合件

1. 零件图工艺分析

从图 4-26 看出,该零件表面由内圆柱、外圆柱、圆锥、圆弧面、抛物面和螺纹等组成。R5 圆弧、锥度 1:5 的小头 ϕ32mm 锥孔配合接触面积要求不少于 60%,孔 $\phi 30_{\ 0}^{+0.02}$mm 与轴 $\phi 30_{-0.02}^{\ 0}$mm 间隙配合,要求三处径向、两处轴向共五处在两个方向同时配合,属于过定位,不符合加工要求。在分析配合要求后,提出两处轴肩自由尺寸配合完全可以放空不接触,首先是保证内锥面锥度 1:5,将 ϕ32mm 小头加工至 ϕ32.5mm,总深 20 加工至 21.5 的圆柱孔。其次,待孔加工完毕后,左端面车去 0.1mm,这样就可以减少两处轴向配合,大大降低了加工难度。再次,ϕ20mm 内孔是为加工 $\phi 30_{\ 0}^{+0.02}$mm 设计的工艺孔,主要表面粗糙度值为 Ra1.6μm。

2. 确定装夹方案

用自定心卡盘夹紧毛坯外圆,轴向外露长度为:

$[27+(114-83-27)+(83-27-15-5-8-15-5)+21(空出长度)]$mm = 60mm

先加工左端 $\phi 60_{-0.02}^{\ 0}$mm 外圆,然后包铜皮夹 $\phi 60_{-0.02}^{\ 0}$mm 外圆加工右端,铜皮要铺平,不要有重叠,工件要夹正,必要时,用指示表找正。零件经两次装夹完成全部加工工序。如果先加工右端,调头加工将没有合适的装夹部位,故没有采用。

3. 确定加工顺序及进给路线

夹毛坯外圆加工左端→车端面、钻孔→粗、精车 $\phi 60_{-0.02}^{\ 0}$mm 外圆→粗、精车内轮廓→掉头夹 $\phi 60_{-0.02}^{\ 0}$mm 外圆→粗、精车外轮廓、车螺纹大径→车螺纹空刀槽及其倒角→粗、精车螺纹→切断。

4. 选择刀具

选择加工圆弧曲面、圆锥面的刀具要注意两点,一是应始终保证刀尖圆弧与被加工表面相切,使刀具半径偏置不失真。二是防止主、负切削刃与工件干涉。数控加工刀具卡片见表 4-12。

表 4-12 数控加工刀具卡片

(单位)	数控加工刀具卡片		产品名称或代号		零件名称	材料	零件图号	
			调头车削轴套类零件		配合件	45	40-4001	
工序号	程序编号		夹具名称	夹具编号	使用设备		车间	
			铜皮		CK7525A 数控车		数控实训中心	
序号	刀 具			刀 片				备注
	刀具号	规格名称	型 号	名 称	型 号		刀尖半径	
1		莫氏变径套	M4-3	锥柄麻花钻头	φ26mm 莫氏 No.3			机床尾座锥孔莫氏 No.4
2	T01	95°复合压紧式可转位左手外圆车刀	MCLNL2525M16W	80°菱形刀片	CNHM160604		0.4	
3	T02	93°螺钉压紧式左手内孔车刀	S20K-SDUCL11-D	55°菱形刀片	DCNHM11T304		0.4	
4	T03	宽 4mm 左切断刀	QA2525L 4	切断刀片	Q04YB415		0.3	
5	T04	左外螺纹车刀	CEL2525M16L	60°外螺纹刀片	16EL2ISO			刀片反装
编制		审核		批准		共 页		第 页

5. 确定切削用量

确定的切削用量见表 4-13。

6. 填写工艺卡片

数控加工工序卡片见表 4-13。

表 4-13 数控加工工序卡片

(单位)	数控加工工序卡片		产品名称或代号		零件名称	材料	零件图号	
			调头车削轴套类零件		配合件	45	40-4001	
工序号	程序编号		夹具名称	夹具编号	使用设备		车间	
				铜皮	CK7525A 数控车		数控实训中心	
工步号	工步内容		刀具号	刀具规格	主轴转速/(r/min)	进给量/(mm/r)	背吃刀量/mm	量具	备注
	备料:φ62mm×120mm 圆钢共 2 件							游标卡尺	
	夹右端,外露 60mm							钢直尺	
1	车工件左端面,钻孔 φ20mm 至 φ26mm,深 35mm			φ26mm 钻头	120		13		手动
2	用 LCYC95 粗车 $C2$、$\phi 60_{-0.02}^{0}$mm 外轮廓长 45mm,留精加工余量 0.2mm		T01	95°外圆刀	700	0.2	0.9	外径千分尺	自动

(续)

工步号	工步内容	刀具号	刀具规格	主轴转速/(r/min)	进给量/(mm/r)	背吃刀量/mm	量具	备注
3	精车 $C2$、$\phi60_{-0.02}^{0}$ mm 外轮廓长 45mm,$Ra1.6\mu m$	T01		1000	0.05	0.1		自动
4	用 LCYC95 粗车 $R5$、1:5 锥孔、小头 $\phi32$mm 至 $\phi32.5$mm,总深 20.1mm,$\phi30_{0}^{+0.02}$ mm 孔深 30mm,内轮廓留精加工余量 0.2mm	T02	93°内孔刀	1000	0.13	1		自动
5	用 LCYC95 精车 $R5$、1:5 锥孔、小头 $\phi32$mm 至 $\phi32.5$mm 总深 20.1mm,$\phi30_{0}^{+0.02}$ mm 孔深 30mm,内轮廓 $Ra1.6\mu m$	T02		1200	0.05	0.1	内径指示表	自动
6	左端面切去 0.1mm 长,防配合时与右大端面接触	T01		1000	0.2	0.1		手动
	防夹伤已加工表面,包铜皮调头夹 $\phi60_{-0.02}^{0}$ mm 外圆,外露 90mm							
7	车右端面至长度尺寸 114mm	T01		600				手动
8	用 LCYC95 粗车右端所有外轮廓,留精加工余量 0.2mm	T01		1000	0.13	1.5		自动
9	用 LCYC95 精车右端所有外轮廓,大端面、$R5$ 圆弧面、圆锥面、$\phi30_{-0.02}^{0}$ mm、$\phi2R$ 圆柱面、R 圆弧面、抛物面达图样要求。螺纹大径加工至 $\phi29.64$mm	T01		1200	0.05	0.1 0.18		自动
10	用 LCYC93 粗精车螺纹退刀槽并倒螺纹左角 $C1.5$	T03	宽4mm左切断刀	800	0.3	粗1 精0.1		自动
11	用 LCYC97 粗精车螺纹	T04	左外螺纹车刀	450	0.13	精0.05	螺纹环规	自动
12	切断	T03		600	0.2	0.2		手动
13	配合检验							
14	清理、防锈、入库							
编制		审核		批准		共 页		第 页

第四节 项目训练:数控车削零件加工工艺的制订

一、实训目的与要求

1. 学会数控车削加工工艺的制订方法。
2. 熟悉数控车削加工工艺的制订流程。

二、实训内容

编制如图 4-27 所示零件的数控车削加工工艺,材料为 45 钢。

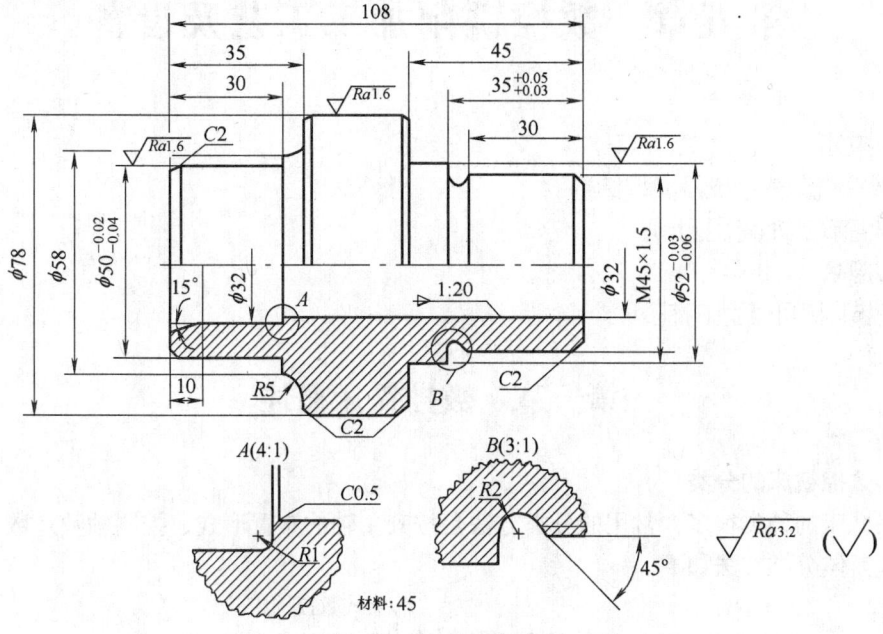

图 4-27 轴承套

复习思考题

1. 试简述数控车床的主要加工工艺范围。
2. 数控车床如何分类?
3. 试述数控车床刀具的选择方法。
4. 数控车削加工工艺的制定主要包括哪些方面?
5. 数控车削加工中切削用量如何选择?
6. 制订如图 4-28 所示零件的数控车削加工工艺。

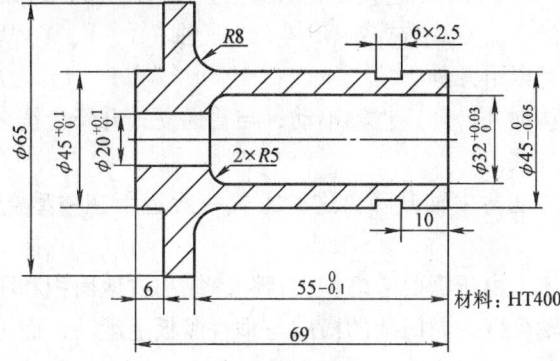

图 4-28 题 6 图

第五章 数控铣削加工工艺及设备

本章应知
1. 数控铣床的组成及典型结构
2. 数控铣床的常用刀具

本章应会
数控铣削加工工艺的制订

第一节 数控铣床概述

一、数控铣床的分类

数控铣床的种类很多，常用的分类方法是按其主轴的布置形式、控制轴数及数控系统功能分类，具体分类方法如下。

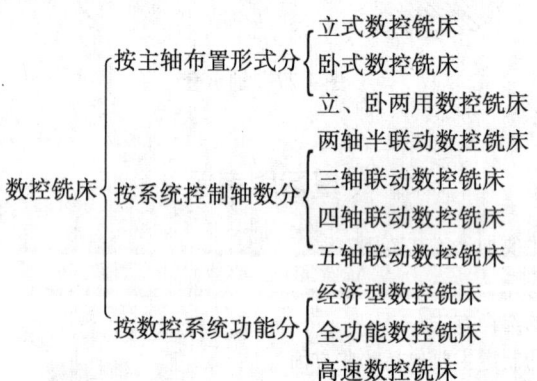

1. 按数控铣床的主轴布置形式分类

（1）立式数控铣床 立式数控铣床主轴轴线垂直于水平面，是数控铣床中最常见的一种布局形式，应用范围最广。立式数控铣床中又以三轴（X、Y、Z）联动的数控铣床居多，其各轴的控制方式主要有以下几种。

①工作台纵、横向移动并升降，主轴不动，与普通立式升降台铣床相似。目前小型立式数控铣床一般采用这种方式。

②工作台纵、横向移动，主轴升降。这种方式一般运用在中型立式数控铣床中，如图 5-1 所示。

③大型立式数控铣床，由于需要考虑扩大行程，缩小占地面积和刚度等技术问题，多采用工作台移动式，其主轴可以在龙门架的横向与垂直溜板上运动，而工作台则沿床身作纵向运动，如图 5-2 所示。

为扩大立式数控铣床的使用功能和加工范围，可增加数控转盘来实现四轴或五轴联动加工，如图 5-3 所示。

（2）卧式数控铣床 卧式数控铣床的主轴轴线平行于水平面（图 5-4），主要用于箱体类零件的加工。为了扩大加工范围和使用功能，卧式数控铣床通常采用增加数控转盘来实现四轴或五轴联动加工，这样不但可以加工工件侧面上的连续回转轮廓，而且可以实现在一次安装中，通过转盘改变工位进行"四面加工"。尤其是配万能数控转盘的数控铣床，可以把工件上各种不同的角度或空间角度的加工面调至水平位置来加工，这样，可以省去很多专用夹具或专用角度的成形铣刀。对于箱体类零件或需要在一次安装中改变工位的工件来说，选择带数控转盘的卧式数控铣床进行加工是非常合适的。由于卧式数控铣床在增加了数控转盘后很容易对工件进行"四面加工"，在许多方面胜过带数控转盘的立式数控铣床。

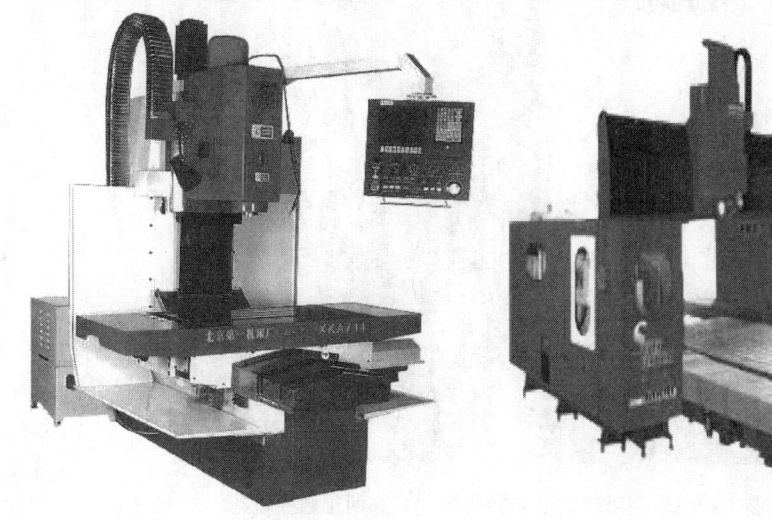
图 5-1 立式数控铣床

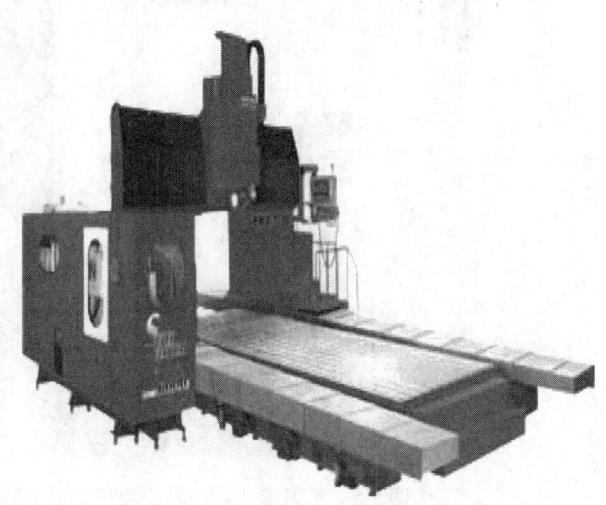
图 5-2 龙门式数控铣床

图 5-3 立式数控铣床配数控
转盘实现四轴联动加工

图 5-4 卧式数控铣床

（3）立、卧两用数控铣床 立、卧两用数控铣床的主轴方向可以变换，在一台机床上既可以进行立式加工，又可进行卧式加工，应用范围更广，功能更全，选择加工对象的余地更大，给用户带来了很大的方便。尤其是当生产批量小、品种多，又需要立、卧两种方式加工时，用户只需购买一台这样的机床就可以了。配万能数控主轴头可任意方向转换的立、卧两用数控铣床如图5-5所示。

图5-5 配万能数控主轴头可任意方向转换的立、卧两用数控铣床

2. 按数控系统控制的坐标轴数量分类

按数控系统控制的坐标轴数量可分为二轴半、3轴、4轴和5轴联动数控铣床。

（1）二轴半联动数控铣床 数控铣床只能进行X、Y、Z三个坐标中的任意两个坐标轴联动加工。

（2）三轴联动数控铣床 数控铣床能进行X、Y、Z三个坐标轴联动加工。目前三轴联动数控铣床仍占大多数。

（3）四轴联动数控铣床 数控铣床能进行X、Y、Z三个坐标轴和绕其中一个轴作数控摆角联动加工。

（4）五轴联动数控铣床 数控铣床能进行X、Y、Z三个坐标轴和绕其中两个轴作数控摆角联动加工。

3. 按数控系统的功能分类

按数控系统的功能可分为经济型、全功能型和高速铣削数控铣床。

（1）经济型数控铣床 经济型数控铣床一般是在普通立式铣床或卧式铣床的基础上改造而来的，采用经济型数控系统，成本低，机床功能较少，主轴转速和进给速度不高，主要用于精度不高的简单平面或曲面零件加工，如图5-6所示。

（2）全功能型数控铣床 全功能型数控铣床一般采用半闭环或闭环控制，控制系统功能较强，数控系统功能丰富，一般可实现四轴或四轴以上的联动加工，加工适应性强，应用最为广泛，如图5-7所示。

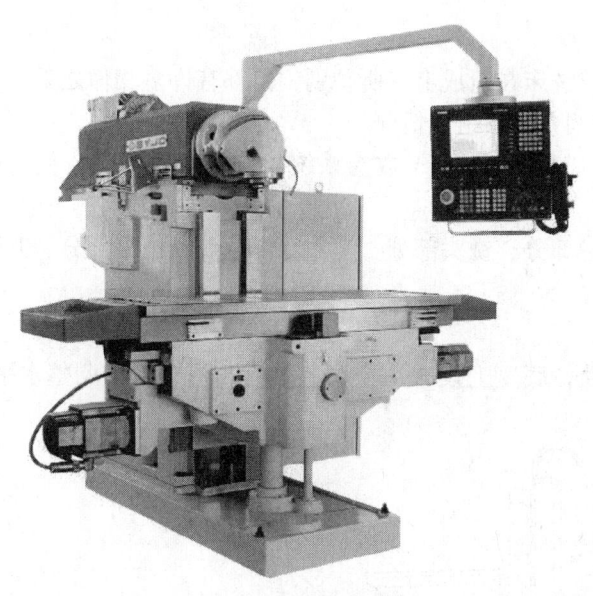
图 5-6　经济型数控铣床

图 5-7　全功能型数控铣床

（3）高速铣削数控铣床　一般将主轴转速在 8000～40 000r/min 的数控铣床称为高速铣削数控铣床，其进给速度可达 10～30m/min，如图 5-8 所示。这种数控铣床采用全新的机床结构、功能部件（电主轴、直线电动机驱动进给）和功能强大的数控系统，并配以加工性能优越的刀具系统，可对大面积的曲面进行高效率、高质量的加工。

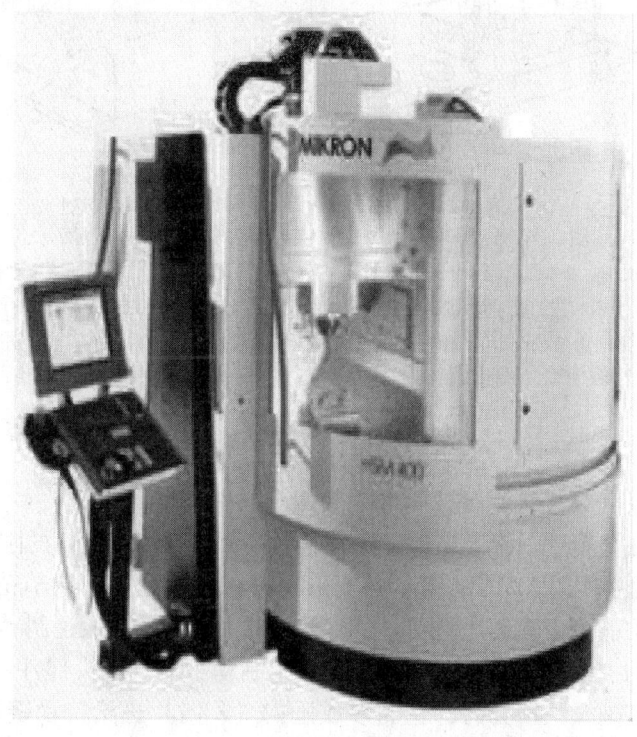
图 5-8　高速铣削数控铣床

二、数控铣床的组成

数控铣床形式多样，不同类型的数控铣床在组成上有所差别，但都有许多相似之处。下面以 XK5040A 型数控立式升降台铣床为例介绍其组成情况。

XK5040A 型数控立式升降台铣床配有 FANUC-3MA 数控系统，采用全数字交流伺服驱动。图 5-9 所示为数控铣床的结构布局。

该机床由六个主要部分组成，即床身部分、铣头部分、工作台部分、横进给部分、升降台部分、冷却与润滑部分。

1. 床身部分

床身内部布局合理，具有良好的刚性，底座上设有 4 个调节螺栓，便于机床调整水平，切削液储液池设在机床底座内部。

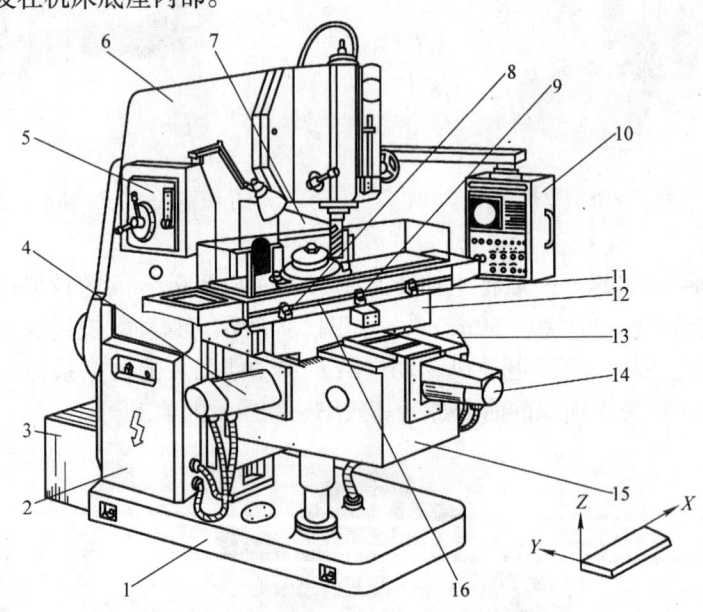

图 5-9　XK5040A 型数控立式升降台铣床的结构布局
1—底座　2—强电柜　3—变压器箱　4—垂直升降（Z 轴）进给伺服电动机
5—主轴变速手柄和按钮板　6—床身　7—数控柜　8、11—保护开关（控制纵向行程硬限位）
9—挡铁（用于纵向参考点设定）　10—操纵台　12—横向溜板　13—纵向（X 轴）进给伺服电动机
14—横向（Y 轴）进给伺服电动机　15—升降台　16—纵向工作台

2. 铣头部分

铣头部分由有级（或无级）变速箱和铣头两个部件组成。

铣头主轴支承在高精度轴承上，保证主轴具有高回转精度和良好的刚性，主轴装有快速换刀螺母，前端锥孔采用 ISO50# 锥度。主轴采用机械无级变速，调节范围宽，传动平稳，操作方便。制动机构能使主轴迅速制动，节省辅助时间，制动时通过制动手柄撑开止动环使主轴立即制动。起动主电动机时，应注意松开主轴制动手柄。铣头部件还装有伺服电动机、内齿带轮、滚珠丝杠副及主轴套筒，它们形成垂向（Z 向）进给传动链，使主轴作垂向直线运动。

3. 工作台部分

工作台与床鞍支承在升降台较宽的水平导轨上,工作台的纵向进给是由安装在工作台右端的伺服电动机驱动的。通过内齿带轮带动精密滚珠丝杠副,从而使工作台获得纵向进给。工作台左端装有手轮和刻度盘,以便进行手动操作。

床鞍的纵横向导轨面均采用了 TURCTTE-B 贴塑面,提高了导轨的耐磨性、运动的平稳性和精度的保持性,消除了低速爬行现象。

4. 升降台部分(横向进给部分)

升降台前方装有交流伺服电动机,驱动床鞍作横向进给运动,其传动原理与工作台的纵向进给相同。此外,在横向滚珠丝杠前端还装有进给手轮,可实现手动进给。升降台左侧装有锁紧手柄,轴的前端装有长手柄可带动锥齿轮及升降台丝杠旋转,从而获得升降台的升降运动。

5. 冷却与润滑部分

(1) 冷却系统 机床的冷却系统是由冷却泵、出水管、回水管、开关及喷嘴等组成。冷却泵安装在机床底座的内腔里,将切削液从底座内储液池输送至出水管,然后经喷嘴喷出,对切削区进行冷却。

(2) 润滑系统及方式 润滑系统是由手动润滑油泵、分油器、节流阀、油管等组成。机床采用周期润滑方式,用手动润滑油泵,通过分油器对主轴套筒、纵横向导轨及三向滚珠丝杠进行润滑,以延长机床的使用寿命。

三、数控铣床的加工工艺范围

数控铣削是机械加工中最常用的加工方法之一,它主要包括平面铣削和轮廓铣削,也可以对零件进行钻、扩、铰、锪和镗孔加工与攻螺纹等。在数控铣削加工中,特别适用于加工下列几类零件。

1. 平面类零件

这类零件的加工面与定位面成固定的角度,且各个加工面是平面或可以展开为平面。例如,各种盖板、凸轮以及飞机整体结构件中的框、肋等,如图 5-10 所示。加工部位包括平面、沟槽、外形、腔槽、台阶、倒角和倒圆等。这类零件一般只须用两坐标联动就可以加工出来。

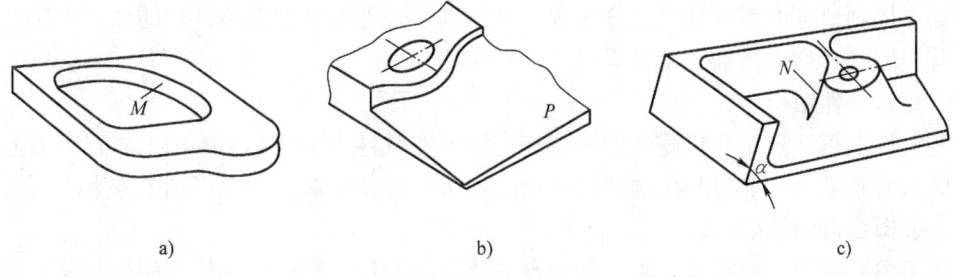

图 5-10 平面类零件
a) 带平面轮廓的平面零件 b) 带斜平面的平面零件 c) 带正圆台和斜肋的平面零件

2. 变斜角类零件

加工面与水平面的夹角呈连续变化的零件称为变斜角类零件。图 5-11 是飞机上的一种变斜角梁缘条,该零件在第2肋至第5肋的斜角α从3°10′均匀变化成2°32′,从第5肋至第9肋再均匀变化为1°20′,从第9肋到第12肋又均匀变化至0°。变斜角类零件的变斜角加工面不能展开为平面,但在加工中,加工面与铣刀圆周接触的瞬间为一条直线。

3. 曲面类(立体类)零件

加工面为空间曲面的零件称为曲面类零件。曲面类零件的加工面不仅不能展开为平面,而且它的加工面与铣刀始终为点接触。加工曲面类零件一般采用三坐标数控铣床,常用的加工方法主要有下列两种。

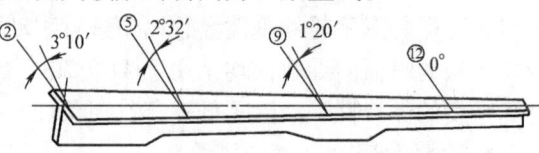

图 5-11 变斜角类零件

1)采用三坐标数控铣床进行二轴半坐标控制加工,加工时只有两个坐标联动,另一个坐标按一定行距周期性进给。这种方法常用于不太复杂的空间曲面的加工,图 5-12 是对曲面进行二轴半坐标行切加工的示意图。

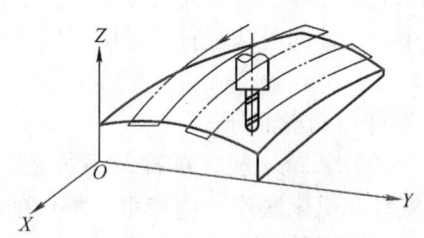

图 5-12 二轴半坐标行切加工曲面

2)采用三坐标数控铣床三坐标联动加工空间曲面。所用铣床必须能进行 X、Y、Z 三坐标联动加工,进行空间直线插补。这种方法常用于发动机及模具等复杂空间曲面的加工。

加工曲面类零件的刀具一般使用球头刀具,因为其他刀具加工曲面时容易产生干涉而铣伤邻近表面。

第二节 数控铣削加工工艺的制订

工艺制订是编程之前的一项重要工作,会直接影响到零件的加工质量、生产效率等。数控铣削加工中的所有工序、工步、每道工序的切削用量、进给路线、加工余量、所用刀具的类型和尺寸等都要预先确定好并编入程序中。这就要求一个合格的编程人员,并首先应该是一个很好的工艺人员,对数控铣床的性能特点、应用、切削规范和刀具等要非常熟悉,才能做到全面、周到地考虑零件加工的全过程,并正确、合理地编制数控铣削的加工程序。编写程序前首先要认真地进行加工工艺设计。

一、分析零件图样

工艺设计的第一步是分析零件图样,在搞清零件材料、零件全部的加工内容、工艺过程和技术要求的基础上,确定和明确数控铣床的加工内容和要求,并拟订加工方案。

二、选择合适的数控机床

与加工中心相比,数控铣床除了缺少自动换刀功能及刀库外,其他方面均与加工中心类同,可以对零件进行铣、钻、铰、锪、镗孔与攻螺纹等。一般说来,数控立式铣床适于加工平面凸轮、样板、形状复杂的平面或立体零件,以及模具的内、外型腔等。数控卧式铣床适于加工复杂的箱体类零件、泵体、阀体、壳体等。总之,与一般铣床相比,加工形状复杂的零件,数控铣床具有明显的优越性。但由于其成本较高,用于零件的粗加工很不经济,所以一般是零件先在普通机床上进行粗加工,再转到数控铣床上进行半精加工和精加工。因为粗加工后不但有了已加工的基准平面、定位面，而且加工余量均匀使切削稳定。这样既有利于发挥数控铣床的特点，又利于数控铣床保持精度，延长使用寿命，降低使用成本。

一般情况下，数控铣床只适用于单件小批量生产，但根据数控铣床性能、功能和成本核算情况，也可用于大批量生产。

三、合理安排加工顺序

加工顺序（又称工序）通常包括切削加工工序、热处理工序和辅助工序等，工序安排得科学与否将直接影响到零件的加工质量、生产效率和加工成本。切削加工工序通常按以下原则安排：

（1）先粗后精　当加工零件精度要求较高时都要经过粗加工、半精加工、精加工阶段，如果精度要求更高，还包括光整加工的几个阶段。

（2）基准面先行原则　用作精基准的表面应先加工。任何零件的加工过程总是先对定位基准进行粗加工和精加工。例如，轴类零件总是先加工中心孔，再以中心孔为精基准加工外圆和端面；箱体类零件总是先加工定位用的平面及两个定位孔，再以平面和定位孔为精基准加工孔系和其他平面。

（3）先面后孔　对于箱体、支架等零件，平面尺寸轮廓较大，用平面定位比较稳定，而且孔的深度尺寸又是以平面为基准的，故应先加工平面，然后加工孔。

（4）先主后次　即先加工主要表面，然后加工次要表面。

四、选择夹具与零件的装夹方法

1. 定位基准的选择

选择定位基准时，应注意减少装夹次数，尽量做到在一次安装中能把零件上所有要加工表面都加工出来，多选择工件上不需数控铣削的平面和孔作定位基准。对薄板件，选择的定位基准应有利于提高工件的刚性，以减小切削变形。定位基准应尽量与设计基准重合，以减少定位误差对尺寸精度的影响。

2. 数控铣床常用夹具

应尽量采用组合夹具和标准化通用夹具。单件小批量生产零件的常用夹具是机用虎钳和压铁，这两种夹具适用范围广、应用灵活、开放性好，缺点是装夹调整比较费时，但在数控铣床上因工序比较集中，这个缺点不十分明显。当工件批量较大、精度要求较高时，为了平衡生产节拍，可以设计专用夹具，但结构应尽可能简单。

3. 零件装夹方法

数控铣床加工零件时的装夹方法要考虑以下几点：

1）零件定位、夹紧的部位应不妨碍各部位的加工、刀具更换以及重要部位的测量，尤其要避免刀具与工件、夹具及机床部件相撞。

2）夹紧力尽量通过或靠近主要支承点或在支承点所组成的三角形内。尽量靠近切削部位并在工件刚性较好的地方，不要作用在被加工的孔径上，以减少零件变形。

3）零件的重复装夹、定位一致性要好，以减少对刀时间，提高零件加工的一致性。

五、拟订加工工艺路线

加工路线是数控机床在加工过程中，刀具中心的运动轨迹和方向。编写加工程序，主要编写刀具的运动轨迹和方向。在拟订加工工艺路线之前，要确定加工方案。

1. 数控铣削加工方案的选择

(1) 平面轮廓的加工方法 这类零件的表面多由直线和圆弧或各种曲线构成,通常采用三轴联动数控铣床进行两轴半坐标加工。图 5-13 为由直线和圆弧构成的平面轮廓 ABC-DEA,采用刀具半径为 R 的立铣刀沿周向加工,双点画线 $A'B'C'D'E'A'$ 为刀具中心的运动轨迹。为保证加工面光滑,刀具沿 PA' 切入,沿 $A'K$ 切出,让刀沿 KL 及 LP 返回程序起点。在编程时应尽量避免切入和进给中途停顿,以防止在零件表面留下划痕。

(2) 固定斜角平面的加工方法 固定斜角平面是与水平面成一固定夹角的斜面,常用的加工方法如下。

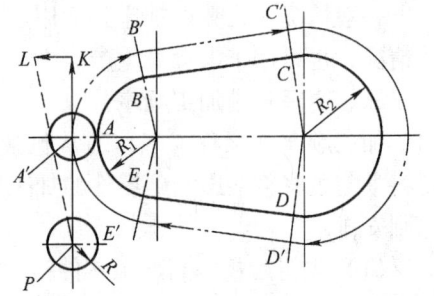

图 5-13 平面轮廓铣削

①当零件尺寸不大时,可用斜垫板垫平后加工;如果机床主轴可以摆角,则可以摆成适当的定角,用不同的刀具来加工(图 5-14)。当零件尺寸很大,斜面斜度又较小时,常用行切法加工,但加工后会在加工面上留下残留面积,需要用钳修方法加以清除,用三轴联动数控立铣加工飞机整体壁板零件时常用此方法。当然,加工斜面的最佳方法是采用五轴联动数控铣床,主轴摆角后加工,可以不留残留面积。

②对于正圆台和斜肋表面,一般可用专用的角度成形铣刀加工,其效果比采用五轴联动数控铣床摆角加工好。

(3) 变斜角面的加工方法 常用的加工方法如下:

①对曲率变化较大的变斜角面,用四轴联动加工难以满足加工要求,最好用 X、Y、Z、A 和 B(或 C 轴)的五轴联动数控铣床,以圆弧插补方式摆角加工,如图 5-15a 所示。图中夹角 A 和 B 分别是零件斜面素线与 Z 坐标轴夹角 α 在 ZOY 平面上和 XOY 平面上的分夹角。

②对曲率变化较小的变斜角面,选用 Z、Y、Z 和 A 的四轴联动的数控铣床,采用立铣刀(但当零件斜角过大、超过机床主轴摆角范围时,可用角度成形铣刀加以弥补)以插补方式摆角加工,如图 5-15b 所示。加工时,

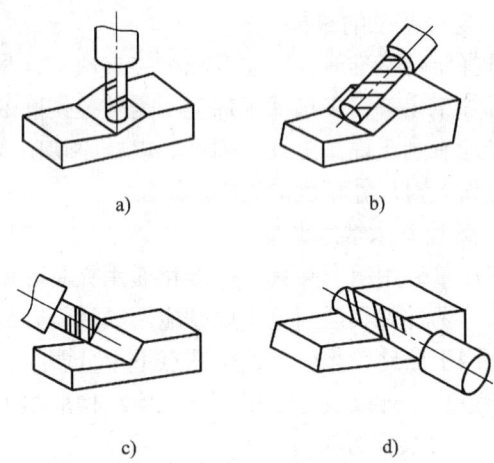

图 5-14 主轴摆角加工固定斜面
a) 主轴垂直端刃加工 b) 主轴摆角后侧刃加工
c) 主轴摆角后端刃加工 d) 主轴水平侧刃加工

为保证刀具与零件型面在全长上始终贴合,刀具绕 A 轴摆动角度 α。

③采用三轴联动数控铣床两坐标联动,利用球头铣刀和鼓形铣刀,以直线或圆弧插补方式进行分层铣削加工,加工后的残留面积用钳修方法清除,图 5-16 所示为用鼓形铣刀铣削变斜角面的情形。由于鼓形铣刀的鼓径可以做得比球头铣刀的球径大,所以加工后的残留面积高度小,加工效果比球头铣刀好。

(4) 曲面轮廓的加工方法 立体曲面的加工应根据曲面形状、刀具形状(球状、柱状、端齿)以及精度要求采用不同的铣削方法,如二轴半、三轴、四轴、五轴等联动加工。

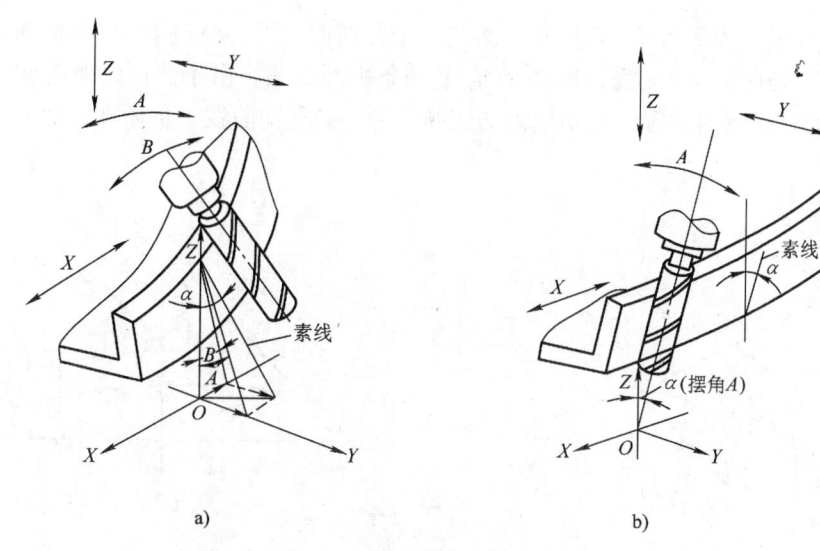

图 5-15　四、五轴联动数控铣床加工零件变斜角面
a）曲率变化较大　b）曲率变化较小

① 对曲率变化较大和精度要求较高的曲面的精加工，常用 X、Y、Z 三坐标联动插补的行切法加工。如图 5-17 所示，P_{YZ} 平面为平行于坐标平面的一个行切面，它与曲面的交线为 ab。由于是三坐标联动，球头刀与曲面的切削点始终处在平面曲线 ab 上，可获得较规则的残留沟纹，但这时的刀心轨迹 O_1O_2 不在 P_{YZ} 平面上，而是一条空间曲线。

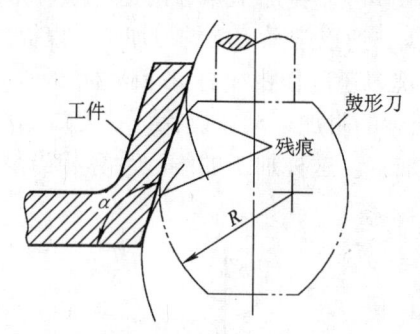

图 5-16　用鼓形铣刀
分层铣削变斜角面

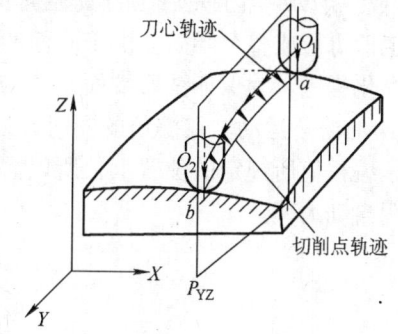

图 5-17　三轴联动行切法
加工曲面的切削点轨迹

② 对曲率变化不大和精度要求不高的曲面的粗加工，常用两轴半联动的行切法加工，即 X、Y、Z 三轴中任意两轴作联动插补，第三轴作单独的周期进给。如图 5-18 所示，将 X 向分成若干段，球头铣刀沿 YZ 面所截的曲线进行铣削，每一段加工完后进给 ΔX，再加工另一相邻曲线，如此依次切削即可加工出整个曲面。在行切法中，要根据轮廓表面粗糙度的要求及刀头不干涉相邻表面的原则选取 ΔX。球头铣刀的刀头半径应选得大一些，有利于散热，但刀头半径应小于内凹曲面的最小曲率半径。

两轴半联动加工曲面的刀心轨迹 O_1O_2 和切削点轨迹 ab 如图 5-19 所示。图中 $ABCD$ 为被加工曲面，P_{YZ} 平面为平行于 YZ 坐标平面的一个行切面，刀心轨迹 O_1O_2 为曲面 $ABCD$ 的等距面 $IJKL$ 与行切面 P_{YZ} 的交线，显然 O_1O_2 是一条平面曲线。由于曲面的曲率变化，改变了球头刀与曲面切削点的位置，使切削点的连线成为一条空间曲线，从而在曲面上形成扭曲的残留沟纹。

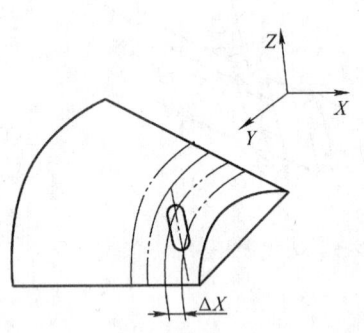

图 5-18　两轴半联动行切法加工曲面

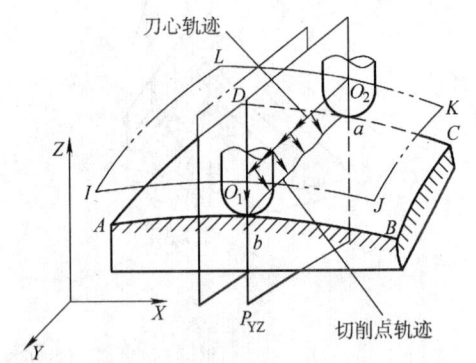

图 5-19　两轴半联动行切法
加工曲面的切削点轨迹

③对像叶轮、螺旋桨这样的零件，因其叶片形状复杂，刀具容易与相邻表面干涉，常用五轴联动加工，其加工原理如图 5-20 所示。半径为 R_i 的圆柱面与叶面的交线 AB 为螺旋线的一部分，螺旋角为 ψ_i，叶片的径向叶形线（轴向割线）EF 的倾角 α 为后倾角，螺旋线 AB 用极坐标加工方法，并且以折线段逼近。逼近段 mn 是由 C 坐标旋转 $\Delta\theta$ 与 Z 坐标位移 ΔZ 的合成。当 AB 加工完后，刀具径向位移 ΔX（改变 R_i），再加工相邻的另一条叶形线，依次加工即可形成整个叶面。由于叶面的曲率半径较大，所以常采用立铣刀加工，以提高生产率并简化程序。为保证铣刀端面始终与曲面贴合，铣刀还应作由坐标 A 和坐标 B 形成的 θ_1 和 α_1 的摆角运动。在摆角的同时，还应作直角坐标的附加运动，以保证铣刀端面中心始终位于编程值所规定的位置上，所以需要五轴联动加工。这种加工的编程计算相当复杂，一般采用自动编程。

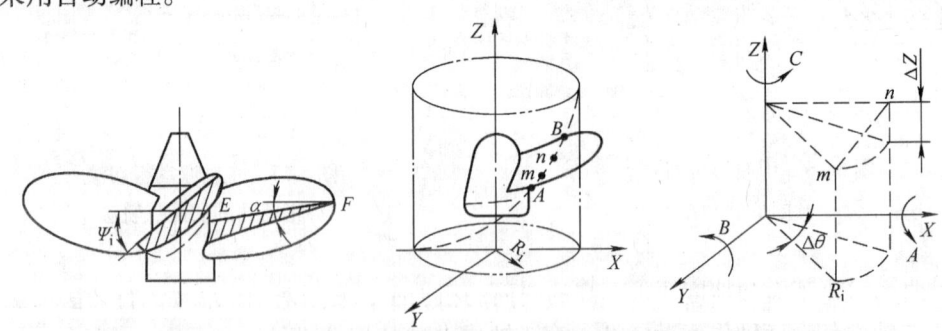

图 5-20　曲面的五轴联动加工

2. 进给路线的确定

数控铣削加工中进给路线对零件的加工精度和表面质量有直接的影响。进给路线的确定与被加工工件的材料、余量、刚度、加工精度要求、表面粗糙度要求；机床的类型、刚度、精度;夹具的刚度;刀具的状态、刚度、耐用度等因素有关。合理的进给路线,是指能保证零件加工精度、表面粗糙度要求;数值计算简单,程序段少,编程量小;进给路线最短,空行程最少的高效率路线。下面针对铣削方式和常见的几种轮廓形式来分析进给路线。

(1) 顺铣和逆铣的选择 铣削有顺铣和逆铣两种方式,如图 5-21 所示。当工件表面无硬皮,机床进给机构无间隙时,应选用顺铣,按照顺铣安排进给路线。因为采用顺铣加工后,零件已加工表面质量好,刀齿磨损小。精铣时,尤其是零件材料为铝镁合金、钛合金或耐热合金时,应尽量采用顺铣。当工件表面有硬皮,机床的进给机构有间隙时,应选用逆铣,按照逆铣安排进给路线。因为逆铣时,刀齿是从已加工表面切入,不会崩刃;机床进给机构的间隙不会引起振动和爬行。

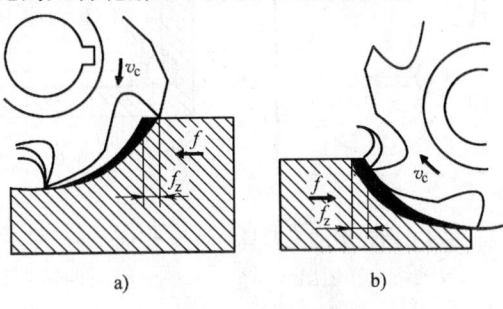

图 5-21 顺铣与逆铣
a) 顺铣 b) 逆铣

(2) 铣削外轮廓的进给路线

①铣削平面零件外轮廓时,一般采用立铣刀侧刃切削。刀具切入工件时,应避免沿零件外轮廓的法向切入,而应沿切削起始点的延伸线逐渐切入工件,保证零件曲线的平滑过渡。同理,在切离工件时,也应避免在切削终点处直接抬刀,要沿着切削终点延伸线逐渐切离工件,如图 5-22 所示。

②当用圆弧插补方式铣削外整圆时,要安排刀具从切向进入圆周铣削加工。当整圆加工完毕后,不要在切点处直接退刀,而应让刀具沿切线方向多运动一段距离,以免取消刀补时,刀具与工件表面相碰,造成工件报废,如图 5-23 所示。

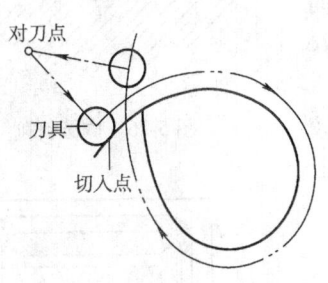

图 5-22 外轮廓加工刀具的切入和切出

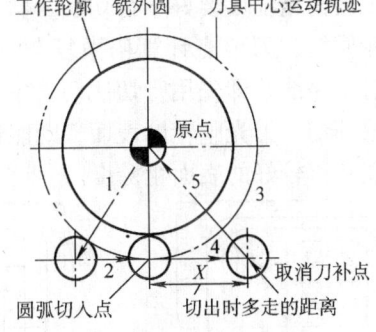

图 5-23 外圆铣削

(3) 铣削内轮廓的进给路线

①铣削封闭的内轮廓表面,同铣削外轮廓一样,刀具同样不能沿轮廓曲线的法向切入和切出。此时若内轮廓曲线允许外延,则应沿延伸线或切线方向切入、切出。若内轮廓曲线不允许外延(图 5-24),刀具只能沿内轮廓曲线的法向切入、切出,此时刀具的切入、切出点应尽量选在内轮廓曲线两几何元素的交点处。当内部几何元素相切无交点时(图 5-25),为防止刀补取消时在轮廓拐角处留下凹口(图 5-25a),刀具切入、切出点应远离拐角(图 5-25b)。

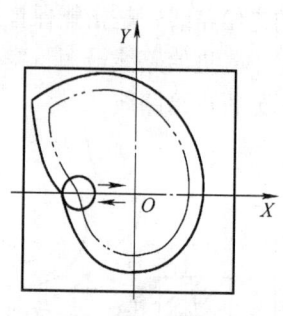 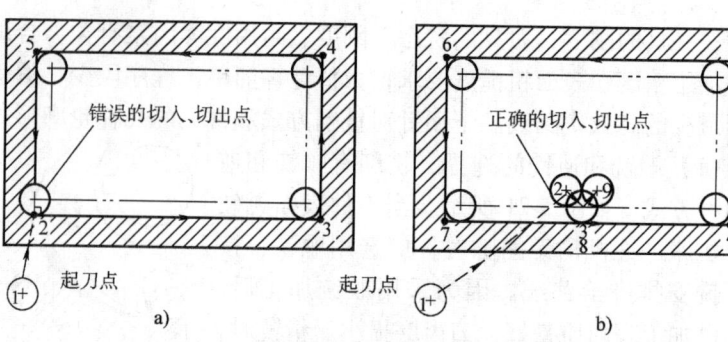

图 5-24　内轮廓加工刀具的切入和切出

图 5-25　无交点内轮廓加工刀具的切入和切出
a) 刀补取消时在轮廓拐角处留下凹口　b) 刀具切入、切出点应远离拐角

② 当用圆弧插补铣削内圆弧时也要遵循从切向切入、切出的原则，最好安排从圆弧过渡到圆弧的加工路线，如图 5-26 所示，这样可以提高内孔表面的加工精度和加工质量。

(4) 铣削内槽的进给路线　所谓内槽是指以封闭曲线为边界的平底凹槽，一律用平底立铣刀加工，刀具圆角半径应符合内槽的图样要求。图 5-27 所示为加工内槽的三种进给路线，图 5-27a 和图 5-27b 分别为用环切法和行切法加工内槽。两种进给路线的共同点是都能切净内腔中的全部面积，不留死角，不伤轮廓，同时尽量减少重复进给的搭接量。不同点是行切法的进给路线比环切法短，但行切法将在每两次进给的起点与终点间留下残留面积，而达不到所要求的表面粗糙度。用环切法获得的表面粗糙度要好于行切法，但环切法需要逐次向外扩展轮廓线，刀位点计算稍微复杂一些。采用图 5-27c 所示的进给路线，即先用行切法切去中间部分余量，最后用环切法环切一刀光整轮廓表面，既能使总的进给路线较短，又能获得较好的表面粗糙度。

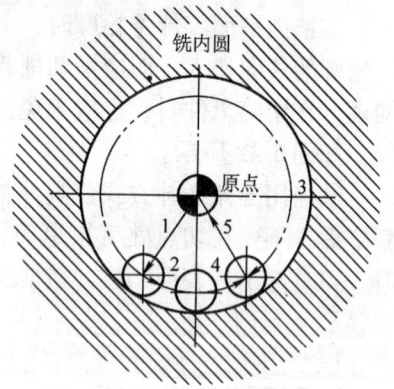

图 5-26　内圆铣削

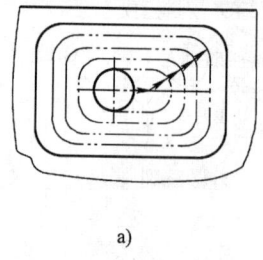 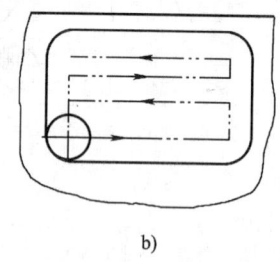 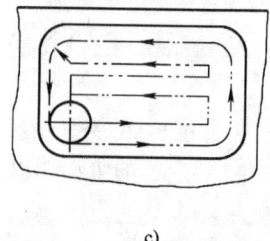

图 5-27　凹槽加工进给路线
a) 环切法　b) 行切法　c) 行切 + 环切法

(5) 铣削曲面轮廓的进给路线　铣削曲面时，常用球头刀采用行切法进行加工。所谓行切法是指刀具与零件轮廓的切点轨迹是一行一行的，而行间的距离是按零件加工精度的要求确定的。

对于边界敞开的曲面加工，可采用两种加工路线，如图 5-28 所示发动机的叶片，当采用图 5-28a 所示的加工方案时，每次沿直线加工，刀位点计算简单，程序少，加工过程符合直纹面的形成，可以准确保证素线的直线度。当采用图 5-28b 所示的加工方案时，符合这类零件数据给出情况，便于加工后检验，叶形的准确度较高，但程序较多。由于曲面零件的边界是敞开的，没有其他表面限制，所以曲面边界可以延伸，球头刀应由边界外开始加工。当边界不敞开时，确定进给路线要另行处理。

此外，轮廓加工中应避免进给停顿，否则会在轮廓表面留下刀痕；若在被加工表面范围内垂直下刀和抬刀，也会划伤表面。

为提高工件表面的精度和减小表面粗糙度值，可以采用多次进给的方法，精加工余量一般以 0.2~0.5mm 为宜。

选择工件在加工后变形小的进给路线。对横截面积小的细长零件或薄板零件，应采用多次进给加工达到最后尺寸，或采用对称去余量法安排进给路线。

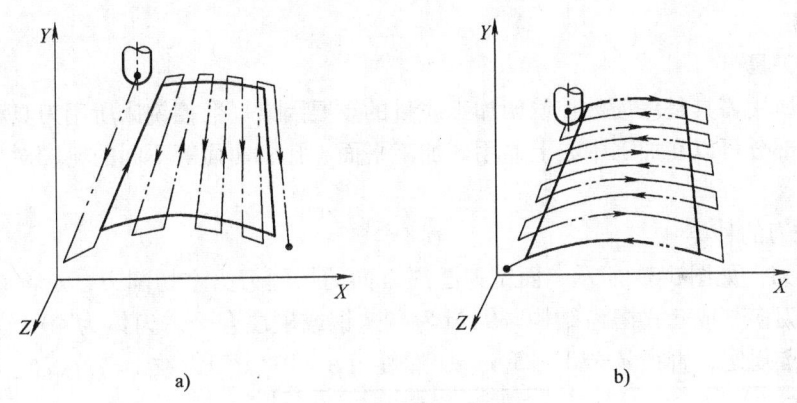

图 5-28　曲面加工的进给路线
a) 加工方案一　b) 加工方案二

（6）孔系加工的进给路线

①加工位置精度要求较高的孔系。加工位置精度要求较高的孔时，镗孔路线安排不当就有可能把某坐标轴上的传动反向间隙带入，直接影响孔的位置精度。图 5-29 所示为在一个零件上精镗 4 个孔的两种加工路线。从图 5-29a 中不难看出，刀具从孔Ⅲ向孔Ⅳ运动的方向与从孔Ⅰ向孔Ⅱ运动的方向相反，X 向的反向间隙会使孔Ⅳ与孔Ⅲ间的定位误差增加，从而影响位置精度。图 5-29b 是在加工完孔Ⅲ后不直接在孔Ⅳ处定位，而是多运动了一段距离，然后折回来在孔Ⅳ处进行定位，这样孔Ⅰ、Ⅱ、Ⅲ和孔Ⅳ的定位方向是一致的，就可以避免反向间隙误差的引入，从而提高了孔Ⅲ与孔Ⅳ的孔距精度。

②加工孔数量较多的孔系。加工孔数量较多的孔系时，应使进给路线最短，减少刀具空行程时间，提高加工效率。图 5-30 所示为正确选择钻孔加工路线的例子。按照一般习惯，总是先加工均布于同一圆周上的八个孔，再加工另一圆周上的孔（图 5-30a）。但是对点位控制的数控机床而言，要求定位精度高，定位过程尽可能快，因此这类机床应按空程最短来安排进给路线（图 5-30b），以节省加工时间。

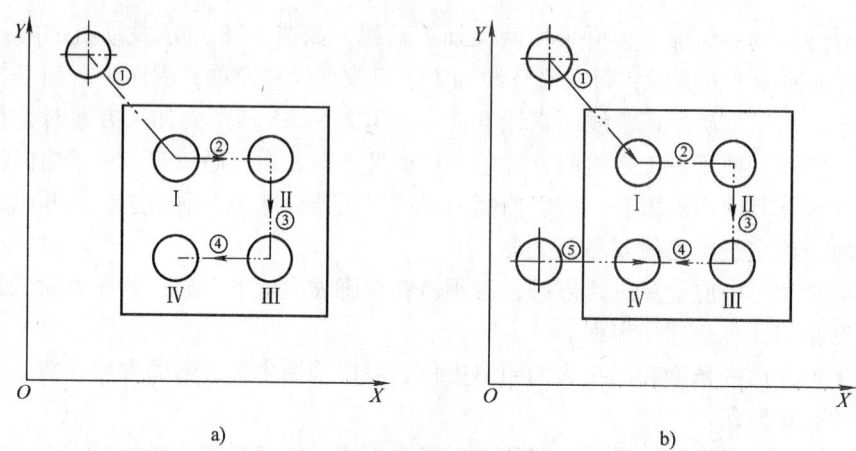

图 5-29 镗孔加工路线
a) 不合理的加工路线　b) 合理的加工路线

六、选择刀具

数控铣床所用刀具是保证数控铣床加工质量的重要因素。数控铣床所用刀具种类、型号很多,并且大部分可以在加工中心上通用。加工平面、孔、曲面等不同的轮廓对象要选择相应的刀具。

1. 常用铣刀的种类

(1) 面铣刀　如图 5-31 所示,面铣刀圆周方向的切削刃为主切削刃,端部切削刃为副切削刃。面铣刀多制成套式镶齿结构,刀齿为高速钢或硬质合金,刀体为 40Cr。高速钢面铣刀按国家标准规定,直径 $d = 80 \sim 250$ mm,螺旋角 $\beta = 10°$,刀齿数 $z = 10 \sim 26$。

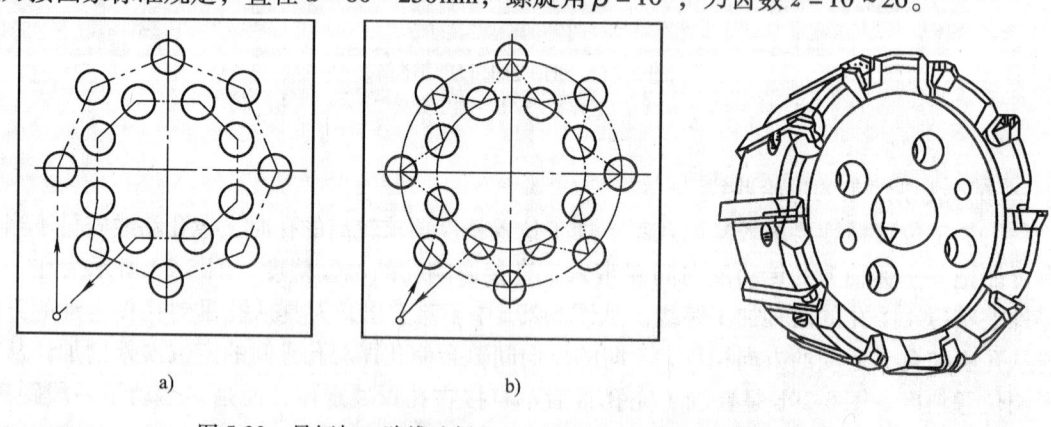

图 5-30　最短加工路线选择　　　　　　图 5-31　面铣刀

硬质合金面铣刀的铣削速度、加工效率和工件表面质量均高于高速钢铣刀,并可加工带有硬皮和淬硬层的工件,因而在数控加工中得到了广泛的应用。图 5-32 所示为几种常用的硬质合金面铣刀,由于整体焊接式和机夹焊接式面铣刀难于保证焊接质量,刀具寿命低,重磨较费时,目前已被可转位式面铣刀所取代。

可转位面铣刀的直径已经标准化,采用公比 1.25 的标准直径 (mm) 系列:16、20、25、32、40、50、63、80、100、125、160、200、250、315、400、500、630,参见 GB/T

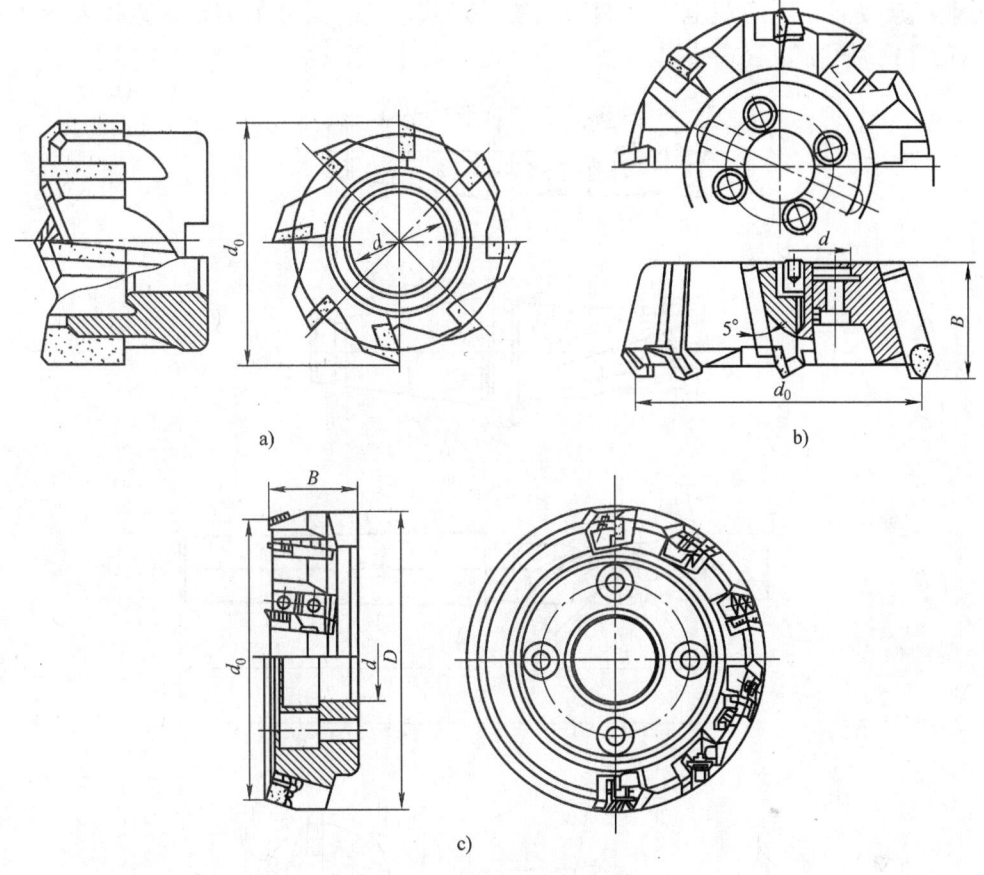

图 5-32 硬质合金面铣刀
a) 整体焊接式 b) 机夹焊接式 c) 可转位式

5342.3—2006。

(2) 立铣刀 立铣刀是数控机床上用得最多的一种铣刀,其结构如图 5-33 所示。立铣刀的圆柱表面和端面上都有切削刃,它们可同时进行切削,也可单独进行切削。

立铣刀圆柱表面的切削刃为主切削刃,端面上的切削刃为副切削刃。主切削刃一般为螺旋齿,这样可以增加切削平稳性,提高加工精度。由于普通立铣刀端面中心处无切削刃,所以立铣刀不能作轴向进给,端面上的切削刃主要用来加工与侧面相垂直的底平面。

为了能加工较深的沟槽,并保证有足够的备磨量,立铣刀的轴向长度一般较长。为改善切屑卷曲情况,增大容屑空间,防止切屑堵塞,所以通常刀齿数比较少,容屑槽圆弧半径则较大。一般粗齿立铣刀齿数 $z = 3 \sim 4$,细齿立铣刀齿数 $z = 5 \sim 8$,套式结构 $z = 10 \sim 20$,容屑槽圆弧半径 $r = 2 \sim 5$mm。当立铣刀直径较大时,可制成不等齿距结构,以增强抗振作用,使切削过程平稳。

标准立铣刀的螺旋角 β 为 40°~45°(粗齿)和 30°~35°(细齿),套式结构立铣刀的 β 为 15°~25°。直径较小的立铣刀,一般制成带柄形式。$\phi2 \sim \phi7$mm 的立铣刀制成直柄;$\phi6 \sim \phi63$mm 的立铣刀制成莫氏锥柄;$\phi25 \sim \phi80$mm 的立铣刀做成 7:24 锥柄,内有螺孔用来拉紧刀具。由于数控机床要求铣刀能快速自动装卸,故立铣刀的刀柄部形式也有很大不同,一一般由专业厂家按照一定的规范设计制造成统一形式、统一尺寸的刀柄。直径大于 $\phi40 \sim \phi60$mm 的立铣刀可做成套式结构。

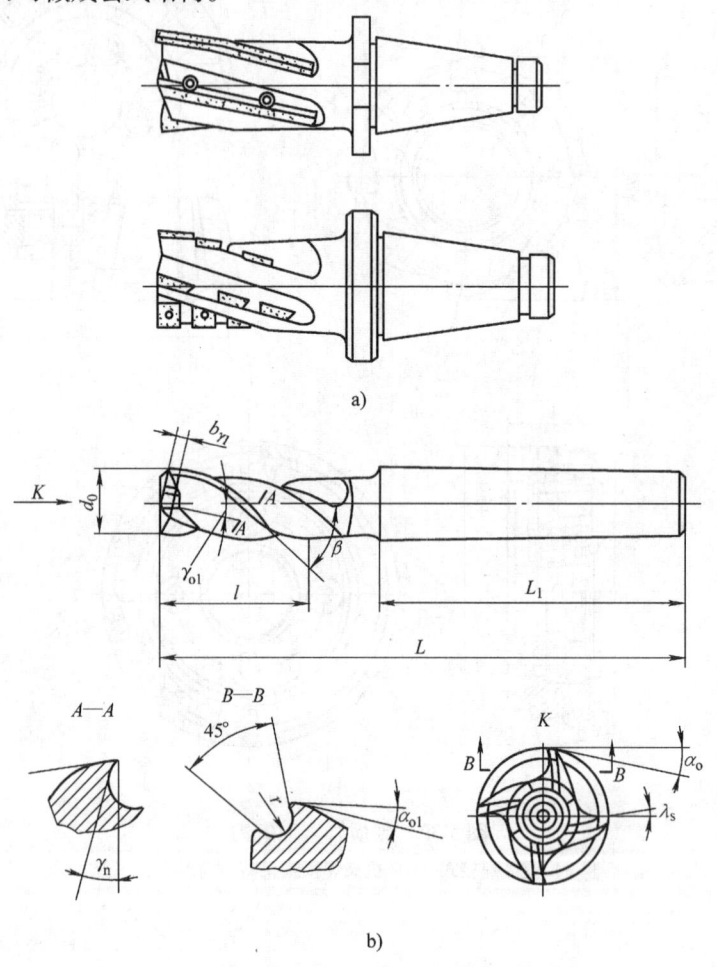

图 5-33 立铣刀
a) 硬质合金立铣刀 b) 高速钢立铣刀

(3) 键槽铣刀 键槽铣刀如图 5-34 所示，它有两个刀齿，圆柱面和端面都有切削刃，端面切削刃延至中心，既像立铣刀，又像钻头。加工时先轴向进给达到槽深，然后沿键槽方向铣出键槽全长。

按国家标准规定，直柄键槽铣刀直径 $d = 2 \sim 22$mm，锥柄键槽铣刀直径 $d = 14 \sim 50$mm。键槽铣刀直径的偏差有 e8 和 d8 两种。键槽铣刀的圆周切削刃仅在靠近端面的一小段长度内发生磨损，重磨时，只需刃磨端面切削刃，因此重磨后铣刀直径不变。

(4) 模具铣刀 模具铣刀由立铣刀发展而成，可分为圆锥形立铣刀（圆锥半角 $\alpha/2 = 3°、5°、7°、10°$）、圆柱形球头立铣刀和圆锥形球头立铣刀三种，其柄部有直柄、削平型直柄和莫氏锥柄。它的结构特点是球头或端面上布满了切削刃，圆周刃与球头刃圆弧连接，可以作径向和轴向进给。铣刀工作部分用高速钢或硬质合金制造，国家标准规定直径 $d = 4 \sim 63$mm。图 5-35 所示为高速钢模具铣刀，图 5-36 所示为硬质合金模具铣刀。小规格的硬质合金模具铣刀多制成整体结构，直径在 $\phi 16mm$ 以上的硬质合金模具铣刀通常制成焊接或机夹可转位刀片结构。

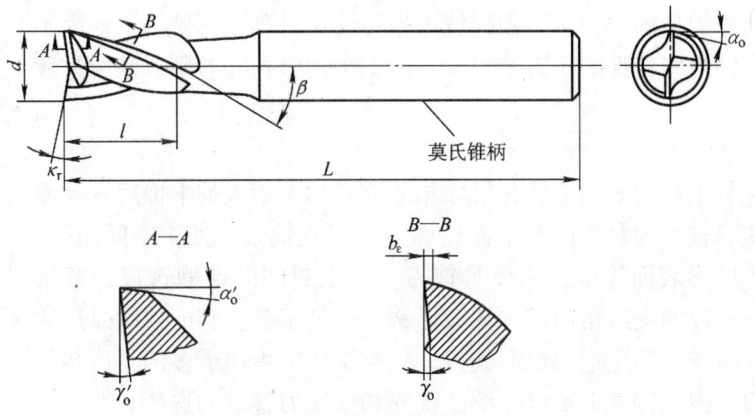

图 5-34 键槽铣刀

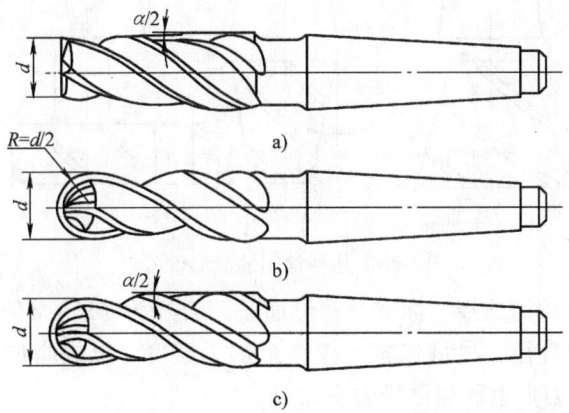

图 5-35 高速钢模具铣刀
a) 圆锥形立铣刀　b) 圆柱形球头立铣刀　c) 圆锥形球头立铣刀

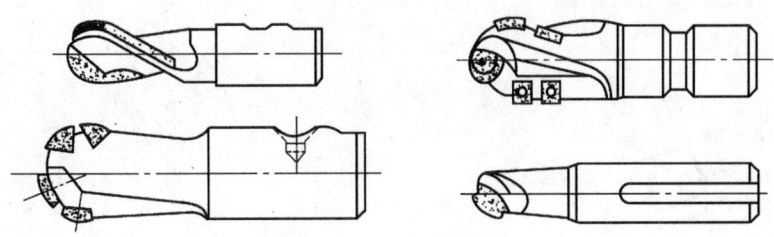

图 5-36 硬质合金模具铣刀

(5) 鼓形铣刀　图 5-37 所示为一种典型的鼓形铣刀，它的切削刃分布在半径为 R 的圆弧面上，端面无切削刃。加工时控制刀具的上下位置，相应改变切削刃的切削部位，可以在工件上切出从负到正的不同斜角。斜角值越小，鼓形刀所能加工的斜角范围越广，但所获得的表面质量也越差。这种刀具的特点是刃磨困难，切削条件差，而且不适于加工有底的轮廓表面。

(6) 成形铣刀 成形铣刀一般是为特定形状的工件或加工内容专门设计制造的,如渐开线齿面、燕尾槽和T形槽等。几种常用的成形铣刀如图5-38所示。

除了上述几种类型的铣刀外,数控铣床也可使用各种通用铣刀。但因不少数控铣床的主轴内有特殊的拉刀装置,或因主轴内锥孔有差别,须配过渡套和拉钉。

2. 铣刀的选择

铣刀类型应与工件的表面形状和尺寸相适应。加工较大的平面应选择面铣刀;加工凹槽、较小的台阶面及平面轮廓应选择立铣刀;加工空间曲面、模具型腔或凸模成形表面等多选用模具铣刀;加工封闭的键槽选择键槽铣刀;加工变斜角零件的变斜角面应选用鼓形铣刀;加工各种直的或圆弧形的凹槽、斜角面、特殊孔等应选用成形铣刀。数控铣床上使用最多的是可转位面铣刀和立铣刀,因此,这里重点介绍面铣刀和立铣刀参数的选择。

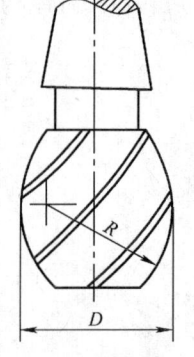

图5-37 鼓形铣刀

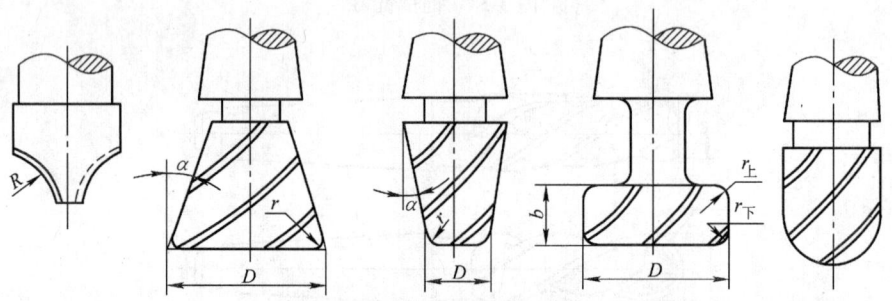

图5-38 几种常用的成形铣刀

(1) 面铣刀主要参数的选择 标准可转位面铣刀直径为 $\phi 16 \sim \phi 630 \mathrm{mm}$,应根据侧吃刀量 a_e,选择适当的铣刀直径,尽量包容工件整个加工宽度,以提高加工精度和效率,减小相邻两次进给之间的接刀痕迹和保证铣刀寿命。

可转位面铣刀有粗齿、细齿和密齿三种。粗齿铣刀容屑空间较大,常用于粗铣钢件;粗铣带断续表面的铸件和在平稳条件下铣削钢件时,可选用细齿铣刀;密齿铣刀的每齿进给量较小,主要用于加工薄壁铸件。

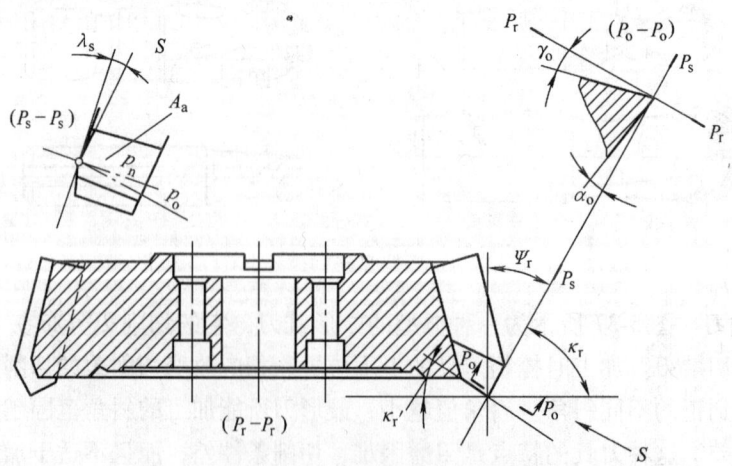

图5-39 面铣刀几何角度标注

面铣刀几何角度的标注如图 5-39 所示。前角的选择原则与车刀基本相同，只是由于铣削时有冲击，故前角数值一般比车刀略小，尤其是硬质合金面铣刀，前角数值减小得更多些。铣削强度和硬度都高的材料可选用负前角。前角的数值主要根据工件材料和刀具材料选择，其具体数值可参见表 5-1。

表 5-1 面铣刀的前角数值

刀具材料 \ 工件材料	钢	铸铁	黄铜、青铜	铝合金
高速钢	10°~20°	5°~15°	10°	25°~30°
硬质合金	-15°~15°	-5°~5°	4°~6°	15°

铣刀的磨损主要发生在后刀面上，因此适当加大后角，可减少铣刀磨损。常取 $\alpha_0 = 5°$ ~12°，工件材料软时取大值，工件材料硬时取小值；粗齿铣刀取小值，细齿铣刀取大值。

铣削时冲击力大，为了保护刀尖，硬质合金面铣刀的刃倾角常取 $\lambda_s = -5°$ ~15°。只有在铣削低强度材料时，取 $\lambda_s = 5°$。

主偏角 κ_r 在 45°~90°范围内选取，铣削铸铁常用 45°，铣削一般钢材常用 75°，铣削带凸肩的平面或薄壁零件时要用 90°。

（2）立铣刀主要参数的选择 立铣刀主切削刃的前角在法剖面内测量，后角在端剖面内测量，前、后角的标注如图 5-33b 所示。前、后角都为正值，分别根据工件材料和铣刀直径选取，其具体数值可分别参见表 5-2 和表 5-3。

表 5-2 立铣刀前角数值

工件材料		前角
钢	$R_m < 0.589$GPa	20°
	0.589GPa $< R_m < 0.981$GPa	15°
	$R_m > 0.981$GPa	10°
铸铁	≤150HBW	15°
	>150HBW	10°

表 5-3 立铣刀后角数值

铣刀直径 d_0/mm	后角
≤10	25°
10~20	20°
>20	16°

立铣刀的尺寸参数（图 5-40），推荐按下述经验数据选取。

①刀具半径 R 应小于零件内轮廓面的最小曲率半径 ρ，一般取 $R = (0.8 \sim 0.9)\rho$。

②零件的加工高度 $H \leq (1/4 \sim 1/6)R$，以保证刀具具有足够的刚度。

③对不通孔（深槽），选取 $l = H + (5 \sim 10)$mm（l 为刀具切削部分长度，H 为零件高度）。

④加工外形及通槽时，选取 $l = H + r + (5 \sim 10)$mm（r 为端刃圆角半径）。

⑤粗加工内轮廓面时（图 5-41），铣刀最大直径 $D_粗$ 可按下式计算

$$D_粗 = \frac{2\left(\delta\sin\dfrac{\varphi}{2} - \delta_1\right)}{1 - \sin\dfrac{\delta}{2}} + D$$

式中　D——轮廓的最小凹圆角直径；
　　　δ——圆角邻边夹角等分线上的精加工余量；
　　　δ_1——精加工余量；
　　　φ——圆角两邻边的夹角。

⑥加工肋时，刀具直径为 $D = (5 \sim 10)b$（b 为肋的厚度）。

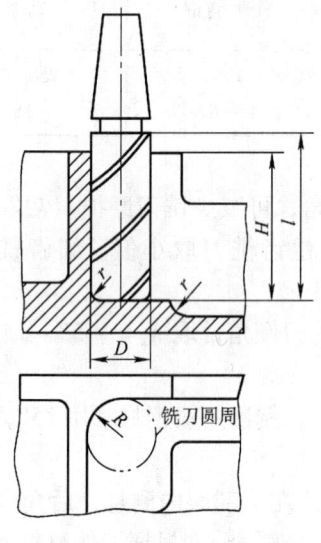

图 5-40　立铣刀尺寸参数

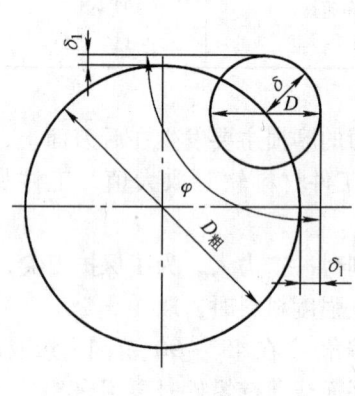

图 5-41　粗加工立铣刀直径计算

3. 铣刀的安装

铣刀通过刀柄与数控铣床主轴相联。数控铣床主轴上锥孔的锥度，一般是 7∶24。这种锥度没有自锁性，换刀容易。在主轴的锥孔上还可套接刀杆，刀杆的形式如图 5-42 所示。

1）弹簧夹头用于装夹各种直柄立铣刀、键槽铣刀、直柄麻花钻头、中心钻等直柄刀具。

2）铣刀杆可装夹套式端面铣刀、三面刃铣刀、角度铣刀、圆弧铣刀及锯片铣刀等。

3）镗刀杆装夹镗孔刀。

4）2 号莫氏套筒可装夹 2 号莫氏钻头、立铣刀、加速装置、攻螺纹夹头等。加速装置可以进行小孔的钻削或装夹砂轮杆磨削小孔。

装夹 2 号莫氏套筒后可扩展的刀具及辅具如图 5-43 所示。

5）$\phi25$mm 套筒，用于其他测量工具的套接。

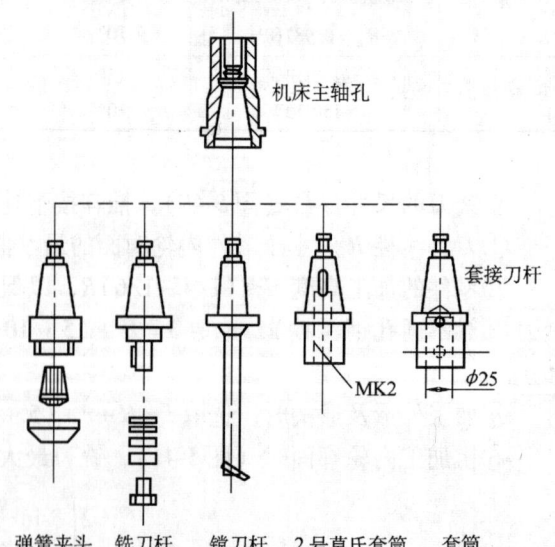

图 5-42　刀杆

4. 切削用量的选择

如图5-44所示,铣削加工的切削用量包括主轴转速(切削速度)、进给速度、背吃刀量和侧吃刀量。切削用量的大小对切削力、切削功率、刀具磨损、加工质量和加工成本均有显著影响。数控加工中选择切削用量时,就是在保证加工质量和刀具寿命的前提下,充分发挥机床性能和刀具的切削性能,使切削效率最高,加工成本最低。

为保证刀具寿命,铣削加工的切削用量的选择方法是:先选取背吃刀量或侧吃刀量,其次确定进给速度,最后确定切削速度。

(1) 背吃刀量(端铣)或侧吃刀量(圆周铣)的选择 背吃刀量 a_p 为平行于铣刀轴线测量的切削层尺寸,单位为mm。端铣时,a_p 为切削层深度;而圆周铣时,a_p 为被加工表面宽度。

侧吃刀量 a_e 为垂直于铣刀轴线测量的切削层尺寸,单位为mm。端铣时,a_e 为被加工表面宽度;而圆周铣时,a_e 为切削层深度。

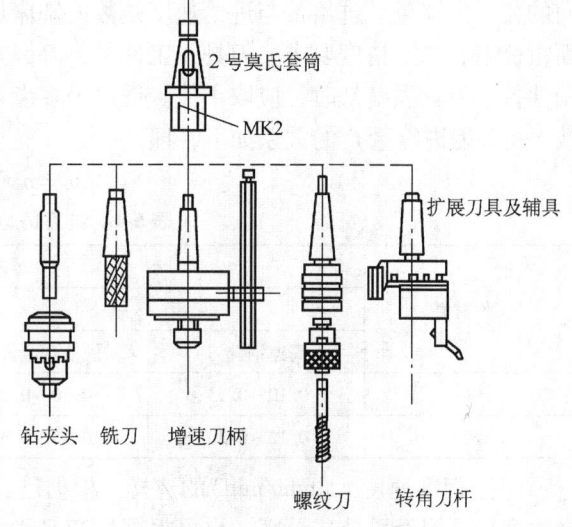

图5-43 扩展刀杆

背吃刀量或侧吃刀量的选取主要由加工余量和对表面质量的要求决定。

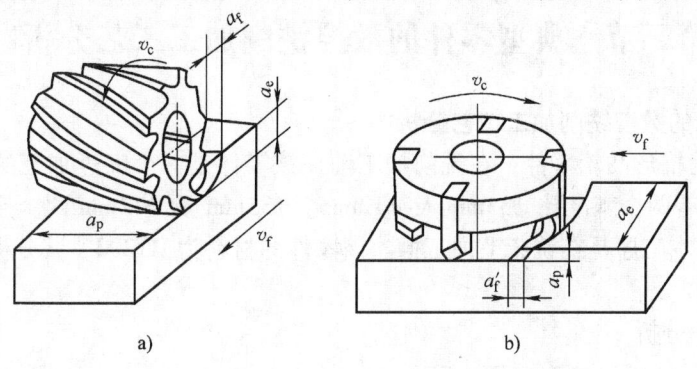

图5-44 铣削用量
a) 圆周铣 b) 端铣

① 当工件表面粗糙度值为 $Ra = 12.5 \sim 25 \mu m$ 时,如果圆周铣的加工余量小于5mm,端铣的加工余量小于6mm,则粗铣一次进给就可以达到要求。但在余量较大,工艺系统刚性较差或机床动力不足时,可分两次进给完成。

② 当工件表面粗糙度值为 $Ra = 3.2 \sim 12.5 \mu m$ 时,可分粗铣和半精铣两步进行。粗铣时,背吃刀量或侧吃刀量选取同前。粗铣后留 0.5~1.0mm 余量,在半精铣时切除。

③ 当工件表面粗糙度值为 $Ra = 0.8 \sim 3.2 \mu m$ 时,可分粗铣、半精铣、精铣三步进行。半精铣时背吃刀量或侧吃刀量取 1.5~2.0mm;精铣时圆周铣侧吃刀量取 0.3~0.5mm,面铣

刀背吃刀量取 0.5~1.0mm。

(2) 进给量 f(mm/r)与进给速度 v_f(mm/min)的选择　铣削加工的进给量是指刀具转一周，工件与刀具沿进给运动方向的相对位移量；进给速度是单位时间内工件与铣刀沿进给方向的相对位移量。进给量与进给速度是数控铣床加工切削用量中的重要参数，根据零件的表面粗糙度、加工精度要求、刀具及工件材料等因素，参考切削用量手册或表 5-4 选取。工件刚性差或刀具强度低时，应取小值。铣刀为多齿刀具，其进给速度 v_f、刀具转速 n、刀具齿数 z 及每齿进给量 f_z 的关系如下，即

$$v_f = nzf_z$$

表 5-4　铣刀每齿进给量 f_z

工件材料	每齿进给量 f_z/(mm/z)			
	粗　铣		精　铣	
	高速钢铣刀	硬质合金铣刀	高速钢铣刀	硬质合金铣刀
钢	0.10~0.15	0.10~0.25	0.02~0.05	0.10~0.15
铸铁	0.12~0.20	0.15~0.30		

(3) 切削速度 v_c(mm/min)的选择　根据已经选定的吃刀量、进给量及刀具寿命选择切削速度。可用经验公式计算，也可根据生产实践经验，在机床说明书允许的切削速度范围内查阅有关切削用量手册或参考表。

实际编程中，切削速度 v_c 确定后，还要按式（2-1）计算出铣床主轴转速 n(r/min，对有级变速的铣床，须按铣床说明书选择与所计算转速 n 接近的转速)，并填入程序单中。

第三节　典型零件的数控铣削加工工艺分析

一、平面凸轮的数控铣削加工工艺分析

图 5-45 所示为槽形凸轮零件，在铣削加工前，该零件是一个经过加工的圆盘，圆盘直径为 ϕ280mm，带有两个基准孔 ϕ35mm 及 ϕ12mm。ϕ35mm 及 ϕ12mm 两个定位孔，X 面已在前面加工完毕，本工序是在铣床上加工槽。该零件的材料为 HT200，试分析其数控铣削加工工艺。

1. 零件图工艺分析

该零件凸轮轮廓由 $\overset{\frown}{HA}$、$\overset{\frown}{BC}$、$\overset{\frown}{DE}$、$\overset{\frown}{FG}$ 和直线 AB、HG 以及过渡圆弧 $\overset{\frown}{CD}$、$\overset{\frown}{EF}$ 所组成。组成轮廓的各几何元素关系清楚、条件充分，所需要的基点坐标容易求得。凸轮内外轮廓面对 X 面有垂直度要求。材料为铸铁，切削工艺性较好。

根据分析，采取以下工艺措施：凸轮内外轮廓面对 K 面有垂直度要求，只要提高装夹精度，使 K 面与铣刀轴线垂直，即可保证。

2. 选择设备

加工平面凸轮的数控铣削，一般采用两轴以上联动的数控铣床，因此首先要考虑的是零件的外形尺寸和重量，使其在机床的允许范围内。其次考虑数控机床的精度是否能满足凸轮的设计要求。第三，凸轮的最大圆弧半径应在数控系统允许的范围内。根据以上三条即可确定所要使用的数控机床为两轴以上联动的数控铣床。

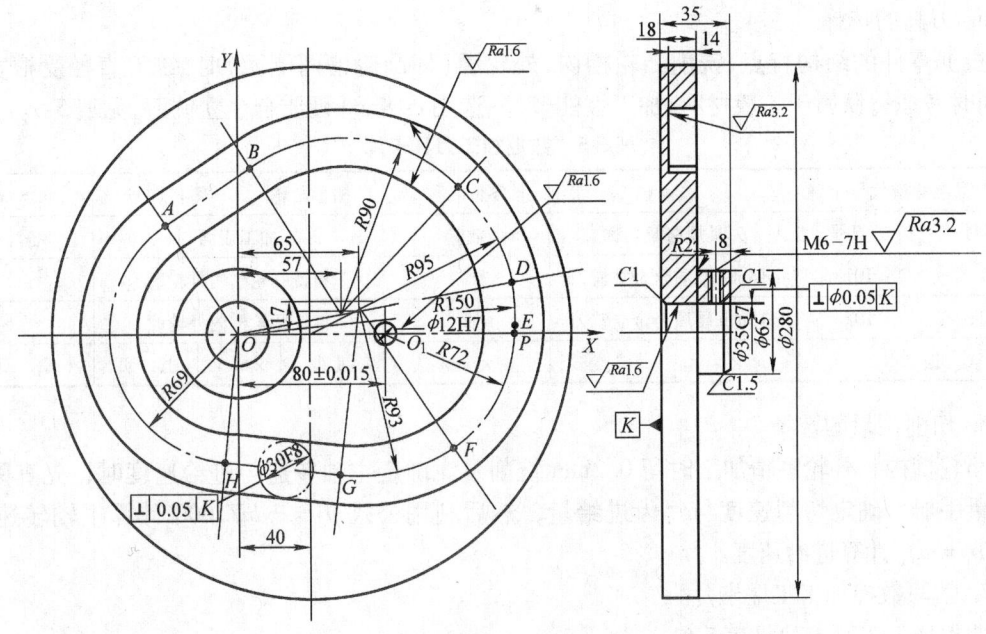

图 5-45 槽形凸轮零件

3. 确定零件的定位基准和装夹方式

①定位基准。采用"一面两孔"定位,即用圆盘 K 面和两个基准孔作为定位基准。

②根据工件特点,用一块 320mm×320mm×40mm 的垫块,在垫块上分别精镗 φ35mm 及 φ12mm 两个定位孔(要配定位销),孔距离 (80±0.015) mm,垫块平面度为 0.05mm。该零件在加工前,先固定夹具的平面,使两定位销孔的中心连线与机床 X 轴平行,夹具平面要保证与工作台面平行,并用指示表检查,如图 5-46 所示。

4. 确定加工顺序及进给路线

整个零件的加工顺序按照基面先行、先粗后精的原则确定。因此,应先加工用作定位基准的 φ35mm 及 φ12mm 两个定位孔和 K 面,然后再加工凸轮槽内外轮廓表面。由于该零件的 φ35mm 及 φ12mm 两个定位孔和 K 面已在前

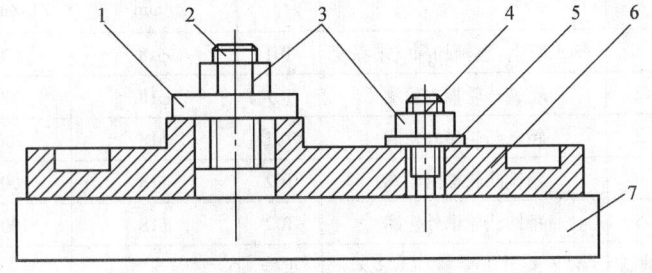

图 5-46 凸轮加工装夹示意图
1—开口垫圈 2—带螺纹圆柱销 3—压紧螺母 4—带螺纹削边销
5—垫圈 6—工件 7—垫块

面工序加工完毕,在这里只分析加工槽的进给路线。进给路线包括平面内进给和深度进给两部分路线。平面内的进给对外轮廓是从切线方向切入,对内轮廓是从过渡圆弧切入。在数控铣床上加工时,对铣削平面槽形凸轮,深度进给有两种方法:一种是在 XZ(或 YZ)平面内来回铣削逐渐进刀到既定深度;另一种是先钻一个工艺孔,然后从工艺孔进刀至既定深度。

进刀点选在 P (150, 0) 点,刀具往返铣削,逐渐加深铣削深度,当达到要求深度后,刀具在 XY 平面内运动,铣削凸轮轮廓。为了保证凸轮的轮廓表面有较高的表面质量,采用顺铣方式,即从 P 点开始,对外轮廓按顺时针方向铣削,对内轮廓按逆时针方向铣削。

5. 刀具的选择

根据零件的结构特点,铣削凸轮槽内、外轮廓(即凸轮槽两侧面)时,铣刀直径受槽宽限制,同时考虑铸铁属于一般材料,加工性能较好,选用 φ18mm 硬质合金立铣刀,见表 5-5。

表 5-5 数控加工刀具卡片

产品名称或代号		×××		零件名称	槽形凸轮	零件图号	×××
序号	刀具号	刀具规格及名称	数量	加工表面		备注	
1	T01	φ18mm 硬质合金立铣刀	1	粗铣凸轮槽内外轮廓			
2	T02	φ18mm 硬质合金立铣刀	2	精铣凸轮槽内外轮廓			
编制		×××	审核	×××	批准	×××	共 页 第 页

6. 切削用量的选择

凸轮槽内、外轮廓精加工时留 0.2mm 铣削量。确定主轴转速与进给速度时,先查阅切削用量手册,确定切削速度与每齿进给量,然后利用公式 $v_c = \pi dn/1000$ 计算主轴转速 n,利用 $v_f = nzf_z$ 计算进给速度。

7. 填写数控加工工序卡片

数控加工工序卡片见表 5-6。

表 5-6 槽形凸轮的数控加工工艺卡片

单位名称		×××		产品名称或代号	零件名称		零件图号	
				×××	槽形凸轮		×××	
工序号		程序编号		夹具名称	使用设备		车间	
×××		×××		螺旋压板	XK5025		数控中心	
工步号	工步内容		刀具号	刀具规格 /mm	主轴转速 /(r/min)	进给速度 /(mm/min)	背吃刀量 /mm	备注
1	来回铣削,逐渐加深铣削深度		T01	φ18	800	60		分两层铣削
2	粗铣凸轮槽内轮廓		T01	φ18	700	60		
3	粗铣凸轮槽外轮廓		T01	φ18	700	60		
4	精铣凸轮槽内轮廓		T02	φ18	1000	100		
5	精铣凸轮槽外轮廓		T02	φ18	1000	100		
编制	×××	审核	×××	批准	×××	×年×月×日	共 页	第 页

二、支架零件的数控铣削加工工艺分析

图 5-47 所示为薄板状的支架,其结构形状较复杂,是适合数控铣削加工的一种典型零件。下面简要介绍该零件的工艺分析过程。

1. 零件图样工艺分析

由图 5-47 可知,该零件的加工轮廓由列表曲线、圆弧及直线构成,形状复杂,加工、检验都较困难,除底平面宜在普通铣床上铣削外,其余各加工部位均需采用数控机床铣削加工。

该零件的尺寸公差为 IT14,表面粗糙度值均为 $Ra6.3\mu m$,一般不难保证。但其腹板厚度只有 2mm,且面积较大,加工时极易产生振动,可能会导致其壁厚公差及表面粗糙度要求超差。

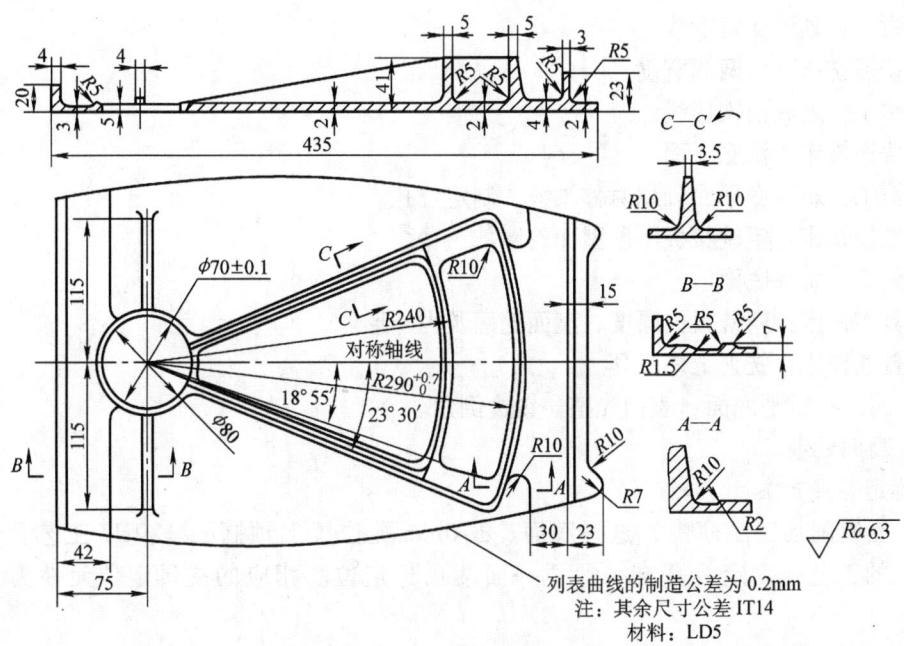

图 5-47 支架零件简图

支架的毛坯与零件相似,各处均有单边加工余量 5mm(毛坯图略)。零件在加工后各处厚薄尺寸相差悬殊,除扇形框外,其他各处刚性较差,尤其是腹板两面切削余量相对值较大,故该零件在铣削过程中及铣削后都将产生较大变形。

该零件被加工轮廓表面的最大高度 $H=41\text{mm}-2\text{mm}=39\text{mm}$,转接圆弧为 $R10$,R 略小于 $0.2H$,故该处的铣削工艺性尚可。全部圆角为 $R10$、$R5$、$R2$ 及 $R1.5$,故需多把不同刀尖圆角半径的铣刀。

零件尺寸的标注基准(对称轴线、底平面、$\phi 70\text{mm}$ 孔中心线)较统一,且无封闭尺寸;构成该零件轮廓形状的各几何元素条件充分,无相互矛盾之处,有利于编程。

分析其定位基准,只有底面及 $\phi 70\text{mm}$ 孔(可先制成 $\phi 20H7$ 的工艺孔)可作定位基准,尚缺一孔,需要在毛坯上制作一辅助工艺基准。

根据上述分析,针对提出的主要问题,采取如下工艺措施。

1)安排粗、精加工及钳工矫形。
2)先铣加强肋,后铣腹板,这样有利于提高刚性,防止振动。
3)采用小直径铣刀加工,减小切削力。
4)在毛坯右侧对称轴线处增加一工艺凸耳,并在该凸耳上加工一工艺孔,解决缺少的定位基准;设计真空夹具,提高薄板件的装夹刚性。
5)腹板与扇形框周缘相接处的底圆角半径 $R10$,采用底圆为 $R10$ 的球头成形铣刀(带 7°斜角)补加工完成;将半径为 $R2$ 和 $R1.5$ 的圆角利用圆角制造公差统一为 $R1.5^{+0.5}_{0}$,省去一把铣刀。

2. 制订工艺过程

根据前述的工艺措施,制订的支架加工工艺过程如下:

1) 钳工：划两侧宽度线。
2) 普通铣床：铣两侧宽度。
3) 钳工：划底面铣切线。
4) 普通铣床：铣底平面。
5) 钳工：矫平底平面、划对称轴线、制定位孔。
6) 数控铣床：粗铣腹板厚度型面轮廓。
7) 钳工：矫平底面。
8) 数控铣床：精铣腹板厚度、型面轮廓及内外形。
9) 普通铣床：铣去工艺凸耳。
10) 钳工：矫平底面、表面光整、锐边倒角。
11) 表面处理。

3. 确定装夹方案

在数控铣削加工工序中，选择底面、$\phi70mm$ 孔位置上预制的 $\phi20H7$ 工艺孔以及工艺凸耳上的工艺孔为定位基准，即"一面两孔"定位。相应的夹具定位元件为"一面两销"。

图 5-48 所示为支架零件专用过渡真空平台。平台利用真空吸紧工件，夹紧面积大，刚

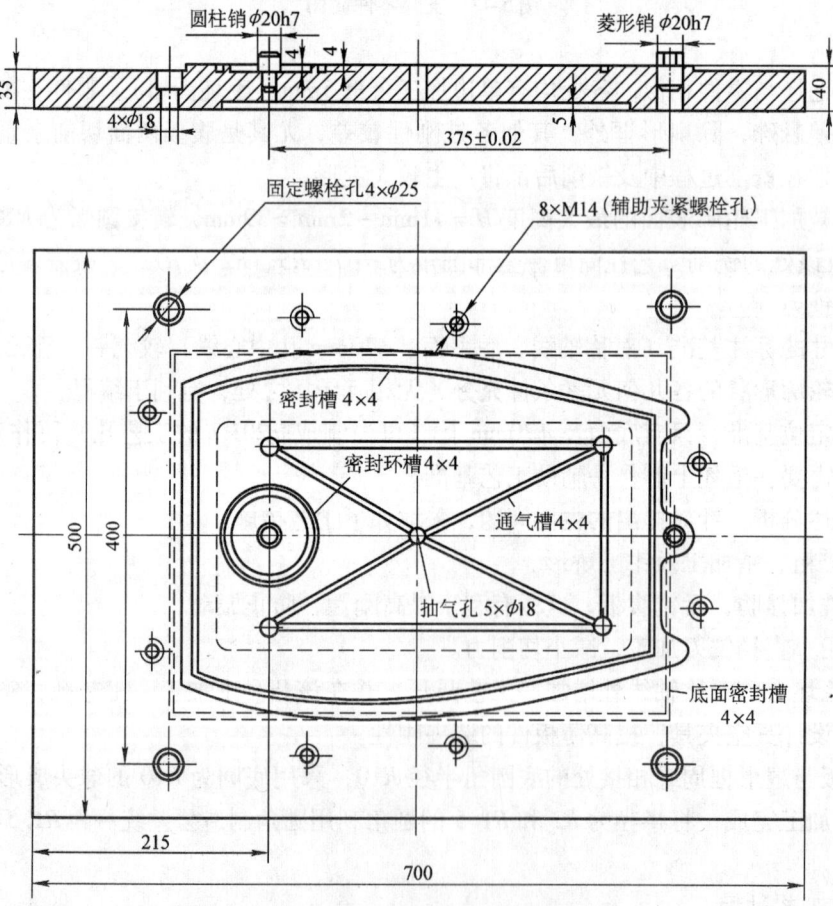

图 5-48 支架零件专用过渡真空平台

性好,铣削时不易产生振动,尤其适用于薄板件装夹。为防止抽真空装置发生故障或漏气,使夹紧力消失或下降,可另加辅助夹紧装置,避免工件松动。图5-49所示为支架零件数控铣削加工装夹示意图。

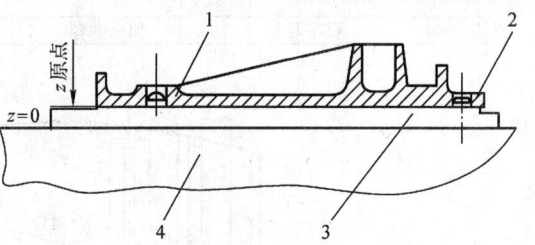

图5-49 支架零件数控铣削加工装夹示意图
1—支架 2—工艺凸耳及定位孔
3—真空夹具平台 4—机床真空平台

4. 划分数控铣削加工工步和安排加工顺序

支架在数控机床上进行铣削加工的工序共两道,按同一把铣刀的加工内容来划分工步,其中数控精铣工序可划分为三个工步,具体的工步内容及工步顺序见表5-7数控加工工序卡片(粗铣工序这里从略)。

5. 确定进给路线

为直观和方便编程,将进给路线绘成文件形式的进给路线图。图5-50、图5-51和图5-52是数控精铣工序中三个工步的进给路线。图中 Z 值是铣刀在 Z 方向的移动坐标。在第三工步进给路线中,铣削 $\phi70$mm 孔的进给路线未绘出(粗铣进给路线从略)。

6. 选择刀具及切削用量

铣刀种类及几何尺寸根据被加工表面的形状和尺寸选择。本例数控精铣工序选用铣刀为立铣刀和成形铣刀,刀具材料为高速钢,所选铣刀及其几何尺寸见表5-8数控加工刀具卡片。

表5-7 数控加工工序卡片

(工厂)	数控加工工序卡片		产品名称或代号		零件名称		材料		零件图号	
					支架		LD5			
工序号	程序编号	夹具名称		夹具编号		使用设备			车间	
		真空夹具								
工步号	工步内容		加工面	刀具号	刀具规格 /mm	主轴转速 /(r/min)	进给速度 /(mm/min)		背吃刀量 /mm	备注
1	铣型面轮廓周边圆角 $R5$			T01	$\phi20$	800	400			
2	铣扇形框内外形			T02	$\phi20$	800	400			
3	铣外形及 $\phi70$mm 孔			T03	$\phi20$	800	400			
编制			审核		批准			共1页		第1页

切削用量根据工件材料(本例为锻铝 LD5)、刀具材料及图样要求选取。数控精铣的三个工步所用铣刀直径相同,加工余量和表面粗糙度值也相同,故可选择相同的切削用量。所选主轴转速 $n=800$r/min,进给速度 $v_f=400$mm/min。

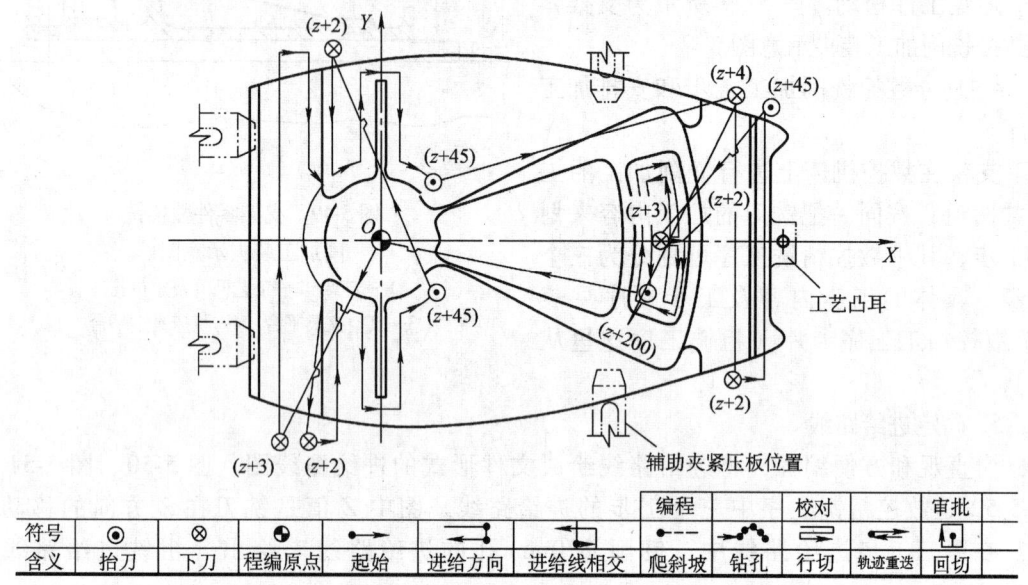

图 5-50 铣支架零件型面轮廓周边 R5 进给路线图

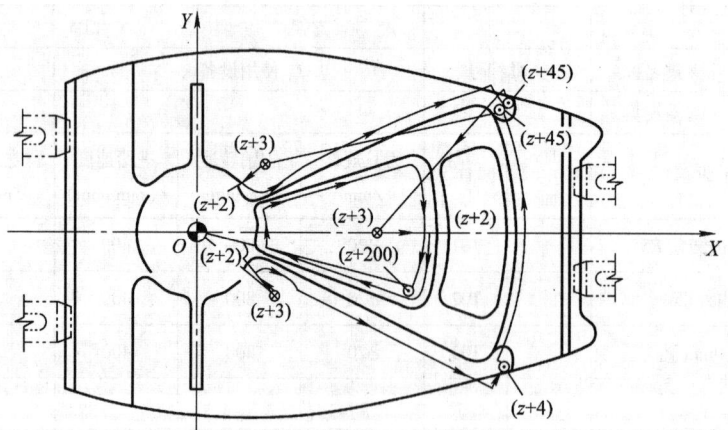

图 5-51 铣支架零件扇形框内外形进给路线图

数控机床进给路线图		零件图号		工序号		工步号	3	程序编号	
机床型号		程序段号		加工内容		铣削外形及内孔φ70mm		共3页	第3页

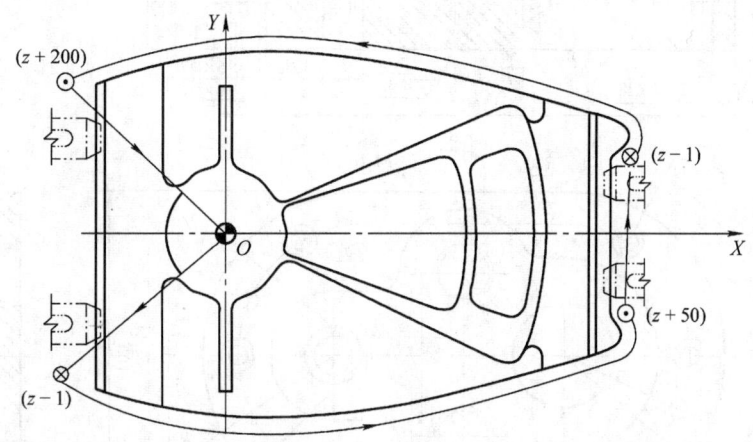

符号	⊙	⊗	●	→	↔	⌐	- --	●-●-●	⇄	☐
含义	抬刀	下刀	程编原点	起始	进给方向	进给线相交	爬斜坡	钻孔	行切	轨迹重选

| | | | | | | 编程 | | 校对 | | 审批 | |

图 5-52 铣支架零件外形进给路线图

表 5-8 数控加工刀具卡片

产品名称或代号			零件名称	支架	零件图号		程序号	
工步号	刀具号	刀具名称	刀柄型号	直径/mm	刀长/mm	补偿量/mm	备注
1	T01	立铣刀		φ20	45		底圆角 R5
2	T02	成形铣刀		小头 φ20	45		底圆角 R10 带7°斜角
3	T03	立铣刀		φ20	40		底圆角 R0.5
编制		审核		批准			共1页	第1页

三、箱盖类零件的数控铣削加工工艺分析

图 5-53 所示为泵盖零件,材料为 HT200,毛坯尺寸(长×宽×高)为 170mm×110mm×30mm,小批量生产,试分析其数控铣床加工工艺过程。

1. 零件图工艺分析

该零件主要由平面、外轮廓以及孔系组成。其中,φ32H7 和 2×φ6H8 三个内孔的表面粗糙度要求较高,为 $Ra1.6\mu m$;而 φ12H7 内孔的表面粗糙度要求更高,为 $Ra0.8\mu m$;φ32H7 内孔表面对 A 面有垂直度要求,上表面对 A 面有平行度要求。该零件材料为铸铁,切削加工性能较好。根据上述分析,φ32H7 孔、2×φ6H8 孔与 φ12H7 孔的粗、精加工应分开进行,以保证表面粗糙度要求。同时以底面 A 定位,提高装夹刚度以满足 φ32H7 内孔表面的垂直度要求。

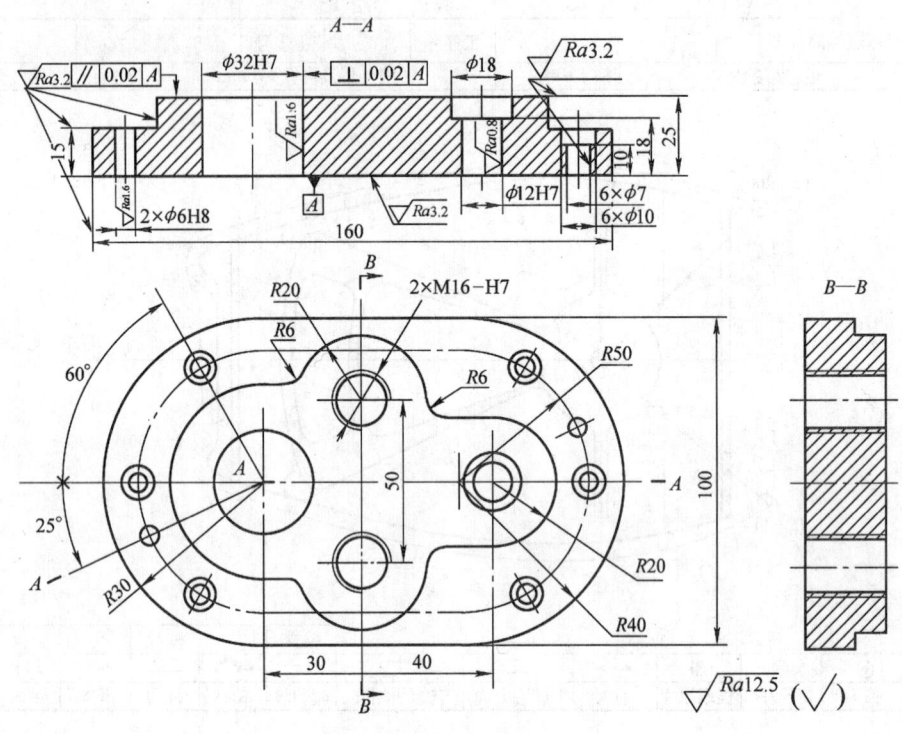

图 5-53 泵盖零件

2. 选择加工方法

1) 上、下表面及台阶面的表面粗糙度值为 $Ra3.2\mu m$，可选择"粗铣—精铣"方案。

2) 孔加工方法的选择。孔加工前，为便于钻头引正，先用中心钻加工中心孔，然后再钻孔。内孔表面的加工方案在很大程度上取决于内孔表面本身的尺寸精度和表面粗糙度。对于精度较高、表面粗糙度值较小的表面，一般不能一次加工到规定的尺寸，而要划分加工阶段逐步进行。该零件孔系加工方案的选择如下。

①孔 $\phi32H7$，表面粗糙度值为 $Ra1.6\mu m$，选择"钻—粗镗—半精镗—精镗"方案。

②孔 $\phi12H7$，表面粗糙度值为 $Ra0.8\mu m$，选择"钻—粗铰—精铰"方案。

③孔 $6\times\phi7$，表面粗糙度值为 $Ra3.2\mu m$，无尺寸公差要求，选择"钻—铰"方案。

④孔 $2\times\phi6H8$，表面粗糙度值为 $Ra1.6\mu m$，选择"钻—铰"方案。

⑤孔 $\phi8$ 和 $6\times\phi10$，表面粗糙度值为 $Ra12.5\mu m$，无尺寸公差要求，选择"钻孔—锪孔"方案。

⑥螺纹孔 $2\times M16-H7$，采用先钻底孔，后攻螺纹的加工方法。

3. 确定装夹方案

该零件毛坯的外形比较规则，因此在加工上下表面、台阶面及孔系时，选用机用虎钳夹紧；在铣削外轮廓时，采用"一面两孔"定位方式，即以底面 A、$\phi32H7$ 孔和 $\phi12H7$ 孔定位。

4. 确定加工顺序及进给路线

按照基面先行、先面后孔、先粗后精的原则确定加工顺序，详见表 5-10 泵盖零件数控加工工序卡片。外轮廓加工采用顺铣方式，刀具沿切线方向切入与切出。

5. 刀具选择

①零件上、下表面采用面铣刀加工，根据侧吃刀量选择面铣刀直径，使铣刀工作时有合理的切入/切出角；铣刀直径应尽量包容工件整个加工宽度，以提高加工精度和效率，并减小相邻两次进给之间的接刀痕迹。

②台阶面及其轮廓采用立铣刀加工，铣刀半径 R 受轮廓最小曲率半径限制，取 $R = 6$mm。

③孔加工各工步的刀具直径根据加工余量和孔径确定。

该零件加工所选刀具详见表5-9泵盖零件数控加工刀具卡片。

表5-9 泵盖零件数控加工刀具卡片

产品名称或代号	×××	零件名称		泵盖	零件图号	×××
序号	刀具编号	刀具规格名称/mm	数量		加工表面	备注
1	T01	φ125硬质合金面铣刀	1		铣削上、下表面	
2	T02	φ12硬质合金立铣刀	1		铣削台阶面及其轮廓	
3	T03	φ3中心钻	1		钻中心孔	
4	T04	φ27钻头	1		钻φ32H7底孔	
5	T05	内孔镗刀	1		粗镗、半精镗和精镗φ32H7孔	
6	T06	φ11.8钻头	1		钻φ12H7底孔	
7	T07	φ18×11锪钻	1		锪φ8mm孔	
8	T08	φ12铰刀	1		铰φ12H7孔	
9	T9	φ14钻头	1		钻2×M16螺纹底孔	
10	T10	90°倒角铣刀	1		2×M16螺孔倒角	
11	T11	M16机用丝锥	1		攻2×M16螺纹孔	
12	T12	φ6.8钻头	1		钻6×φ7mm底孔	
13	T13	φ10×5.5锪钻	1		锪6×φ10mm孔	
14	T14	φ7铰刀	1		铰6×φ7mm孔	
15	T15	φ5.8钻头	1		钻2×φ6H8底孔	
16	T16	φ6铰刀	1		铰2×φ6H8孔	
17	T17	φ35硬质合金立铣刀	1		铣削外轮廓	
编制	×××	审核	×××	批准 ×××	年 月 日 共 页	第 页

6. 切削用量选择

该零件材料的切削性能较好，铣削平面、台阶面及轮廓时，留0.5mm精加工余量；孔加工精镗余量留0.2mm、精铰余量留0.1mm。

选择主轴转速与进给速度时，先查切削用量手册，确定切削速度与每齿进给量，然后计算主轴转速与进给速度（计算过程从略）。

7. 拟订数控铣削加工工序卡片

为更好地指导编程和加工操作，把该零件的加工顺序、所用刀具和切削用量等参数编入表5-10所示的泵盖零件数控加工工序卡片中。

表 5-10　泵盖零件数控加工工序卡片

单位名称	×××		产品名称或代号 ×××	零件名称 泵盖	零件图号 ×××
工序号 ×××		程序编号 ×××	夹具名称 机用虎钳和一面两销自制夹具	使用设备 XK5025	车间 数控中心

工步号	工步内容	刀具号	刀具规格 /mm	主轴转速 /(r/min)	进给速度 /(mm/min)	背吃刀量 /mm	备注
1	粗铣定位基准面 A	T01	φ125		40	2	自动
2	精铣定位基准面 A	T01	φ125	180	25	0.5	自动
3	粗铣上表面	T01	φ125	180	40	2	自动
4	精铣上表面	T01	φ125	180	25	0.5	自动
5	粗铣台阶面及其轮廓	T02	φ12	180	40	4	自动
6	精铣台阶面及其轮廓	T02	φ12	900	25	0.5	自动
7	钻所有孔的中心孔	T03	φ3	900			自动
8	钻 φ32H7 底孔至 φ27mm	T04	φ27	1000	40		自动
9	粗镗 φ32H7 孔至 φ30mm	T05		200	80	1.5	自动
10	半精镗 φ32H7 孔至 φ31.6mm	T05		500	70	0.8	自动
11	精镗 φ32H7 孔	T05		700	60	0.2	自动
12	钻 φ12H7 底孔至 φ11.8mm	T06	φ11.8	800	60		自动
13	锪 φ18mm 孔	T07	φ18×11	600	30		自动
14	粗铰 φ12H7	T08	φ12	150	40	0.1	自动
15	精铰 φ12H7	T08	φ12	100	40		自动
16	钻 2×M16mm 底孔至 φ14mm	T09	φ14	100	60		自动
17	2×M16mm 底孔倒角	T10	90°倒角铣刀	450	40		自动
18	攻 2×M16mm 螺纹孔	T11	M16	300	200		自动
19	钻 6×φ7mm 底孔至 φ6.8mm	T12	φ6.8	100	70		自动
20	锪 6×φ10mm 孔	T13	φ10×5.5	700	30		自动
21	铰 6×φ7mm 孔	T14	φ7	150	25	0.1	自动
22	钻 2×φ6H8 底孔至 φ5.8mm	T15	φ5.8	100	80		自动
23	铰 2×φ6H8 孔	T16	φ6	100	25	0.1	自动
24	一面两孔定位粗铣外轮廓	T17	φ35	600	40	2	自动
25	精铣外轮廓	T17	φ35	600	25	0.5	自动

编制	×××	审核	×××	批准	×××	年 日	共 页	第 页

第四节　项目训练：数控铣削零件加工工艺的制订

一、实训目的与要求
1. 学会数控铣削加工工艺的制订方法。
2. 熟悉数控铣削加工工艺的制订流程。

二、实训内容
编制如图 5-54 所示零件的数控铣削加工工艺，材料为 45 钢。

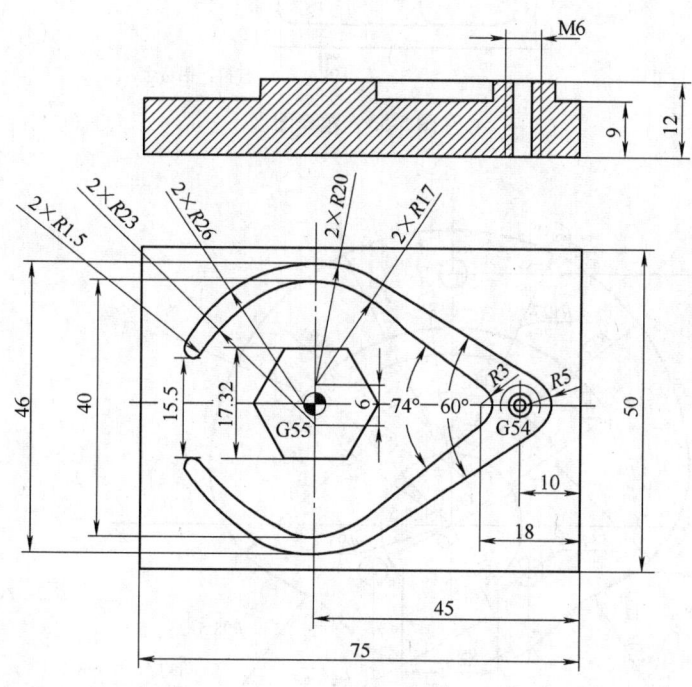

图 5-54　零件图

复习思考题

1. 试述数控铣床的加工工艺范围？
2. 数控铣床的主传动系统有何特点？
3. 如何选择数控铣削的刀具？
4. 确定数控铣削进给路线时应考虑哪些方面？
5. 数控铣削加工工艺的制订主要包括哪些方面？
6. 加工如图 5-55 所示的具有三个台阶的槽腔零件。试编制槽腔的数控铣削加工工艺（其余表面已加工）。
7. 加工如图 5-56 所示偏心轮。先制订出该零件的整个加工工艺规程（毛坯为锻件），然后制订轮廓及圆弧槽的数控铣削加工工艺。

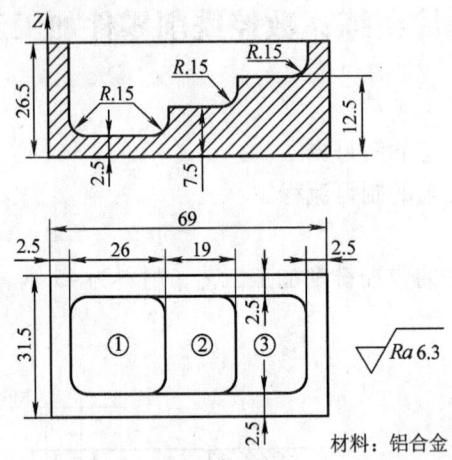

图 5-55　题 6 图

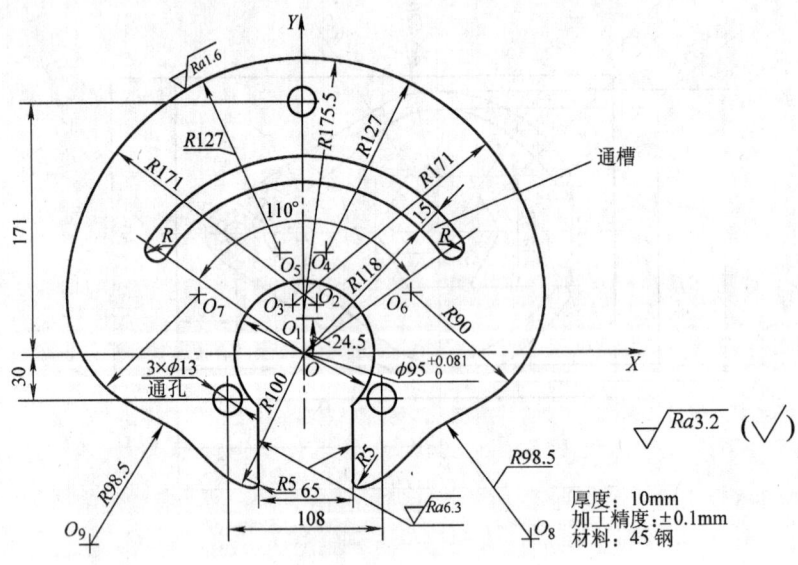

图 5-56　题 7 图

第六章 加工中心加工工艺及设备

本章应知
1. 加工中心的组成
2. 加工中心的常用刀具

本章应会
加工中心加工工艺的制订

第一节 加工中心概述

一、加工中心的分类

加工中心的分类很多,常用的分类方法是按其主轴的布置形式和换刀形式进行分类。

1. 按照加工中心的主轴布置形式分类

按加工中心主轴布置形式分为立式加工中心、卧式加工中心、龙门式加工中心和五轴加工中心。

1)立式加工中心。立式加工中心主轴轴线垂直设置,如图 6-1 所示。其结构形式多为固定立柱,工作台为长方形,五分度回转功能,适合加工盘、套、板类零件。它一般具有 3 个直线运动坐标轴,并可在工作台上安装一个沿水平轴线旋转的数控转盘(即第四轴),用于加工螺旋线类零件等。立式加工中心装夹方便,便于操作,易于观察加工情况,调试程序容易,应用广泛。但是,受立柱高度及换刀装置的限制,不能加工太高的零件,在加工型腔或下凹的型面时,切屑不易排出,严重时会损坏刀具,破坏已加工表面,影响加工的顺利进行。

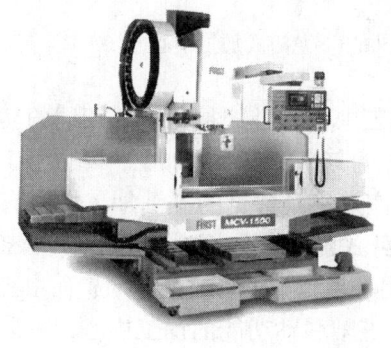
a)

b)

图 6-1 立式加工中心
a)带刀库和机械手的加工中心 b)无机械手的加工中心

2）卧式加工中心。卧式加工中心主轴轴线水平设置，通常都带有自动分度的回转工作台，如图 6-2 所示。卧式加工中心一般具有 3～5 个运动坐标，常见的是 3 个直线运动坐标（沿 X、Y、Z 轴方向）加一个回转运动坐标（回转工作台），工件在一次装夹后，可完成除安装面和顶面以外的其余 4 个表面的加工，它最适合加工箱体类零件。卧式加工中心有多种形式，如固定立柱式或固定工作台式，与立式加工中心相比，卧式加工中心一般具有刀库容量大、整体结构复杂、体积和占地面积大、加工时排屑容易、对加工有利等优点，缺点是价格较高。

图 6-2　卧式加工中心

3）龙门式加工中心。龙门式加工中心的形状与数控龙门铣床相似，如图 6-3 所示。龙门式加工中心主轴多为垂直设置，除自动换刀装置以外，还带有可更换的主轴头附件，数控装置的软件功能也较齐全，能够一机多用，尤其适合用于加工大型或形状复杂的零件，如航空工业及大型汽轮机上的某些零件。

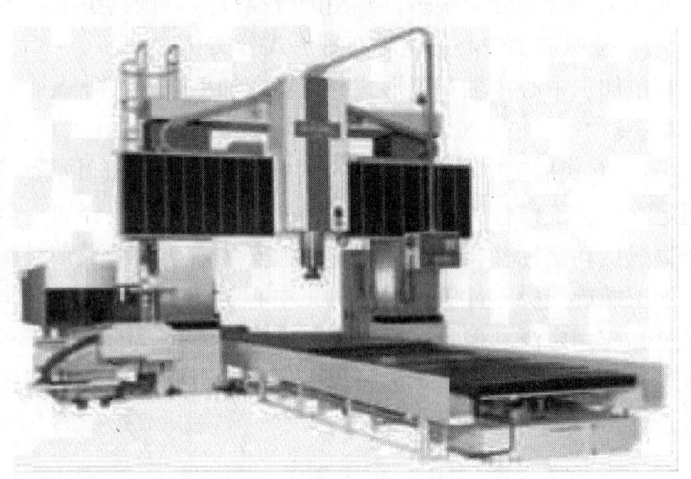

图 6-3　龙门式加工中心

4）五轴加工中心。五轴加工中心具有与立式加工中心和卧式加工中心相同的功能。对五轴加工中心，工件一次安装后能完成除安装面以外的其余 5 个面的加工，降低了工件二次安装引起的几何误差，并大大提高了加工精度和生产效率。常见的五轴加工中心有两种形式：一种是主轴可以旋转 90°，对工件进行立式和卧式加工，如图 6-4 所示（主轴头旋转 90°可立卧转换加工），又称为立卧 5 面加工中心。另一种是主轴不改变方向，而由工作台带着工件旋转 90°，完成对工件五个表面的加工。具有五轴联动功能的加工中心，可以加工非常复杂形状的零件。由于五轴加工中心存在结构复杂、造价高、占地面积大等缺点，所以它的使用和生产在数量上远不如其他类型的加工中心。

2. 按照加工中心的换刀形式分类

按加工中心换刀形式可分为带刀库和机械手的加工中心、无机械手的加工中心和转塔刀库式加工中心。

1）带刀库和机械手的加工中心。加工中心的自动换刀装置（Automatic Tool Changers，ATC）是由刀库和机械手组成的，换刀机械手完成换刀工作，这是加工中心最普遍采用的形式，如图 6-1a 所示。

2）无机械手的加工中心。这种加工中心的换刀通过刀库和主轴箱的配合动作来完成，如图 6-1b 所示。一般将刀库放在主轴可以运动到的位置，或整个刀库或某一刀位能移动到主轴箱可以到达的位置。刀库中刀的存放位置方向与主轴装刀方向一致。换刀时，主轴运动到刀位上的换刀位置，由主轴直接取走或放回刀具。多用于采用 40 号以下刀柄的中小型加工中心。

3）转塔刀库式加工中心。一般在小型立式加工中心采用转塔刀库形式，主要以孔加工为主，如图 6-5 所示。

图 6-4　立卧五面加工中心加工工件示例　　图 6-5　转塔刀库式加工中心

二、加工中心的特点及使用过程

1. 加工中心的特点

1）工序集中。
2）对加工对象的适应性强。
3）加工精度高。
4）加工生产率高。
5）操作者的劳动强度减轻。
6）经济效益高。
7）有利于生产管理的现代化。

2. 加工中心的使用过程

加工中心的使用过程如图 6-6 所示，加工中心加工零件是完全按照指令进行的，程序是决定加工质量的重要因素。但编制程序是综合工艺要素和机床功能的过程，应考虑机床的功能、零件结构特点、装夹方式、刀具及切削用量等因素。各种数控系统程序编制的内容和格式有所不同，但是程序编制方法和使用过程是基本相同的。

三、加工中心的加工对象

针对加工中心的工艺特点，加工中心适宜于加工形状复杂、加工内容多、要求较高，需

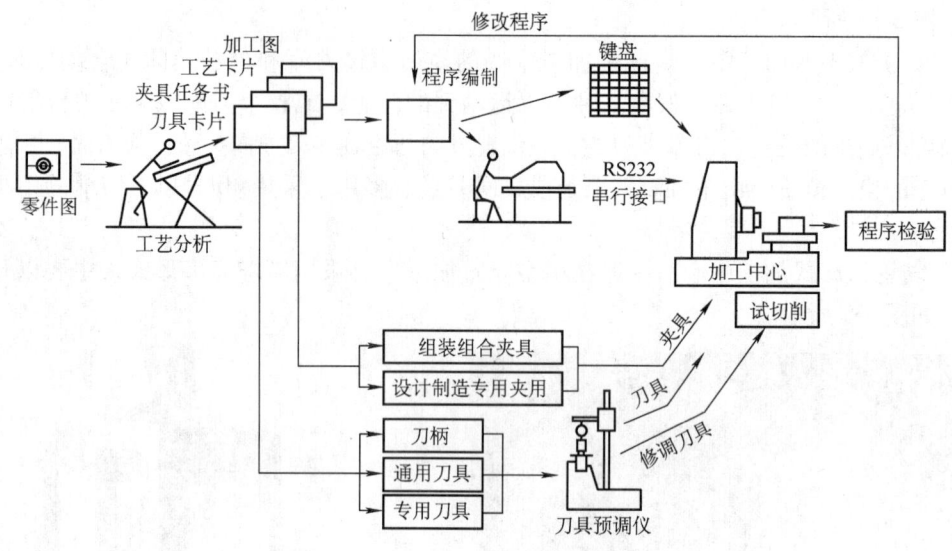

图 6-6　加工中心的使用过程

多种类型的普通机床和众多的工艺准备，且经多次装夹和调整才能完成加工的零件。加工中心的主要加工对象有下列几种。

1. 结构形状复杂、普通机床难加工的零件

主要表面由复杂曲线、曲面组成的零件，加工时需要多坐标联动加工，这在普通机床上难以甚至无法完成。加工中心是加工这类零件最适合的设备，最常见的典型零件有以下几类：

（1）凸轮类　这类零件有各种曲线的盘形凸轮、圆柱凸轮、圆锥凸轮和端面凸轮等。加工时可根据凸轮表面的复杂程度，选用三轴、四轴或五轴联动的加工中心。

（2）整体类叶轮　整体叶轮常见于空气压缩机、航空发动机的压气机、船舶水下推进器等。它除具有一般曲面加工的特点外，还存在许多特殊的加工难点，如通道狭窄，刀具很容易与加工表面和临近曲面产生干涉等。

（3）模具类　常见的模具有锻压模具、铸造模具、注塑模具及橡胶模具等。

2. 既有平面又有孔系的零件

加工中心具有自动换刀装置，在一次安装中，可以完成零件上平面的铣削，孔系的钻削、镗削、铰削、铣削及攻螺纹等多工步加工。加工的部位可以在一个平面上，也可以在不同的平面上。因此，既有平面又有孔系的零件是加工中心首选的加工对象，这类零件常见的有箱体类零件和盘、套、板类零件。

（1）箱体类零件　箱体类零件很多，一般要进行多工位孔系及平面加工，精度要求较高，特别是形状精度和位置精度较严格，通常要经过铣、钻、扩、镗、铰、锪、攻螺纹等工步，需要刀具较多，在普通机床上加工难度大，工装套数多，精度不易保证。在加工中心上一次安装可完成普通机床的 60%～95% 的工序内容，零件各项精度一致性好，质量稳定，

生产周期短。

（2）盘、套、板类零件　这类零件端面上有平面、曲面和孔系，径向也常分布一些径向孔，如图 6-7 所示的十字盘。加工部位集中在单一端面上的盘、套、板类零件宜选择立式加工中心，加工部位不是位于同一方向表面上的零件宜选择卧式加工中心。

3. 外形不规则的异型零件

异型零件是指支架、拨叉这一类外形不规则的零件。例如，如图 6-8 所示的异型支架，大多要点、线、面多工位混合加工。由于外形不规则，普通机床上只能采取工序分散的原则加工，需用工装较多，周期较长。利用加工中心多工位点、线、面混合加工的特点，可以完成大部分甚至全部工序的内容。

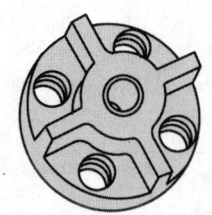

图 6-7　十字盘零件

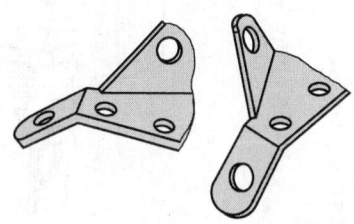

图 6-8　异型支架

4. 加工精度较高的中小批量零件

针对加工中心的加工精度高、尺寸稳定的特点，对加工精度较高的中小批量零件，选择加工中心加工，容易获得所要求的尺寸精度和几何精度，并可得到很好的互换性。

四、加工中心的组成

1958 年，美国的卡尼—特雷克公司在一台数控镗铣床上增加了换刀装置，这标志着第一台加工中心问世。后来出现了各种类型的加工中心，虽然外形结构各异，但总体上是由以下几大部分组成，如图 6-9 所示。

1. 基础部件

床身、立柱和工作台等大件是加工中心结构中的基础部件，这些大件有铸铁件，也有焊接的钢结构件，它们要承受加工中心的静载荷以及在加工时的切削负载，因此必须具备更高的静、动刚度，也是加工中心中质量和体积最大的部件。

2. 主轴部件

主轴部件由主轴箱、主轴电动机、主轴和主轴轴承等零件组成。主轴的起动、停止等动作和转速均由数控系统控制，并通过装在主轴上的刀具进行切削。主轴部件是切削加工的功率输出部件，是加工中心的关键部件，其结构的好坏，对加工中心的性能有很大的影响。

3. 数控系统

数控系统由 CNC 装置、可编程序控制器、伺服驱动装置以及电动机等部分组成，是加工中心执行顺序控制动作和控制加工过程的中心。

4. 自动换刀装置

加工中心与一般通用机床的显著区别是具有对零件进行多工序加工的能力，有一套自动换刀装置。

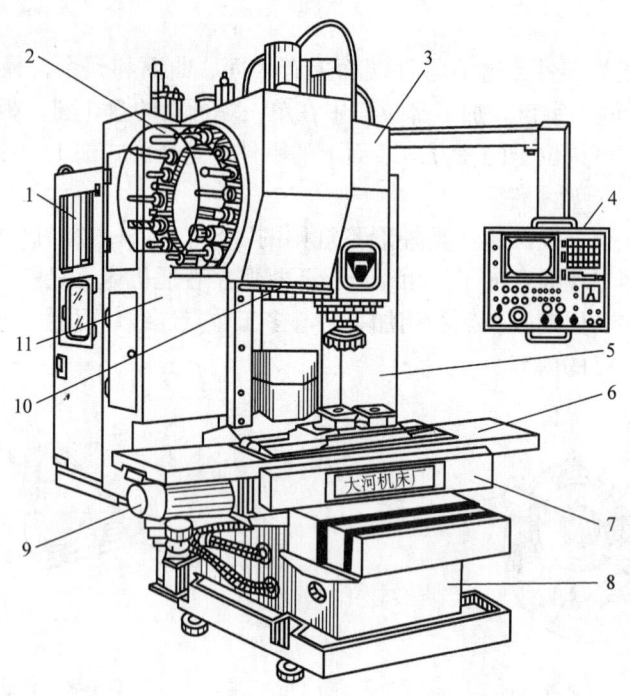

图 6-9 TH5632 型立式加工中心
1—数控柜 2—刀库 3—主轴箱 4—操纵台 5—驱动电源柜 6—纵向工作台
7—滑座 8—床身 9—X 轴进给伺服电动机 10—换刀机械手 11—立柱

第二节 加工中心加工工艺的制订

一、加工方法的选择

加工中心加工零件的表面不外乎平面、平面轮廓、曲面、孔和螺纹等,所选加工方法要与零件的表面特征、所要求达到的精度及表面粗糙度相适应。

平面、平面轮廓及曲面在镗铣类加工中心上唯一的加工方法是铣削。经粗铣的平面,尺寸精度可达 IT12~IT14 级(指两平面之间的尺寸),表面粗糙度值可达 $Ra12.5 \sim 50 \mu m$。经粗、精铣的平面,尺寸精度可达 IT7~IT9 级,表面粗糙度值可达 $Ra1.6 \sim 3.2 \mu m$。

孔加工方法比较多,有钻削、扩削、铰削和镗削等,大直径孔还可采用圆弧插补方式进行铣削加工。

对于直径大于 φ30mm 的已铸出或锻出毛坯的孔加工,一般采用"粗镗—半精镗—孔口倒角—精镗"加工方案,孔径较大的可采用"立铣刀粗铣—精铣"加工方案。有退刀槽时可用锯片铣刀在半精镗之后、精镗之前铣削完成,也可用镗刀进行单刀镗削,但单刀镗削效率低。

对于直径小于 φ30mm 的无毛坯孔的孔加工,通常采用"锪平端面—打中心孔—钻—扩—孔口倒角—铰"加工方案,有同轴度要求的小孔,须采用"锪平端面—打中心孔—钻—半精镗—孔口倒角—精镗(或铰)"加工方案。为提高孔的位置精度,在钻孔工步前须安排锪平端面和打中心孔工步。孔口倒角安排在半精加工之后、精加工之前,以防孔内产生毛刺。

螺纹的加工方法根据孔径大小选择，一般情况下，直径在 M6～M20 的螺纹，通常采用攻螺纹方法加工。直径在 M6 以下的螺纹，在加工中心上完成底孔加工，通过其他手段攻螺纹。因为在加工中心上攻螺纹不能随机控制加工状态，小直径丝锥容易折断。直径在 M20 以上的螺纹，可采用镗刀片镗削加工。

二、加工阶段的划分

在加工中心上加工的零件，其加工阶段的划分主要根据零件是否已经过粗加工、加工质量要求的高低、毛坯质量的高低以及零件批量的大小等因素确定。

若零件已在其他机床上经过粗加工，加工中心只是完成最后的精加工，则不必划分加工阶段。

对加工质量要求较高的零件，若其主要表面在上加工中心加工之前没有经过粗加工，则应尽量将粗、精加工分开进行。使零件粗加工后有一段自然时效过程，以消除残余应力和恢复切削力、夹紧力引起的弹性变形，还有切削热引起的热变形，必要时还可以安排人工时效处理，最后通过精加工消除各种变形。

对加工精度要求不高，而毛坯质量较高，且加工余量不大，生产批量很小的零件或新产品试制中的零件，利用加工中心良好的冷却系统，可把粗、精加工合并进行。但粗、精加工应划分成两道工序分别完成，粗加工用较大的夹紧力，精加工用较小的夹紧力。

三、加工顺序的安排

在加工中心上加工零件，一般都有多个工步，使用多把刀具，因此加工顺序安排得是否合理，直接影响到加工精度、加工效率、刀具数量和经济效益。在安排加工顺序时同样要遵循"基面先行"、"先粗后精"、"先主后次"及"先面后孔"的一般工艺原则。此外还应考虑以下几点：

1) 减少换刀次数，节省辅助时间。一般情况下，每换一把新的刀具后，应通过移动坐标、回转工作台等将由该刀具切削的所有表面全部完成。

2) 每道工序应尽量减少刀具的空行程移动量，按最短路线安排加工表面的加工顺序。

安排加工顺序时可参照采用"粗铣大平面—粗镗孔、半精镗孔—立铣刀加工—加工中心孔—钻孔—攻螺纹—平面和孔精加工（精铣、铰、镗等）"的加工顺序。

四、装夹方案的确定和夹具的选择

在零件的工艺分析中，已确定了零件在加工中心上加工的部位和加工时用的定位基准，因此在确定装夹方案时，只需根据已选定的加工表面和定位基准确定工件的定位夹紧方式，并选择合适的夹具。此时，主要考虑以下几点：

1) 夹紧机构或其他元件不得影响进给，加工部位要敞开。要求夹持工件后，夹具上一些组成件（如定位块、压块和螺栓等）不能与刀具运动轨迹发生干涉。如图 6-10 所示，用立铣刀铣削零件的六边形，若用压板机构压住工件的 A 面，则压板易与铣刀发生干涉；若夹压 B 面，就不影响刀具进给。对有些箱体零件加工可以利用内部空间来安排夹紧机构，将其加工表面敞开，如图 6-11 所示。当在卧式加工中心上对工件的四周进行加工时，若很难

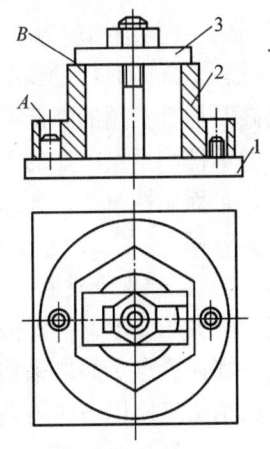

图 6-10　不影响进给的装夹示例
1—定位装置　2—工件　3—夹紧装置

安排夹具的定位和夹紧装置,则可以通过减少加工表面来留出定位夹紧元件的空间。

2) 装卸方便,辅助时间尽量短。由于加工中心效率高,装夹工件的辅助时间对加工效率影响较大,所以要求配套夹具在使用中也要装卸快而方便。

3) 对小型零件或工序不长的零件,可以考虑在工作台上同时装夹几件进行加工,以提高加工效率。例如,在加工中心工作台上安装一块与工作台大小一样的平板,如图 6-12 所示。该平板既可作为大工件的基础板,也可作为多个小工件的公共基础板。

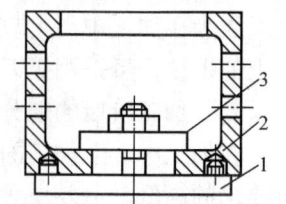

图 6-11 敞开加工表面的装夹示例
1—定位装置 2—工件
3—夹紧装置

4) 夹具应便于与机床工作台面及工件定位面间的定位连接。加工中心工作台面上一般都有基准 T 形槽,转台中心有定位圆,台面侧面有基准挡板等定位元件。固定方式一般用 T 形槽螺钉或工作台面上的紧固螺孔,用螺栓或压板压紧。夹具上用于紧固的孔和槽的位置必须与工作台上的 T 形槽和孔的位置相对应。

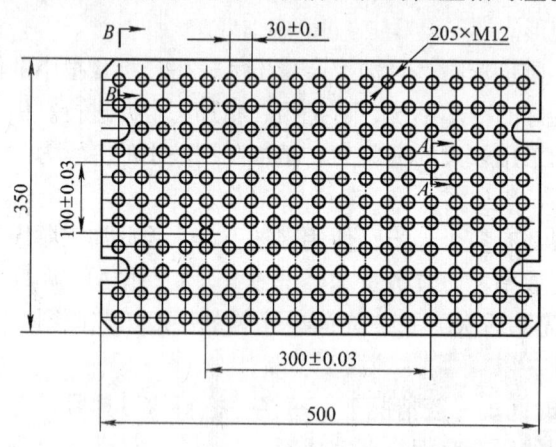
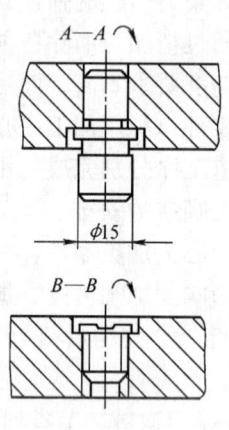

图 6-12 新型数控夹具元件

5) 夹具结构应力求简单。由于零件在加工中心上加工大都采用工序集中原则,加工的部位较多,同时批量较小,零件更换周期短,夹具的标准化、通用化和自动化对加工效率的提高及加工费用的降低有很大影响。因此,对批量小的零件应优先选用组合夹具。对形状简单的单件小批量生产的零件,可选用通用夹具,如自定心卡盘、机用虎钳等。只有对批量较大,且周期性投产,加工精度要求较高的关键工序才设计专用夹具,以保证加工精度和提高装夹效率。

6) 必须保证夹紧变形最小。工件在粗加工时,切削力大,需要的夹紧力大,但又不能把工件夹压变形,否则松开夹具后零件会发生变形。因此,必须慎重选择夹具的支承点、定位点和夹紧点。如果采用了相应措施仍不能控制工件变形,只能将粗、精加工分开,或者粗、精加工使用不同的夹紧力。

五、刀具的选择

加工中心使用的刀具由刃具和刀柄两部分组成。刃具有面加工用的各种铣刀和孔加工用的钻头、扩孔钻、镗刀、铰刀及丝锥等。刀柄要满足机床主轴的自动松开和拉紧定位,并能准确地安装各种切削刃具和适应换刀机械手的夹持等。

1. 加工中心常用刀具及其选用

工序集中的特点决定了加工中心在一次装夹中要经过多次换刀完成多工序的加工,所以加工中心对零件各加工部位要选用不同的刀具。

（1）铣削刀具

①面铣刀。面铣刀主要用于加工平面,但是主偏角为90°的面铣刀还能用于加工浅台阶。面铣刀一般做成可转位式,其典型结构如图6-13所示。

②立铣刀。立铣刀使用灵活,有多种加工方式。立铣刀按构成方式可分为整体式、焊接式和可转位式三种；按功能特点可分为通用立铣刀、键槽立铣刀、平面立铣刀、球头立铣刀、圆角立铣刀、多功能立铣刀、倒角立铣刀、T形槽立铣刀等。表6-1为立铣刀种类及典型应用。

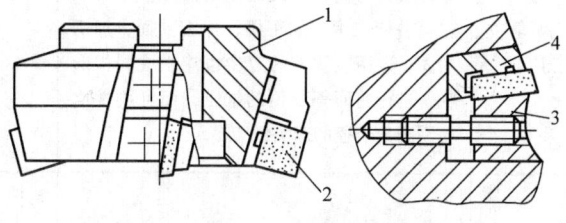

图6-13 可转位面铣刀的结构
1—刀体 2—刀片 3—楔块 4—刀垫

表6-1 立铣刀种类及典型应用

普通立铣刀与球头立铣刀	直柄普通立铣刀一般做成整体式,锥柄普通立铣刀一般为焊接式；键槽立铣刀与通用立铣刀的区别在于键槽立铣刀根据键槽选用的配合不同,有正负公差之分；右图从左到右依次为：通用立铣刀铣槽,通用立铣刀铣轮廓,球头刀铣圆弧槽,球头刀铣曲面
铣台阶用立铣刀	此铣刀做成可转位式,刀片为硬质合金并可更换,加工效率高；主偏角为90°,能加工直角台阶；右图从左至右依次为：铣削浅槽,铣削台阶,铣削平面
可转位螺旋立铣刀	此铣刀的可转位刀片分布在铣刀螺旋槽上,各螺旋槽上的刀片交错排列,并有一定的搭接量,一个刀片只切除余量的一部分,所有刀片通过配合能切去全部余量；适合于粗加工；右图从左至右依次为：粗铣槽,粗铣轮廓；另外,它也可加工台阶和平面
多功能立铣刀	多功能立铣刀可转位刀片为八角形,能一把刀完成多表面加工,节省了刀库空间及换刀时间；右图从左至右依次为：加工浅槽,加工台阶,加工平面,倒角

(续)

圆角立铣刀	圆角立铣刀可转位刀片为圆形，可进行零件底面与侧面过渡圆角的加工；右图从左至右依次为：加工槽，加工平面，加工曲面；通用立铣刀的刀尖也能制成同样形状，进行曲面等部位的加工，而且刚性比相同圆角半径的球头铣刀高			
倒角立铣刀	倒角立铣刀刀片为四边形，适合于加工45°的倒角；右图从左至右依次为：加工侧面槽，倒角，加工台阶和平面			
T形槽立铣刀	右图为可转位硬质合金立铣刀，从左至右依次为：加工T形槽，加工台阶，锪孔；高速钢T形槽立铣刀一般为焊接式，但一般只用于切削T形槽			

③盘形铣刀。盘形铣刀包括槽铣刀、两面刃铣刀、三面刃铣刀。槽铣刀有一个主切削刃，用于加工浅槽。两面刃铣刀有一个主切削刃、一个副切削刃，可用于加工台阶。三面刃铣刀有一个主切削刃、两个副切削刃，用于切槽及加工台阶（图6-14）。锯片铣刀比槽铣刀更窄，用于切断、切窄槽。

④成形铣刀。为了提高效率，满足生产要求，有些零件可以采用成形铣刀进行铣削（图6-15）。

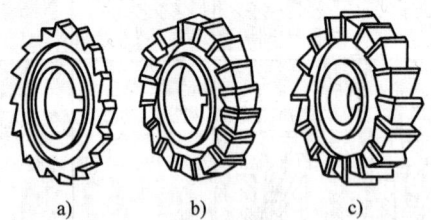

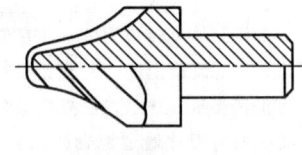

图 6-14　盘形铣刀
a) 槽铣刀　b) 两面刃铣刀　c) 三面刃铣刀

图 6-15　成形铣刀

（2）钻削刀具　钻削是加工中心在实心材料上加工出孔的常见办法。钻削还用于扩孔、锪孔。钻头按结构分类有整体式、刀体焊接式、可转位钻头；按柄部形状分类可分为直柄钻头、直柄扁尾钻头、（莫氏）锥柄钻头；按刃沟形状分类有右螺旋钻头、左螺旋钻头、直刃钻头；按刀体截面形状分类有内冷钻头、双刃带钻头、平刃沟钻头；按长度分类有标准钻头、长型钻头、短型钻头；按用途分类有中心钻、扩孔钻、锪钻、阶梯钻、导向钻等。

①中心钻。中心钻先在实心工件上加工出中心孔,起到定位和引导钻头的作用(图6-16a)。

②麻花钻。麻花钻一般为高速钢材料,制造容易,价格低廉,应用广泛。但标准麻花钻有许多缺点,例如,不利切屑的卷曲、切削性能差、排屑性能差、磨损快(图6-16b)。

③扩孔钻。加工中心应用扩孔钻,加工效率高,质量好(图6-16c)。

④锪钻。锪钻用于加工沉头孔和端面凸台等(图6-16d)。

⑤硬质合金可转位式钻头。硬质合金可转位式钻头用于扩孔,也可加工实心孔,加工效率高,质量好(图6-16e)。

⑥加工中心用枪钻。加工中心用枪钻用于长径比在5以上的深孔加工(图6-16f)。

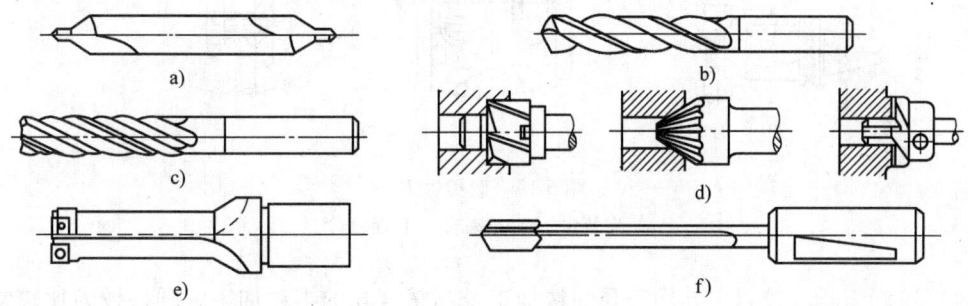

图6-16 常用钻削刀具

a) 中心钻 b) 麻花钻 c) 扩孔钻 d) 锪钻 e) 硬质合金可转位式钻头 f) 枪钻

(3) 镗削刀具

①单刃镗刀。单刃镗刀是把类似车刀的刀尖装在镗刀杆上而形成的。刀尖在刀杆上的安装位置有两种:刀头垂直镗杆轴线安装,适于加工通孔;刀头倾斜镗杆轴线安装,适于不通孔、台阶孔的加工(图6-17)。

②单刃镗刀的微调结构。图6-18所示为常见的微调镗刀。刀头体1为圆柱状,其外圆上有精密螺纹与调整螺母3配合,刀头后端有螺纹孔,用内六角螺钉5及垫圈6紧固在镗杆4的圆柱孔内。调整时,将内六角螺钉5稍稍松开,转动调整螺母,刀头体1即沿其轴线移动。刀头体上有导向键7与镗杆孔中键槽配合,使刀头不会产生转动。

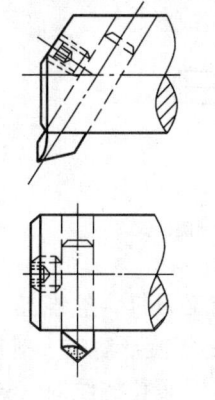

图6-17 镗刀头安装形式

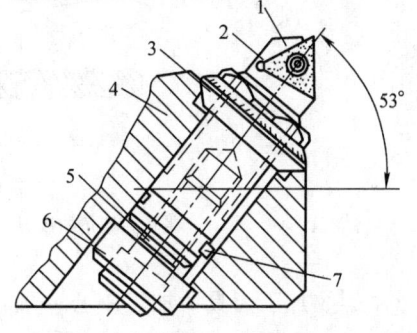

图6-18 单刃镗刀的微调结构

1—刀头体 2—刀片 3—调整螺母 4—镗杆
5—内六角螺钉 6—垫圈 7—导向键

③双刃镗刀。常用的双刃镗刀有定装式、机夹式和浮动式（图6-19）三种。双刃镗刀的好处是径向力得到平衡，工件孔径尺寸由镗刀尺寸保证。浮动式镗刀的刀块能在径向浮动，加工时消除了机床、刀具装夹误差及镗杆弯曲等误差，但不能矫正孔的直线度误差和孔的位置度误差。

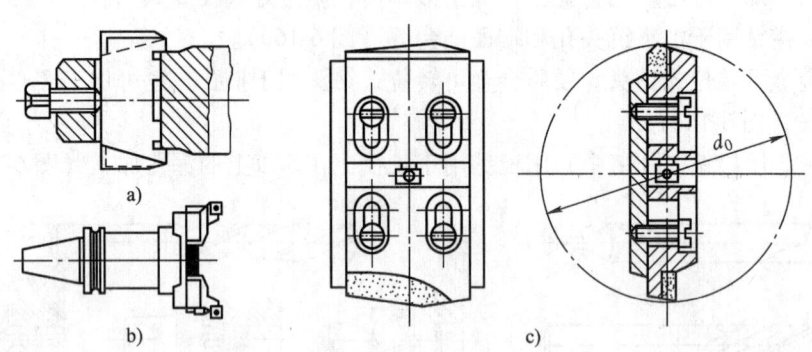

图6-19 双刃镗刀
a）定装式 b）机夹式 c）浮动式

(4) 铰削刀具 铰刀主要用于孔的精加工及高精度孔的半精加工。圆柱铰刀比较常见，但其加工性能不是很好，且无法加工有键槽的孔。加工中心中广泛应用带负刃倾角的铰刀和螺旋齿铰刀（图6-20）。螺旋齿铰刀有两种，一种是普通螺旋齿铰刀（图6-20b），其刀齿有一定的螺旋角，切削平稳，能够加工带键槽的孔；另一种是螺旋推铰刀（图6-20c），其特点是螺旋角很大，切削刃长，连续参加切削，所以切削过程平稳无振动，切屑呈发条状向前排出，避免了切屑擦伤已加工孔壁。

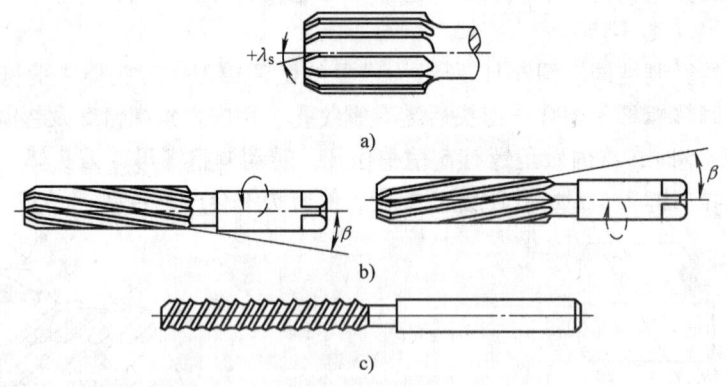

图6-20 铰刀形式
a）带负刃倾角的铰刀 b）普通螺旋齿铰刀 c）螺旋推铰刀

(5) 螺纹加工刀具 加工中心一般使用丝锥作为螺纹加工刀具，丝锥加工螺纹的过程叫攻螺纹。一般丝锥的容屑槽制成直的，也有的做成螺旋形。螺旋形容屑、排屑容易，切屑呈螺旋状。加工右旋通孔螺纹时，选用左旋丝锥；加工右旋不通孔螺纹时，选用右旋丝锥（图6-21）。

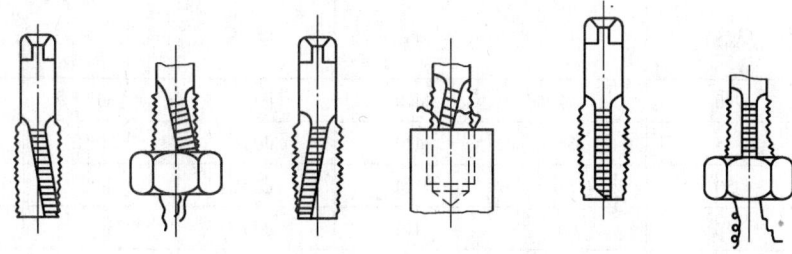

图 6-21 攻螺纹的排屑方向

2. 刀柄的选择

（1）刀柄 加工中心使用的刀具种类繁多，而每种刀具都有特定的结构及使用方法。要想实现刀具在主轴上的固定，必须有一中间装置，该装置必须既能够装夹刀具又能在主轴上准确定位。装夹刀具的部分（直接与刀具接触的部分）叫工作头，而安装工作头又直接与主轴接触的标准定位部分就叫刀柄（图 6-22）。

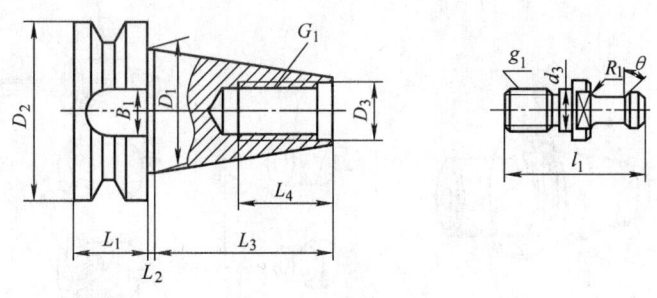

图 6-22 刀柄与拉钉

加工中心一般采用 7:24 锥柄，这是因为这种锥柄不能自锁，并且与直柄相比有高的定心精度和刚性。刀柄要配上拉钉才能固定在主轴锥孔上，刀柄与拉钉都已标准化，如图 6-22 和表 6-2、表 6-3 所示。刀柄型号主要有 30、40、45、50、60 等，刀柄标准代号有 JT、BT、ST 等。

表 6-2 刀柄尺寸 （单位：mm）

标准	规格	D_1	L_3	D_3	G_1	G_2	L_1	L_2
JT	40	φ44.45	68.4	φ17	M16	φ63.55	15.9	3.18
	45	φ57.15	82.7	φ21	M20	φ82.55	15.9	3.18
	50	φ69.85	101.75	φ25	M24	φ97.5	15.9	3.18
BT	40	φ44.45	65.4	φ17	M16	φ63	25	1.6
	45	φ57.15	82.8	φ21	M20	φ82.55	30	3
	50	φ69.85	101.8	φ25	M24	φ100	35	3

表6-3 拉钉尺寸　　　　　　　　　　　　　　（单位：mm）

标准	规格	l_1	g_1	d_3	θ	
					1	2
ISO	40	54	M16	φ17	30°	45°
	45	65	M20	φ21	30°	45°
	50	74	M24	φ25	30°	45°
BT	40	60	M16	φ17	30°	45°
	45	70	M20	φ21	30°	45°
	50	85	M24	φ25	30°	45°

（2）工具系统　加工中心的工具系统是刀具与加工中心的连接部分，由工作头、刀柄、拉钉、接长杆等组成，起到固定刀具及传递动力的作用（图6-23）。工具系统是能在主轴和刀库之间交换的相对独立的整体。工具系统的性能往往影响到加工中心的加工效率、质量、刀具的寿命、切削效果。另外，加工中心使用的刀柄、刀具数量繁多，合理地调配工具系统对成本的降低也有很大意义。

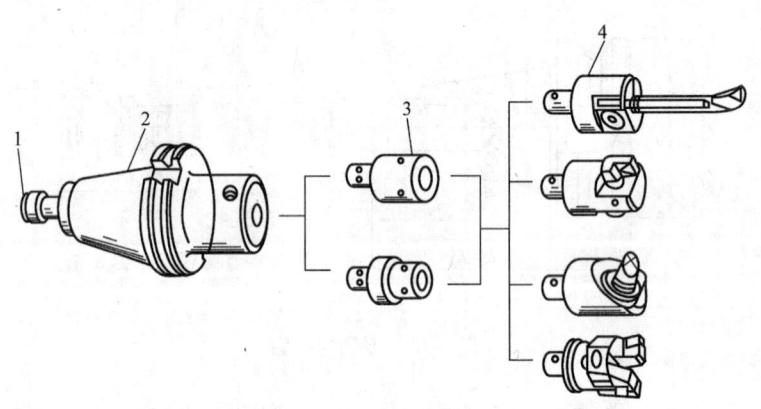

图6-23　工具系统的组成
1—拉钉　2—刀柄　3—接长杆　4—工作头

加工中心使用的工具系统是指镗铣类工具系统，可分为整体式与模块式两类。整体式工具系统把刀柄和工作头做成一体，使用时选用不同品种和规格的刀柄即可使用，优点是使用方便、可靠，缺点是刀柄数量多。模块式工具系统是指刀柄与工作头分开，做成模块式，然后通过不同的组合而达到使用目的，减少了刀柄的个数。图6-23是典型的模块式工具系统。

工具系统内容繁多，一般用图谱来表示，如图6-24所示。

3. 刀具尺寸的测量

在加工中心上加工零件时，常用刀具预调仪来调整或测量刀具尺寸。刀具预调仪的结构有许多种，其对刀精度有：轴向0.01~0.1mm，径向±0.005~±0.01mm。从结构上来讲，有直接接触式测量和光屏投影放大测量两种。读数方法也各不相同，有的用圆盘刻度或游标读数，有的则用光学读数头或数字显示器等。

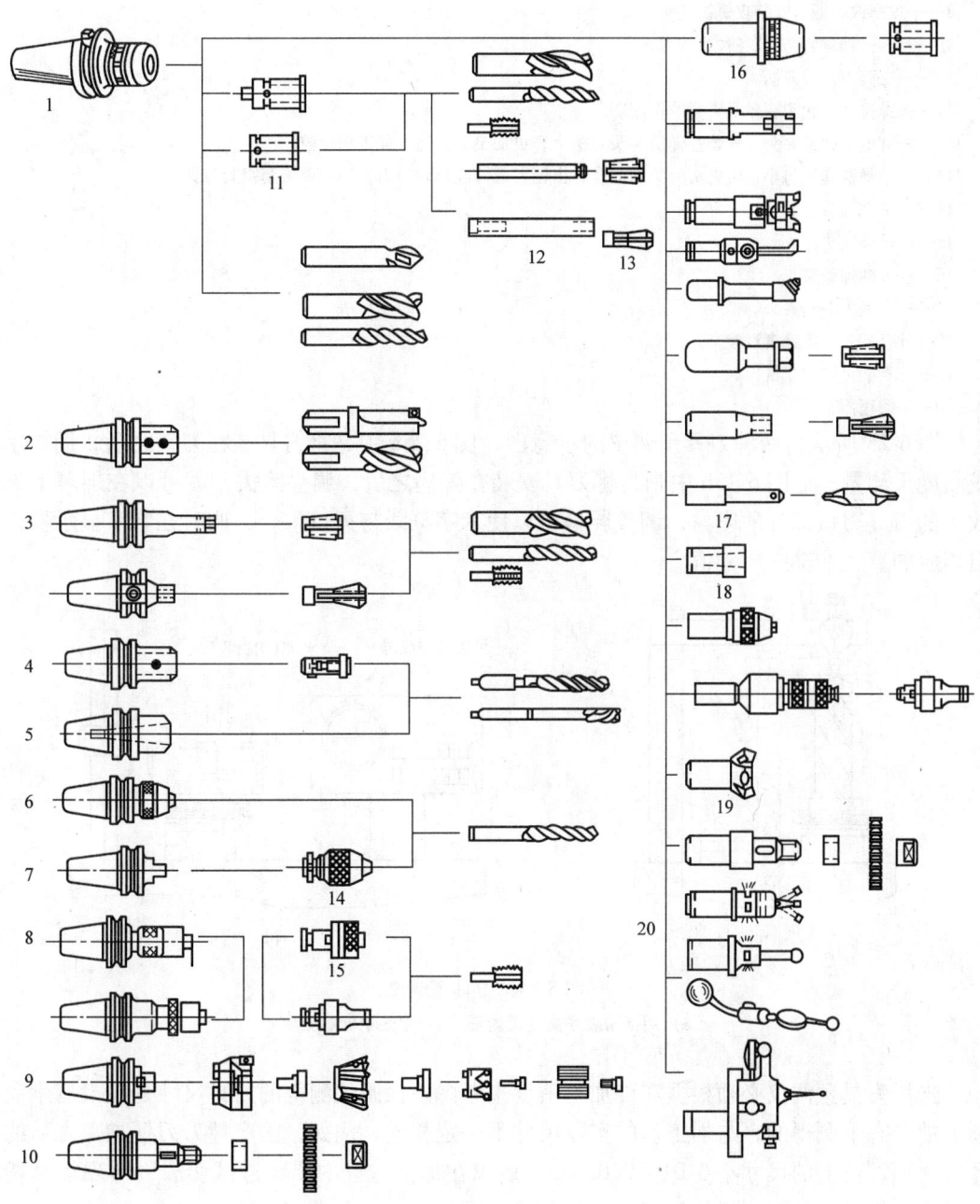

图 6-24 工具系统图谱

图中：
1——弹簧夹头刀柄，靠摩擦力直接或通过弹簧过渡套夹持直柄铣刀、钻头、直柄工作头等。
2——侧面锁紧刀柄，夹持削平直柄铣刀或钻头。
3——小弹簧夹头刀柄，利用小弹簧套夹持直柄刀具，结构小，适于加工窄深槽、夹持小刀具。
4——内键槽刀柄，装夹带有联接键的直柄—锥柄过渡套，从而装夹莫氏锥柄钻头。
5——莫氏锥度刀柄，装夹莫氏锥柄钻头。
6——整体式钻夹头刀柄，装夹直柄钻头。
7——分体式钻夹头刀柄，装夹直柄钻头。

8——攻螺纹刀柄,安装攻螺纹夹头。
9——面铣刀刀柄,安装各种面铣刀。
10——三面刃铣刀刀柄。
11——弹簧套,起到变径及夹紧的作用。
12——直柄小弹簧夹头,安装在弹簧夹头刀柄上,更加灵活,适于加工深型腔。
13——小弹簧套,与小弹簧夹头为锥度配合,由锁紧螺母施加轴向力,使小弹簧套锁紧刀具。
14——钻夹头。
15——丝锥夹头。
16——直柄弹簧夹头。
17——直柄中心钻夹头。
18——直柄—莫氏锥度过渡套。
19——直柄可转位立铣刀。
20——找正器。

图 6-25 所示为两种刀具预调仪的示意图,图 6-25a 中是将刀具装在刀座之后,用指示表或高度尺测量;而图 6-25b 中则是将刀具安装在刀座之后,调整镜头,就可以在屏幕上见到放大的刀具刃口部分的影像,调整屏幕可以使米字刻线与刃口重合,同时在数字显示器上读出相应的直径和轴向尺寸值。

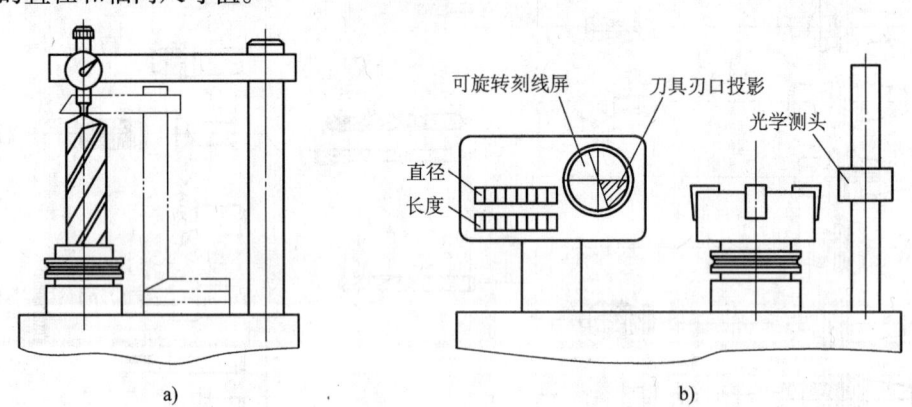

图 6-25 刀具预调仪
a) 用指示表或高度尺测量 b) 用光学仪器测量

选择刀具预调仪必须根据零件加工精度来考虑。预调仪测得的刀具尺寸是在没有承受切削力的静态下测得的,与加工后的实际尺寸不一定相同。例如,国产镗刀刀柄加工之后的孔径要比预调仪上的尺寸小 0.01~0.02mm,所以在加工过程中要经过试切后,再现场修调刀具。为了提高刀具预调仪的利用率,多台机床可共用一台刀具预调仪。

六、进给路线的确定

加工中心上刀具的进给路线包括孔加工进给路线和铣削加工进给路线。

1. 孔加工进给路线的确定

孔加工时,一般是先将刀具在 XOY 平面内快速定位到孔中心线的位置上,然后再沿 Z 向(轴向)运动进行加工。

刀具在 XOY 平面内的运动为点位运动,确定其进给路线时重点考虑以下几点:

1) 定位迅速,空行程路线要短。

2) 定位准确,避免机械进给系统反向间隙对孔位置精度的影响。

3) 当定位迅速与定位准确不能同时满足时,若按最短进给路线能保证定位精度,则取最短路线。反之,应取能保证定位准确的路线。

刀具在 Z 向的进给路线分为快速移动进给路线和工作进给路线。如图 6-26 所示,刀具先从初始平面快速移动到 R 平面(距工件加工表面一切入距离的平面)上,然后按工作进给速度加工。图 6-26a 所示为单孔加工时的进给路线。对多孔加工,为减少刀具空行程进给时间,加工后续孔时,刀具只要退回到 R 平面即可,如图 6-26b 所示。

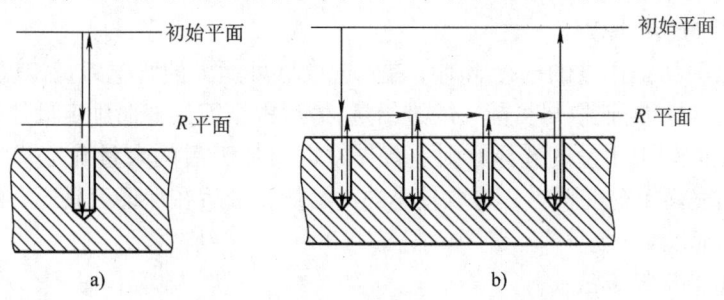

图 6-26 孔加工时刀具 Z 向进给路线示例
a) 单孔加工 b) 多孔加工
(实线为快速移动路线,虚线为工作进给路线)

R 平面距工件表面的距离称为切入距离。加工通孔时,为保证全部孔深都加工到,应使刀具伸出工件底面一段距离(切出距离)。切入、切出距离的大小与工件表面状况和加工方式有关,一般可取 2~5mm。

2. 铣削加工进给路线的确定

铣削加工进给路线包括切削进给和 Z 向快速移动进给两种进给路线。加工中心是在数控铣床的基础上发展起来的,其加工工艺仍以数控铣削加工为基础,因此铣削加工进给路线的选择原则对加工中心同样适用,此处不再重复。Z 向快速移动进给常采用下列进给路线。

1) 铣削开口不通槽时,铣刀在 Z 向可直接快速移动到位,不需工作进给,如图 6-27a 所示。

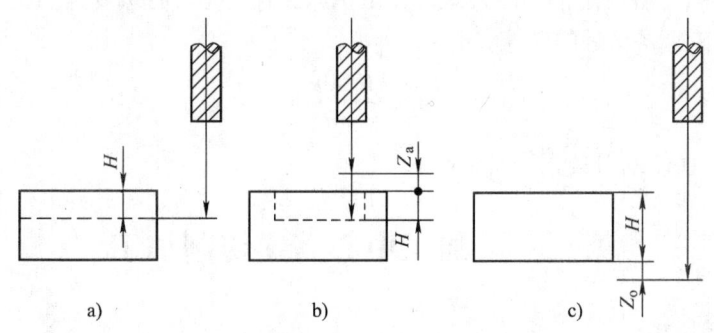

图 6-27 铣削加工时刀具 Z 向进给路线

2) 铣削封闭槽(如键槽)时,铣刀需要有一切入距离。先快速移动到距工件加工表面一

切入距离 Z_a 的位置上（R 平面），然后以工作进给速度进给至铣削深度 H，如图 6-27b 所示。

3) 铣削轮廓及通槽时，铣刀应有一段切出距离 Z_0，可直接快速移动到距工件表面 Z_0 处，如图 6-27c 所示。

七、切削用量的选择

切削用量的大小对切削力、切削功率、刀具磨损、加工质量和加工成本均有显著影响。选择切削用量时，就是在保证加工质量和刀具寿命的前提下，充分发挥机床性能和刀具切削性能，使切削效率最高，加工成本最低。

1. 切削用量的选择原则

（1）粗加工时切削用量的选择原则　首先选取尽可能大的背吃刀量；其次要根据机床动力和刚性的限制条件等，选取尽可能大的进给量；最后根据刀具寿命确定最佳的切削速度。

（2）精加工时切削用量的选择原则　首先根据粗加工后的余量确定背吃刀量；其次根据已加工表面的表面粗糙度要求，选取较小的进给量；最后在保证刀具寿命的前提下尽可能选用较高的切削速度。

2. 切削用量的选择方法

（1）背吃刀量的选择　根据加工余量确定背吃刀量。粗加工（$Ra10 \sim 80\mu m$）时，一次进给应尽可能切除全部余量。在中等功率的机床上，背吃刀量可达 $8 \sim 10mm$。半精加工（$Ra1.25 \sim 10\mu m$）时，背吃刀量取为 $0.5 \sim 2mm$。精加工（$Ra0.32 \sim 1.25\mu m$）时，背吃刀量取为 $0.1 \sim 0.4mm$。

在工艺系统刚性不足或毛坯余量很大，或余量不均匀时，粗加工要分几次进给，并且应当把第一、二次进给的背吃刀量尽量取得大一些。

（2）进给量的选择　粗加工时，由于对工件表面质量没有太高的要求，这时主要考虑机床进给机构的强度和刚性及刀杆的强度和刚性等限制因素。根据加工材料、刀杆尺寸、工件直径及已确定的背吃刀量来选择进给量。

在半精加工和精加工时，则按表面粗糙度要求，根据工件材料、刀尖圆弧半径、切削速度来选择进给量。

（3）切削速度的选择　根据已经选定的背吃刀量、进给量及刀具寿命选择切削速度。可用经验公式计算，也可根据生产实践经验在机床说明书允许的切削速度范围内查表选取。

切削速度 v_c 确定后，用下面的公式计算出机床转速 n（对有级变速的机床，须按机床说明书选择与计算转速 n 接近的转速）。

$$n = \frac{1000v_c}{\pi d}$$

式中　d——加工直径或刀具直径（mm）。

第三节　加工中心高速切削加工

一、高速切削的概念

高速切削技术是以比常规高数倍的切削速度对零件进行切削加工的一项先进制造技术。高速切削理论是 1931 年 4 月德国物理学家 Carl. J. Salomon 提出的。他指出，在常规切削速度范围内，切削温度随着切削速度的提高而升高，但切削速度提高到一定值后，切削温度不但不升高反会降低,且该切削速度值与工件材料的种类有关。每一种工件材料都存在一个速度范围,在该速度范围内,由于切削温度过高,刀具材料无法正常切削加工,这一速度范围称为"死谷"。虽然由于实验条件的限制,当时无法付诸实践,但这个思想给后人一个非常重要的启示,即如能越过这个"死谷",在高速区工作,有可能用现有刀具材料进行高速切削,切削温度与常规切削基本时相同,从而可大幅度提高生产效率。

高速切削包括高速软切削、高速硬切削、高速干切削和大进给切削等。高速切削的速度范围因不同的刀具材料、工件材料和切削方式而异,通常认为,高速切削时的速度要比常规切削高 5~10 倍以上。高速切削各种材料的切削速度范围:钢和铸铁及其合金为 500~1500m/min,铸铁最高为 2000m/min(钻削 100~200m/min、攻螺纹 100m/min、滚齿 300~600m/min);淬硬钢(35~65HRC)为 100~400m/min;铝及其合金为 2000~4000m/min,最高为 7500m/min;耐热合金为 90~500m/min;钛合金为 150~1000m/min;纤维增强塑料为 2000~9000m/min。各种切削工艺的切削速度范围:车削为 700~7000m/min;铣削为 300~6000m/min;钻削为 200~1100m/min;磨削为 150m/s 以上。

人们逐渐认识到高速切削是提高加工效率的关键技术,高速切削已成为当今制造业中一项快速发展的新技术。

二、高速切削的特点

实践证明,高速切削有一系列显著优点:

1)随切削速度的提高,单位时间内材料切除率增加,切削加工时间减少,切削效率提高 3~5 倍,加工成本可降低 20%~40%。

2)在高速切削加工范围,随切削速度的提高,切削力可减少 30% 以上,减少工件变形。对大型框架件、刚性差的薄壁件和薄壁槽形零件的高精度高效加工,高速铣削是目前最有效的加工方法。

3)转速的提高,使切削系统的工作频率远离机床的低阶固有频率,加工中鳞刺、积屑瘤、加工硬化、残余应力等也受到抑制。因此,高速切削加工可大大降低加工表面的表面粗糙度值,加工表面质量可提高 1~2 等级。

4)高速切削加工时,切屑以很高的速度排出,切削热大部分被切屑带走,切削速度越高,带走的热量越多,传给工件的热量大幅度减少,工件整体温升较低,工件的热变形相对较小。因此,有利于减少加工零件的内应力和热变形,提高加工精度,适合于热敏感材料的加工。

5)高速切削可加工硬度 45~65HRC 的淬硬钢件,如高速切削加工淬硬后的模具可减少甚至取代放电加工和磨削加工,满足加工质量的要求,加快产品开发周期,大大降低制造成本。

三、高速切削的应用

由于高速切削加工具有高生产效率、减少切削力、提高加工精度和表面质量、降低生产成本并且可加工高硬材料等许多优点,已在制造业、模具业、轴承业、航空航天业、机床业、工程机械、石墨电极等行业中广泛应用,使上述行业的产品质量明显提高,成本大幅度降低,获得了市场竞争优势,取得了重大的经济效益。

高速切削加工的工件材料包括钢、铸铁、有色金属及其合金、高温耐热合金以及碳纤维增强塑料等材料的加工,其中以铝合金和铸铁的高速加工最为普遍。几乎所有传统切削能加工的材料高速切削都能加工,甚至传统切削很难加工的材料,如镍基合金、钛合金和纤维增强塑料等在高速切削条件下将变得易于切削。

目前高速切削工艺主要应用于车削和铣削,各类高速切削机床的发展将使高速切削工艺范围进一步扩大,从粗加工到精加工,从车削、铣削到镗削、钻削、拉削、铰削、攻螺纹、磨削等。目前,高速切削的应用范围如下:

1. 模具(特别是淬硬模具)的高速加工

模具制造业是高速加工应用的重要领域,例如用小直径立铣刀对模具型腔进行高速铣削,由于效率高、精度高、表面粗糙度值低,故可省去后续的电加工和手工研磨等工序,大大加快了新产品的开发周期,降低模具制造成本。模具型腔加工过去一直为电加工所垄断,其加工效率低,采用高速切削可以直接将模具切出,节约工时。目前高速切削已经可以达到很高的表面质量,因此,可省去了电加工后面的磨削和抛光的工序,而且切削中形成的已加工表面的压应力状态,还会提高模具工件表面的耐磨程度,锻模和铸模仅经铣削就能完成加工已成为可能。这样可使生产效率大大提高,周期缩短。钢的切削速度可达 600~800m/min。

2. 有色金属及其合金的高速切削

高速切削的应用领域首先用在航空工业轻合金的加工,飞机制造业是最早采用高速铣削的行业,飞机机体材料的 60%~70% 为铝合金,而且绝大多数坯料的去除需要切削加工,零件通常都采用"整体制造法"制造,即在整块毛坯上切除大量材料后,形成高精度的铝合金复杂构件,其切削工时占整个零件制造总工时的比例很大。对这样大型、壁薄、加强肋复杂的铝合金零件进行高精度、高效率加工是切削加工技术中的一个难题。采用高速切削加工,可大幅度提高生产效率,切削效率为传统切削的 2.5~2.8 倍,并可节省经费,降低制造成本。目前在美国的航天工业中,高速铣削铝合金工件采用 5000~7500m/min 的切削速度已比较普遍,如波音公司采用高速加工整体铝合金零件,达到缩短制造周期及提高飞机性能的双重效果。

3. 汽车工业是高速切削的又一应用领域

汽车制造业中需要应用高速切削加工技术完成高效率、高精度生产,以提高产品质量、降低成本,获得市场竞争优势。汽车发动机的箱体、气缸盖以前多用组合机床加工,现在多用高速加工中心来加工。铸铁的切削速度可达 750~4500m/min。

4. 纤维增强复合材料的高速切削

切削时纤维增强复合材料,刀具磨损非常快。用聚晶金刚石 PCD 刀具进行高速加工,可防止出现"层间剥离",效率高、质量好。

5. 镍基高温合金和钛合金的高速切削

镍基高温合金和钛合金常用来制造发动机零件,因它们很难加工,一般采用很低的切削速度。如采用高速加工,则可大幅度提高生产效率,减小刀具磨损,提高零件的表面质量。

6. 石墨的高速切削

在模具的型腔制造中,由于采用电火花腐蚀加工,因而广泛使用石墨电极,但石墨很脆,采用高速切削能较好地进行成形加工。

四、高速切削加工刀具材料的种类及其选择

1. 高速切削加工对刀具材料的要求

高速切削加工时切削温度很高，因此，高速切削刀具的失效主要取决于刀具材料的热性能，包括刀具的熔点、耐热性、抗氧化性、高温力学性能、抗热冲击性能等。高速干切削、高速硬切削和高速加工黑色金属时的最高切削速度主要受限于刀具材料的耐热性。如高速加工钢、铸铁等黑色金属时，最高速度只能达到加工铝合金的1/5~1/3，其原因是切削热使刀尖发生热破损。在高速切削加工低导热性及高硬度材料（耐热镍基合金及高硬度合金钢等）时，易形成锯齿状切屑，而高速铣削过程中则会产生厚度变化的断续切屑，它们都会导致刀具内热应力高频率地周期变化，加速刀具的磨损。因此，高速切削加工除了要求刀具材料具备普通刀具材料的一些基本性能之外，还突出要求刀具材料具备高的耐热性、抗热冲击性、良好的高温力学性能以及高的可靠性。

2. 高速切削加工刀具材料的种类

高速铣削刀具材料主要有硬质合金、涂层刀具、金属陶瓷、陶瓷、立方氮化硼（CBN）和金刚石刀具。

1）硬质合金。高速铣刀通常采用细晶粒或超细晶粒硬质合金（晶粒尺寸$0.2\mu m$~$1\mu m$），根据被加工材料选钨钴类（K类）或钨钛钴类（P类）硬质合金，但钴的质量分数一般不超过6%。

2）涂层刀具。高速铣削大量采用的是涂层刀具，基体有高速钢、硬质合金和陶瓷，但以硬质合金为主。涂层材料有TiCN、TiAlN、TiAlCN、CBN、Al_2O_3、CN_x等，通常采用多层复合涂层，如：TiCN + Al_2O_3 + TiN等。

3）金属陶瓷。主要有高耐磨性的TiC基金属陶瓷（TiC + Ni 或 Mo），高韧性TiC基金属陶瓷（TiC + TaC + WC + Co），增强型TiCN基金属陶瓷（TiCN + NbC），相比硬质合金改善了刀具的高温性能，适合高速加工合金钢和铸铁。

4）陶瓷刀具。陶瓷刀具分为氧化铝陶瓷、氮化硅陶瓷和复合陶瓷三类，具有高硬度、高耐磨性、热稳定性，其中Al_2O_3基陶瓷约占2/3，化学活性低，不易粘结和扩散磨损，强度、断裂韧度、导热性和耐热冲击性较低，适合加工钢件。Si_3N_4基陶瓷约占1/3，比Al_2O_3陶瓷有较高的强度、断裂韧度和耐热冲击性，但化学稳定性不如Al_2O_3陶瓷，适于高速铣削铸铁。

5）立方氮化硼（CBN）。CBN刀具具有高硬度、高耐热性、高化学稳定性和导热性，但强度稍低。按重量比分类，低含量CBN（质量分数50%~65%）可用于淬硬钢的精加工。高含量CBN（质量分数80%~90%）可用于高速铣削铸铁，淬硬钢的粗加工和半精加工。

6）金刚石。分天然金刚石和聚晶金刚石，高速铣削主要采用聚晶金刚石，具有非常高的硬度、导热性，低的热膨胀系数，通常用于高速加工有色金属和非金属材料。晶粒越细越好，高速切削Si的质量分数小于12%的铝合金可用晶粒尺寸$10~25\mu m$的聚晶金刚石，高速切削Si的质量分数大于12%的铝合金和非金属材料可用晶粒尺寸$8~9\mu m$的聚晶金刚石。

目前在高速铣削加工中，应用最多的是整体硬质合金刀具，其次是机夹硬质合金刀具。在高转速下应用机夹刀具加工时，应注意刀具的动平衡等级以及最高许用转速。

3. 高速切削加工刀具材料的选用

在数控机床和加工中心上应用高速切削加工技术时，应根据工件材料及其毛坯状态和加工要求正确选择刀具材料、刀具结构和几何参数以及切削用量等。不同加工方式和不同工件材料对应不同的刀具材料，且有不同的高速切削速度范围。

(1) 有色金属及其合金的高速切削　铝及其合金是现代工业中用途最广泛的轻金属材料，广泛应用于飞机、仪表、发动机、机械制造等部门。纯铝的机械强度不高，不宜做受力结构零件，在铝中加入合金元素 Si、Cu、Mn、Mg 等后形成铝合金，提高了强度。铝及其合金具有极好的易切特性，可采用很高的切削速度和进给速度进行加工，可以进行铣削，也可以用车、镗、钻等加工方式，选用的刀具材料主要是 PCD、涂层硬质合金或超细晶粒硬质合金刀具，为避免由于铝与陶瓷的化学亲和力而产生粘接，一般不宜采用 Al_2O_3 基陶瓷刀具。选择切削用量时，应先说明铝合金的含硅量，随含硅量的增加，所选择的切削速度应降低。PCD 刀具是高速加工高硅铝合金的理想刀具材料。PCD 刀具高速切削加工高硅铝合金不但能获得良好的加工质量，而且刀具寿命长。高速切削加工铝合金时的切削速度为 1000~4000m/min，有时高达 5000~7500m/min，但受到机床主轴最高转速和功率的制约。复杂型面铝合金的高速切削加工，可使用整体超细晶粒硬质合金和粉末高速钢及其涂层刀具。

镁合金由于具有低密度和高强度的优良特性也颇受青睐，在汽车、电子电器、航空等众多领域中获得了广泛应用，是 21 世纪最有发展前景的材料之一。镁合金切削力小，切削能耗低，切削过程中发热少，切屑易断，刀具磨损小，刀具寿命显著延长。因此，加工镁合金可进行高速、大切削量切削，一般选用硬质合金刀具，金刚石刀具主要用于对表面质量要求较高的情况。由于镁合金的燃点低（650℃），高速切削时其切削速度主要受限于工件材料本身的易燃性，在加工时必须用矿物油进行强力冷却，并把镁的切屑迅速从加工区运走。

铜、黄铜及铜合金应用于内燃机、船舶、电极、电子仪器及通用机械等。大多数铜合金选用 YG 类（K 类）硬质合金刀具，一般能达到加工要求；选用 PCD 刀具进行高速切削加工，切削速度可达 200~1000m/min，可以获得很长的刀具寿命，而且能获得很高的表面质量。锡磷青铜的加工也可选用 PCBN 刀具。

(2) 钢的高速切削　对钢进行高速切削加工的最高转速目前能达到加工铝合金的 1/5~1/3，高速精加工钢时切削速度约为 300~800m/min。切削速度的进一步提高受限于刀具材料的耐热性、抗热冲击性能和化学稳定性，主要是切削热促使切削刃发生粘接磨损、化学磨损和热破损，造成刀具损坏。钢的高速切削主要选用 PCBN 刀具、陶瓷刀具、涂层刀具、TiC（N）基硬质合金刀具等。淬硬钢（45~65HRC）的高速切削主要选用 PCBN 刀具和陶瓷刀具，工件材料硬度越高，越能体现出它们高速切削加工的优越性，可实现以车代磨，大幅度提高加工效率。目前已有多个品种不同 CBN 含量的 PCBN 刀具用于车刀、镗刀、铣刀等，主要用于高速加工淬硬钢、高硬铸铁以及某些难加工材料。应该注意以下几点：

1) PCBN 刀具中 CBN 含量、CBN 粒径和结合剂不同，其性能和应用范围各异，要正确选用，PCBN 主要适合于加工 45HRC 以上的淬硬钢。

2) 陶瓷刀具的组分不同，适于加工的钢和铸铁的种类各异，根据加工要求和工件性质选用不同组分的陶瓷刀具及其几何角度是成功使用陶瓷刀具进行高速切削的关键。加工未淬硬钢件，一般可在 300~800m/min 速度范围进行高速切削加工；切削硬度达 48~58HRC 的淬火钢时，切削速度可取 150~180m/min。

3) 涂层硬质合金刀具随涂层材料不同，适宜加工的钢的种类不同，合理使用的切削速度范围也不相同，一般可在 200~500m/min 范围内加工未淬硬钢件。

(3) 铸铁的高速切削　铸铁进行高速切削加工的最高速度约为 500~1500m/min，精铣灰铸铁可达 2000m/min，切削速度的选择取决于选用的刀具材料，而刀具材料要根据工件的加工方式及工件材料的成分、金相组织和力学性能进行合理选用。高速切削加工铸铁零件时所用的刀具材料主要有PCBN、陶瓷刀具、TiC（N）基硬质合金、涂层刀具、超细晶粒硬质合金刀具等。当切削速度低于500m/min时，可选用涂层硬质合金、TiC（N）基硬质合金和超细晶粒硬质合金；切削速度高于500~1000m/min时，可选用PCBN和Si_3N_4陶瓷刀具；当切削速度高于1000m/min时，PCBN是最佳的刀具材料。

（4）高温镍基合金的高速切削　Inconel 718镍基合金是典型的难加工材料，具有较高的高温强度、动态抗剪强度，热扩散系数较小，切削时易产生加工硬化，这将导致刀具切削区温度高、磨损速度加快。PCBN和晶须增韧陶瓷刀具对纯镍和镍基高温合金具有优异的切削性能，切削速度可达100m/min以上。高含量CBN的PCBN刀具更适合高速切削高硬镍基合金，切削速度可达120~240m/min。Al_2O_3基陶瓷刀具比Si_3N_4基陶瓷刀具有更高的耐磨性，而晶须增韧陶瓷刀具的抗高温磨损性能最好，适合于高速切削低硬度镍基合金，在100~300m/min时可获得较长的刀具寿命。Sialon陶瓷刀具韧性高，适合于高速切削加工高温、硬度高的镍基合金。

（5）钛及其合金的高速切削　钛及其合金强度、冲击韧度大，硬度稍低于Inconel 718，但其加工硬化非常严重，故在切削加工时出现温度高、刀具磨损严重的现象。目前钛及钛合金的切削加工选用的刀具材料以不含或少含TiC的硬质合金刀具为主。大量试验证明，选用YG类（K类）硬质合金加工钛合金效果最好，YT类（P类）硬质合金加工钛合金时磨损严重，效果不好，陶瓷刀具很少被用来加工钛合金。普通涂层刀具加工钛合金时磨损也较为严重，精铣TiN涂层硬质合金刀具、PCD刀具高速切削加工钛及钛合金的加工效果远好于普通硬质合金，切削速度可达180~220m/min。天然金刚石刀具的加工效果更好，但其应用受到加工成本的制约。加工钛及钛合金，广泛采用车-铣复合加工，车-铣复合加工改善了刀具散热条件，降低了切削温度，并可减少刀具磨损，从而可在较高速度下切削加工钛及钛合金。

（6）非金属复合材料的高速切削　非金属材料种类繁多，包括塑料、橡胶、粘接材料和隔热耐火材料等，选用正确的刀具材料进行切削加工是非常重要的。纤维增强塑料是机械工业中一种常用的新型材料，分碳素纤维和玻璃纤维两大类，切削这种材料时，刀具磨损快。一般纤维增强塑料的高速切削加工选用PCD刀具，也可选用硬质合金刀具，但硬质合金刀具高速切削塑料时的刀具寿命太短。当用PCD刀具对这种材料进行高速切削加工时（v_c = 2000~5000m/min），刀具寿命、加工精度和效率明显提高。

石墨也是一种非金属材料，但其有良好的导电性、优良的耐腐蚀性能，同时具有极好的自润滑性、低摩擦因数和很高的导热系数，在机械、模具、电工等许多行业的应用不断扩大，如电火花加工使用的电极、轴承、机械密封环、电刷等。用常规的车削、铣削、磨削方法可以满足加工简单形状电极的要求，但近年来对电极几何形状复杂性的要求持续增加。采用高速加工方式可提高表面质量和精度，减少石墨电极的后续加工，降低加工成本。可选择的刀具有金刚石涂层刀具、PCD、PCBN或TiN涂层硬质合金刀具，精加工时，一般选用PCD刀具较合理，陶瓷刀具不适合切削石墨材料。

橡胶是重要的工业材料，广泛用于制造轮胎、软管、板材和棒材，以及多种零件。由于其具有显著的高弹性和粘弹性，传统切削加工方法很难保证加工尺寸，也难以得到良好的加工表面。采用高速铣削时可产生粉末状的切屑，不需要冷却即可得到很好的加工质量。高速切削橡胶时可选用硬质合金刀具。

五、高速干切削

1. 干切削的基本原理和特点

切削液在机械加工中扮演着重要的角色，但随着切削液用量的增加，其负面影响也越来越显著：

1）增加了制造成本，这不仅包括切削液用量增加带来的成本增加，还包括运输、储存、废液处理等间接成本增加。

2）污染环境。

3）损害工人健康。

为了降低生产成本，减少环境污染，最好的办法是不使用或少使用切削液，即采用干切削（Dry Cutting）。干切削并不是简单地把原有工艺中的切削液去掉，也不是消极地靠降低切削参数来保证刀具的使用寿命，而是用耐热性更好的刀具材料，设计合理的刀具结构及几何参数，选择最佳的切削速度，形成新的工艺条件，它是实现清洁高效加工的新工艺，是当前制造技术的发展趋势之一。采用干切削技术，可降低生产成本，减少环境污染。

2. 干切削刀具材料及其合理选择

干切削时，由于缺少切削液的润滑、冷却、排屑等作用，刀具与工件、刀具与切屑之间的摩擦力和切削力增大，切削热也大大增加，切削区温度急剧上升，引起刀具寿命下降，同时工件加工质量变差。因此，干切削刀具材料应具备很好的高温力学性能，如高温硬度、高温强度、高温韧性和高温化学稳定性，如超细晶粒硬质合金、涂层硬质合金、TiC（N）基硬质合金、陶瓷刀具、聚晶立方氮化硼（PCBN）等。就热硬性和热稳定性来说，PCBN 是最适合高速干切削工艺的刀具材料。

另外，工件材料的热性也是决定其是否适用干切削的重要因素。熔点较高、导热系数和热膨胀系数较小的材料适合干切削。由于高速干切削时切削力大、温度高，为减少高温下刀具与工件材料之间的扩散和粘接，还应特别注意刀具材料与工件材料之间的合理匹配。

六、高速切削加工刀具的构造特点

1. 高速切削对刀具系统的要求

由于高速切削加工时离心力和振动的影响，刀具的结构安全性和高精度的动平衡是至关重要的。刀具系统必须有良好的平衡状态和安全性。刀柄是高速切削加工的一个关键部件，它传递机床的动力和精度。刀柄一端是机床主轴，另一端是刀具。高速切削加工时既要保证加工精度，又要保证高的生产率，还要保证安全可靠，所以，高速切削刀具系统必须满足下列要求：

1）很高的几何精度和装夹重复精度。

2）很高的装夹刚度。

3）高速运转时安全可靠。

2. 高速切削旋转刀具的刀柄结构——HSK 刀柄

HSK 刀柄是由德国阿亨大学机床研究室专为高速机床主轴开发的一种刀轴连接结构，已被列入德国标准（DIN6983）。HSK 短锥刀柄采用 1∶10 的锥度，它的锥体比标准的 7∶24 锥柄短，锥柄部分采用薄壁结构，锥度配合的过盈量较小，对刀柄和主轴端部关键尺寸的公差要求特别严格。由于短锥具有弹性的薄壁，在拉杆轴向拉力的作用下，短锥有一定的收缩，所以刀柄的短锥和端面很容易与主轴相应结合面紧密接触，具有很高的连接精度和刚度。当主轴高速旋转时，尽管主轴端会产生扩张，短锥的收缩得到部分伸张，但仍能与主轴锥孔保持良好的接触，主轴转速对连接刚度影响小。HSK 刀柄采用由内向外的锁紧方式，具有良好的静、动态刚度和极高的径向、轴向定位精度，其轴向定位精度比 7∶24 锥柄提高 3 倍，径向圆跳动降低 30%～60%，特别适合于高速粗、精加工和重负荷切削。HSK 刀柄薄壁液压夹头体积小、不平衡点少，因而振动小、夹紧力大、无间隙、装夹牢靠。

目前 HSK 刀柄已列入国际标准，它以其端面及 1∶10 锥度的空心锥套作双重定位。与 7∶24 锥柄相比有如下优点：

1) 重量减少约 50%。
2) 重复使用时装夹和定位精度高。
3) 刚度高，并可传递大的力矩。
4) 装夹力随转速升高而增大。

HSK 刀柄的结构形式有 A、B、C、D、E、F 型等，如图 6-28 所示。国内多采用 A 型和 C 型，例如 HSK50A、HSK63A、HSK100A。所有 HSK 整体式刀柄都经过平衡式设计，HSK50 和 HSK63 刀柄的主轴转速可达到 25000r/min，HSK100 刀柄的主轴转速可达到 12000r/min。

HSK 刀柄也有缺点，它与现在的主轴端面结构和刀柄不兼容，制造精度要求较高，结构复杂，成本较高（刀柄的价格是普通标准 7∶24 刀柄的 1.5～2 倍），锥度配合过盈量较小。

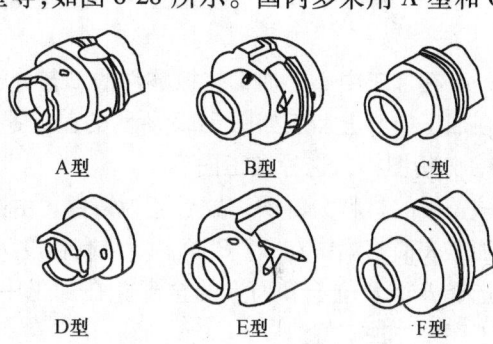

图 6-28　HSK 刀柄的结构形式

3. 高速回转刀具的结构特点

由于高速切削回转刀具在很高的回转速度下工作，其刀体和可转位刀片均受到很大的离心力的作用，故对刀体材料、刀体结构和夹紧机构提出了十分严格的要求。刀体材料重量要轻，刀体与刀片之间要形成封闭连接，刀片装卸应尽可能简单容易，刀片夹紧机构要可靠并要有足够的夹紧力。

(1) 对刀体材料的要求　为了刀具减轻所承受的离心力的作用，刀体材料的设计应减轻质量，选用密度小、强度高的刀体材料。如现在有的高速铣刀已采用高强度铝合金制造刀体，有的用碳素纤维增强塑料制造刀体。美国 Valenite 公司推出的高速铣刀，其铝合金刀体经表面处理后硬度达 60HRC，提高了刀体的耐磨性。刀体材料的选择应取决于材料拉伸强度与密度的比值和所应用的速度范围。

(2) 对刀体结构的要求　刀体上的槽（包括刀座槽、容屑槽、键槽）会引起应力集中，降低刀体的强度，因此，刀体结构应尽量避免贯通式刀槽，减少尖角，防止应力集中，尽量减少机夹零件的数量。刀体的结构应对称于回转轴，使重心通过刀具轴线。刀片和刀座的夹紧、调整结构应尽可能消除游隙，并且要求重复定位性好。需要使用接头、加长柄等连接时也应避免游隙和提高重复定位性。如高速铣刀大多采用 HSK 刀柄与机床主轴连接甚至做成整体式结构，以提高刚性和安装重复定位精度。

此外，机夹式高速铣刀的直径趋小，长度增加，刀齿数也趋少，有的只有两个刀齿，这种结构便于调整刀齿的圆跳动，提高加工质量。

（3）对刀具（片）的夹紧方式的要求　高速切削加工回转刀具按刀片固定方式可分为三大类，即整体结构、带有固定刀片座和可调刀片座结构。高速铣削时常常在 6000～10000r/min 的旋转速度下工作。对于高速旋转的机夹刀具，通常不允许采用摩擦力夹紧，要用带中心孔的刀片，用螺钉夹紧。可转位刀片应有中心螺钉孔或有可卡住的空刀窝，保证刀具精确定位和高速旋转时的可靠性。

（4）刀具的动平衡　在高速旋转时，刀具的不平衡会对主轴系统产生一个附加的径向载荷，其大小与转速成平方关系，从而对刀具的安全性和加工质量带来不利的影响。因此，用于高速切削的回转刀具必须经过动平衡测试，在机夹铣刀的结构上要设置调节动平衡的位置。

第四节　在加工中心上加工典型零件的工艺分析

一、在加工中心上加工盖板零件的工艺分析

在加工中心上加工如图 6-29 所示的盖板零件，要求编写其加工工艺。

1. 分析图样，选择加工内容

该盖板的材料为铸铁，故毛坯为铸件。由图 6-29 可知，盖板的四个侧面为不加工表面，全部加工表面都集中在 A、B 面上。最高精度为 IT7 级。从工序集中和便于定位两个方面考虑，选择 B 面及位于 B 面上的全部孔在加工中心上加工，将 A 面作为主要定位基准，并在前道工序中先加工好。

2. 选择加工中心

由于 B 面及位于 B 面上的全部孔只需单工位加工即可完成，故选择立式加工中心。加工表面不多，只有粗铣、精铣、粗镗、半精镗、精镗、钻、扩、锪、铰及攻螺纹等工步，所需刀具不超过 20 把。选用国产 XH714 型立式加工中心即可满足上述要求。该机床的工作台尺寸为 400mm×800mm，X 轴行程为 600mm，Y 轴行程为 400mm，Z 轴行程为 400mm，主轴端面至工作台台面距离为 125～525mm，定位精度和重复定位精度分别为 0.02mm 和 0.01mm，刀库容量为 18 把，工件一次装夹后可自动完成铣、钻、镗、铰及攻螺纹等工步的加工。

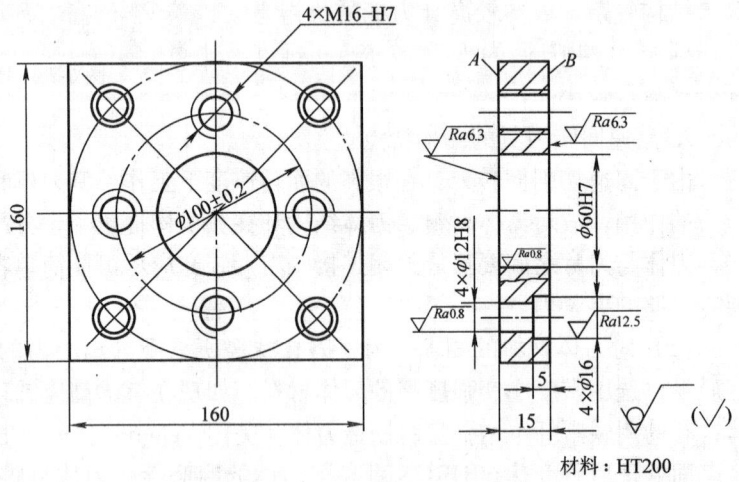

图 6-29　盖板零件简图

3. 设计工艺

（1）选择加工方法　B 平面用铣削方法加工，因其表面粗糙度值为 $Ra6.3\mu m$，故采用粗铣—精铣方案；φ60H7 孔为已铸出毛坯孔，为达到 IT7 级精度和表面粗糙度值 $Ra0.8\mu m$，

需经三次镗削,即采用粗镗—半精镗—精镗方案;对φ12H8孔,为防止钻偏和达到IT8级精度,按钻中心孔—钻孔—扩孔—铰孔方案进行;φ16mm孔在φ12mm孔基础上锪至尺寸即可;M16螺纹孔采用先钻底孔后攻螺纹的加工方法,即按钻中心孔—钻底孔—倒角—攻螺纹方案加工。

(2) 确定加工顺序 按照先面后孔、先粗后精的原则确定。具体加工顺序为粗、精铣B面—粗、半精、精镗φ60H7孔—钻各光孔和螺纹孔的中心孔—钻、扩、锪、铰φ12H8及φ16孔—M16螺孔钻底孔、倒角和攻螺纹,详见表6-4。

表6-4 数控加工工艺卡片

(工厂)	数控加工工序卡片		产品名称及代号		零件名称		材料	零件图号	
					盖板		HT200		
工序号	程序编号	夹具名称	夹具编号		使用设备			车间	
		机用虎钳			XH714				
工步号	工步内容		加工面	刀具号	刀具规格/mm	主轴转速/(r/min)	进给速度/(mm/min)	背吃刀量/mm	备注
1	粗铣B平面留余量0.5mm			T01	φ100	300	70	3.5	
2	精铣B平面至尺寸			T13	φ100	350	50	0.5	
3	粗镗φ60H7孔至φ58mm			T02	φ58	400	60		
4	半精镗φ60H7孔至φ59.95mm			T03	φ59.95	450	50		
5	精镗φ60H7孔至尺寸			T04	φ60H7	500	40		
6	钻4×φ12H8及4×M16的中心孔			T05	φ3	1000	50		
7	钻4×φ12H8至φ10mm			T06	φ10	600	60		
8	扩4×φ12H8至φ11.85mm			T07	φ11.85	300	40		
9	锪4×φ16mm至尺寸			T08	φ16	150	30		
10	铰4×φ12H8至尺寸			T09	φ12H8	100	40		
11	钻4×M16底孔至φ14mm			T10	φ14	450	60		
12	倒4×M16底孔端角			T11	φ18	300	40		
13	攻4×M16螺纹孔			T12	M16	100	200		
编制		审核			批准			共1页	第1页

(3) 确定装夹方案和选择夹具 该盖板零件形状简单,四个侧面较光整,加工面与不加工面之间的位置精度要求不高,故可选用机用虎钳,以盖板底面A和两个侧面定位,使机用虎钳钳口从侧面夹紧。

(4) 选择刀具 所需刀具有面铣刀、镗刀、中心钻、麻花钻、铰刀、立铣刀(锪φ16mm孔)及丝锥等,其规格根据加工尺寸选择。B面粗铣铣刀直径应选小一些,以减小切削力矩,但也不能太小,以免影响加工效率;B面精铣铣刀直径应选大一些,以减少接刀痕迹,但要考虑到刀库允许装刀直径(XH714型加工中心的允许装刀直径:无相邻刀具为φ150mm,有相邻刀具为φ80mm)也不能太大。刀柄柄部根据主轴锥孔和拉紧机构选择。XH714型加工中心主轴锥孔为ISO40,适用刀柄为BT40(日本标准JISB6339—1998),故刀柄柄部应选择BT40型式。具体所选刀具及刀柄见表6-5。

表 6-5 数控加工刀具卡片

产品名称及代号			零件名称	盖板	零件图号		程序编号	
工步号	刀具号	刀具名称	刀柄型号	刀 具		补偿值/mm	备注
				直径/mm	长度/mm		
1	T01	面铣刀 φ100mm	BT40-XM32-75	φ100			
2	T13	面铣刀 φ100mm	BT40-XM32-75	φ100			
3	T02	镗刀 φ58mm	BT40-TQC50-180	φ58			
4	T03	镗刀 φ59.95mm	BT40-TQC50-180	φ59.95			
5	T04	镗刀 φ60H7	BT40-TW50-140	φ60H7			
6	T05	中心钻 φ3mm	BT40-Z10-45	φ3			
7	T06	麻花钻 φ10mm	BT40-M1-45	φ10			
8	T07	扩孔钻 φ11.85mm	BT40-M1-45	φ11.85			
9	T08	阶梯铣刀 φ16mm	BT40-MW2-55	φ16			
10	T09	铰刀 φ12H8	BT40-M1-45	φ12H8			
11	T10	麻花钻 φ14mm	BT40-M1-45	φ14			
12	T11	麻花钻 φ18mm	BT40-M2-50	φ18			
13	T12	机用丝锥 M16	BT40-G12-130	φ16			
编制			审核		批准		共1页	第1页

(5) 确定进给路线　B 面的粗、精铣削加工进给路线根据铣刀直径确定，因所选铣刀直径为 φ100mm，故安排沿 X 方向两次进给（图 6-30）。所有孔的加工进给路线均按最短路线确定，因为孔的位置精度要求不高，机床的定位精度完全能保证，图 6-31 ~ 图 6-35 所示为各孔加工工步的进给路线。

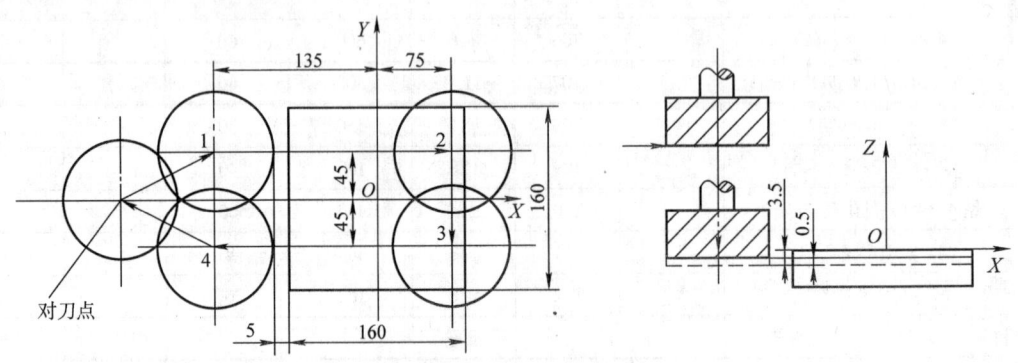

图 6-30　铣削 B 面进给路线

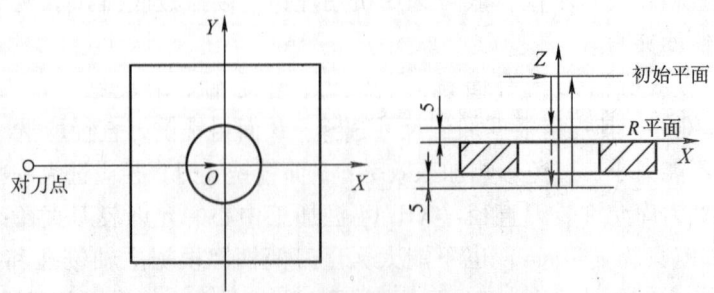

图 6-31　镗 φ60H7 孔进给路线

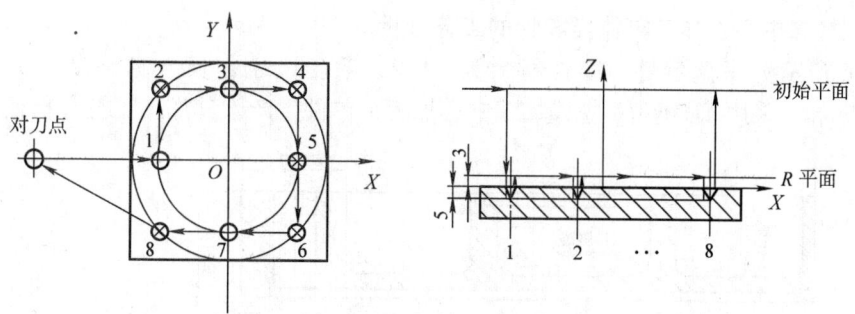

图 6-32　钻中心孔进给路线

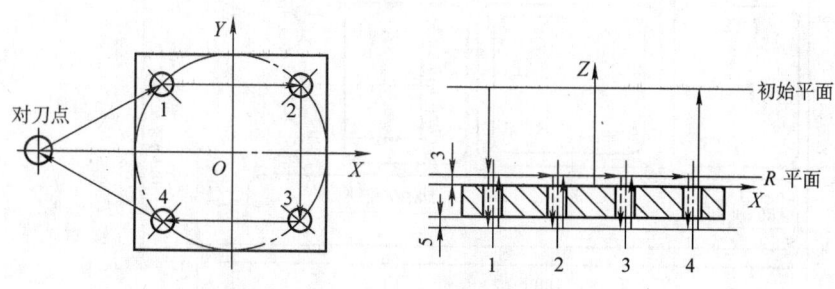

图 6-33　钻、扩、铰 $\phi 12H8$ 孔进给路线

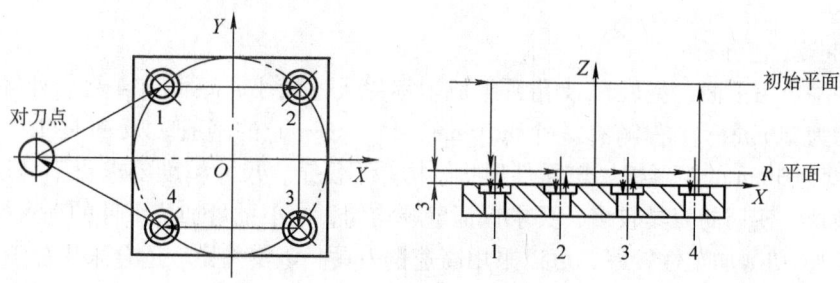

图 6-34　锪 $\phi 16$ 孔进给路线

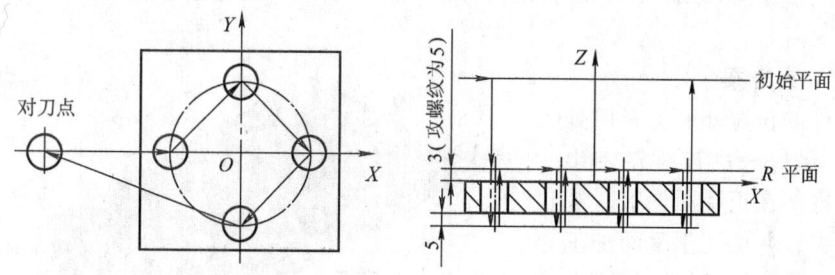

图 6-35　钻螺纹底孔、攻螺纹进给路线

（6）选择切削用量　查表确定切削速度和进给量，然后计算出机床主轴转速和机床进给速度，详见表 6-4。

二、在加工中心上加工箱体类零件的工艺分析

图 6-36 所示为座盒零件，零件材料为 YL12，毛坯尺寸（长×宽×高）为 190mm×110mm×35mm，采用 TH5660A 立式加工中心加工，单件生产，其加工工艺分析如下。

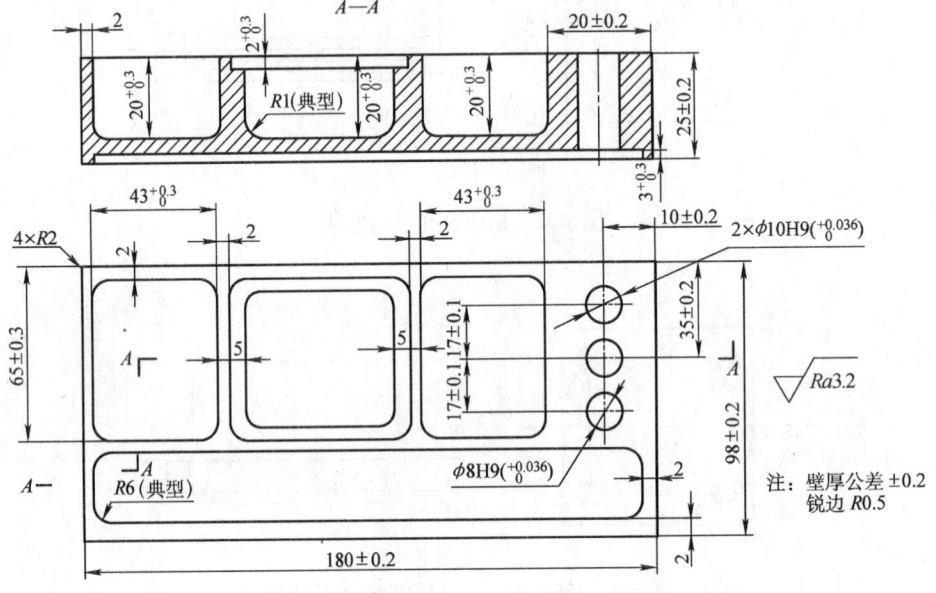

图 6-36　座盒零件

1. 零件图工艺分析

该零件主要由平面、型腔以及孔系组成。零件尺寸较小，正面有 4 处大小不同的矩形槽，深度均为 20mm，在右侧有 2 个 ϕ10mm、1 个 ϕ8mm 的通孔，反面是 1 个 176mm×94mm，深度为 3mm 的矩形槽。该零件形状结构并不复杂，尺寸精度要求也不是很高，但有多处转接圆角，使用的刀具较多，要求保证壁厚均匀，中小批量加工零件的一致性高。零件材料为 YL12，切削加工性较好，可以采用高速钢刀具。该零件比较适合采用加工中心加工。

主要的加工内容有平面、四周外形、正面四个矩形槽、反面一个矩形槽以及三个通孔。该零件壁厚只有 2mm，加工时除了保证形状和尺寸要求外，主要是要控制加工中的变形，因此外形和矩形槽要采用依次分层铣削的方法，并控制每次的吃刀量。孔加工采用钻、铰即可达到要求。

2. 确定装夹方案

由于零件的长宽外形上有四处 R2 的圆角，最好一次连续铣削出来，同时为方便在正反面加工时零件的定位装夹，并保证正反面加工内容的位置关系，在毛坯的长度方向两侧设置 30mm 左右的工艺凸台和 2 个 ϕ8mm 工艺孔，如图 6-37 所示。

3. 确定加工顺序及进给路线

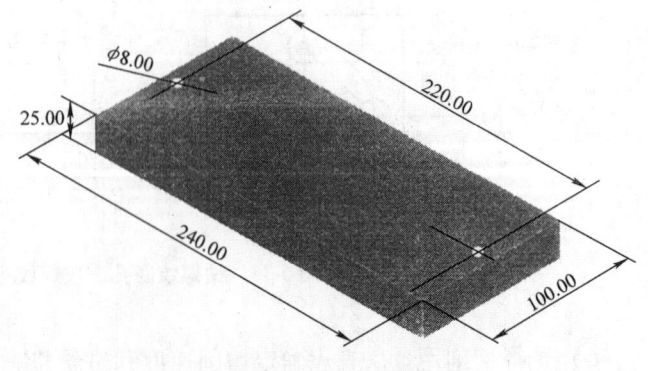

图 6-37　工艺凸台及工艺孔

根据先面后孔的原则,安排加工顺序为:铣上下表面→打工艺孔→铣反面矩形槽→钻、铰 $\phi 8mm$、$\phi 10mm$ 孔→依次分层铣正面矩形槽和外形→钳工去除工艺凸台。由于是单件生产,铣削正、反面矩形槽(型腔)时,可采用环形进给路线(图6-38)。

图6-38 座盒加工
a) 反面加工 b) 正面加工

4. 刀具的选择

铣削上下平面时,为提高切削效率和加工精度,减少接刀痕,选用 $\phi 125mm$ 硬质合金可转位铣刀。根据零件的结构特点,铣削矩形槽时,铣刀直径受矩形槽拐角圆弧半径 $R6$ 限制,选择 $\phi 10mm$ 高速钢立铣刀,刀尖圆弧半径 r_ε 受矩形槽底圆弧半径 $R1$ 限制,取 $r_\varepsilon = 1mm$。加工 $\phi 8mm$、$\phi 10mm$ 孔时,先用 $\phi 7.8mm$、$\phi 9.8mm$ 钻头钻削底孔,然后用 $\phi 8mm$、$\phi 10mm$ 铰刀铰孔。所选刀具及其加工表面见表6-6座盒零件数控加工刀具卡片。

5. 切削用量的选择

精铣上下表面时留0.1mm铣削余量,铰 $\phi 8mm$、$\phi 10mm$ 两个孔时留0.1mm铰削余量。选择主轴转速与进给速度时,先查切削用量手册,确定切削速度 v_c 与每齿进给量 f_z(或进给量 f),然后计算主轴转速与进给速度(计算过程从略)。注意:铣削外形时,应使工件与工艺凸台之间留有1mm左右的材料连接,最后钳工去除工艺凸台。

6. 填写数控加工工序卡片

将各工步的加工内容、所用刀具和切削用量填入表6-7座盒零件数控加工工序卡片。

表6-6 座盒零件数控加工刀具卡片

产品名称或代号		×××	零件名称		座盒	零件图号	×××
序号	刀具号	刀 具			加工表面		备注
		规格名称	数量	刀长/mm			
1	T01	$\phi 125mm$ 可转位面铣刀	1		铣上下表面		
2	T02	$\phi 4mm$ 中心钻	1		钻中心孔		
3	T03	$\phi 7.8mm$ 钻头	1	50	钻 $\phi 8H9$ 孔和工艺孔底孔		
4	T04	$\phi 9.8mm$ 钻头	1	50	钻 $2 \times \phi 10H9$ 孔底孔		
5	T05	$\phi 8mm$ 铰刀	1	50	铰 $\phi 8H9$ 孔和工艺孔		
6	T06	$\phi 10mm$ 铰刀	1	50	铰 $2 \times \phi 10H9$ 孔		
7	T07	$\phi 10mm$ 高速钢立铣刀	1	50	铣削矩形槽、外形		$r_\varepsilon = 1mm$
编制	×××	审核	×××	批准	×××	年 月 日	共 页 第 页

表 6-7　座盒零件数控加工工序卡片

单位名称	×××	产品名称或代号		零件名称	零件图号
		×××		座盒	×××
工序号	程序编号	夹具名称		使用设备	车间
×××	×××	螺旋压板		TH5660A	数控中心
工步号	工步内容	刀具号	刀具规格/mm	主轴转速/(r/min)	进给速度/(mm/min)	背/侧吃刀量/mm	备注
---	---	---	---	---	---	---	---
1	粗铣上表面	T01	φ125	200	100		自动
2	精铣上表面	T01	φ125	300	50	0.1	自动
3	粗铣下表面	T01	φ125	200	100		自动
4	精铣下表面，保证尺寸（25±0.2）mm	T01	φ125	300	50	0.1	自动
5	钻工艺孔的中心孔（2个）	T02	φ4	900	40		自动
6	钻工艺孔底孔至φ7.8mm	T03	φ7.8	400	60		自动
7	铰工艺孔	T05	φ8	100	40		自动
8	粗铣底面矩形槽	T07	φ10	800	100	0.5	自动
9	精铣底面矩形槽	T07	φ10	1000	50	0.2	自动
10	底面及工艺孔定位，钻φ8mm、φ10mm 中心孔	T02	φ4	900	40		自动
11	钻φ8H9 底孔至φ7.8mm	T03	φ7.8	400	60		自动
12	铰φ8H9 孔	T05	φ8	100	40		自动
13	钻2×φ10H9 底孔至φ9.8mm	T04	φ9.8	400	60		自动
14	铰2×φ10H9 孔	T06	φ10	100	40		自动
15	粗铣正面矩形槽及外形（分层）	T07	φ10	800	100	0.5	自动
16	精铣正面矩形槽及外形	T07	φ10	1000	50	0.1	自动
编制	×××	审核	×××	批准	×××	年　月　日	共　页	第　页

三、在加工中心上加工模具零件的工艺分析

图 6-39 为盒形模具的凹模工件图，该盒形模具为单件生产，工件材料为 T8A，分析其数控加工工艺。

1. 零件图工艺性分析

该盒形模具为单件生产，工件材料为 T8A，外形为六面体，内腔型面复杂。主要结构是由多个曲面组成的凹形型腔，型腔四周的斜平面之间采用半径为 7.6mm 的圆弧面过渡，斜平面与底平面之间采用半径为 5mm 的圆弧面过渡，在模具的底平面上有一个四周也为斜平面的锥台。模具的外部结构是一个标准的长方体，因此零件的加工以凹形型腔为重点。

2. 确定工件的定位基准和装夹方式

工件直接安装在机床工作台面上,用两块压板压紧。

3. 确定加工顺序及进给路线

①粗加工整个型腔,去除大部分加工余量。

②半精加工和精加工上型腔。

③半精加工和精加工下型腔。

④对底平面上的锥台四周表面进行精加工。

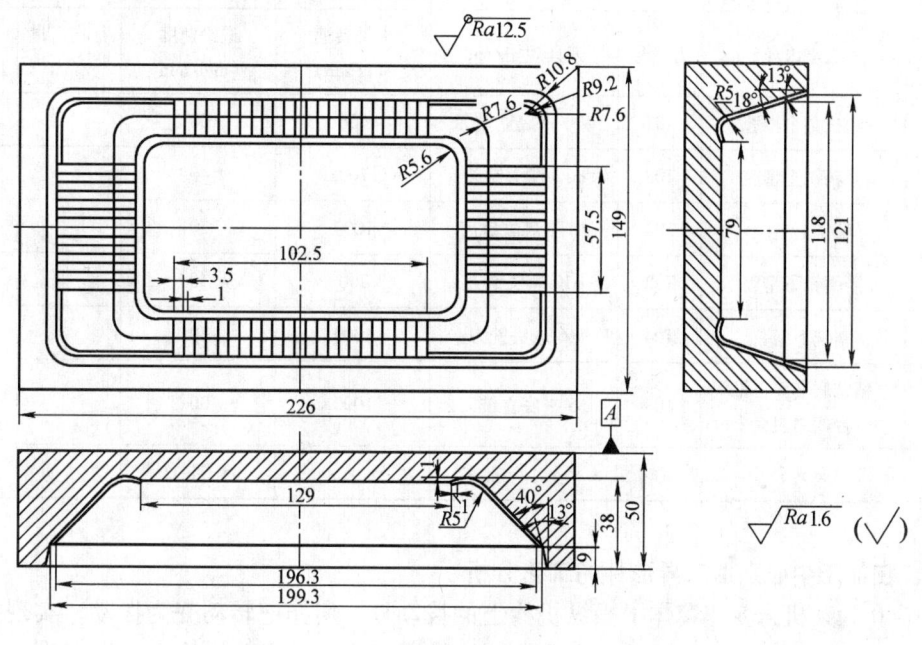

图6-39 盒形模具

4. 刀具选择

数控加工刀具选择见表6-8。

表6-8 盒形模具数控加工刀具卡片

产品名称或代号		×××		零件名称	盒形	零件图号	×××
序号	刀具号	刀具规格及名称	数量	加工表面	刀长/mm	备注	
1	T01	φ20mm 平底立铣刀	1	粗铣整个型腔	实测		
2	T02	φ12mm 球头铣刀	1	半精铣上、下型腔	实测		
3	T03	φ6mm 平底立铣刀	1	精铣上型腔、精铣底平面上锥台四周表面	实测		
4	T04	φ6mm 球头铣刀	1	精铣下型腔	实测	建议以球心对刀	
编制		×××	审核	×××	批准	×××	共 页 第 页

5. 确定切削用量(略)

6. 数控加工工艺卡片拟订

盒形模具数控加工工艺见表6-9。

表 6-9 盒形模具数控加工工艺卡片

单位名称	×××	产品名称或代号		工件名称		工件图号	
		×××		盒形		×××	
工序号	程序编号	夹具名称		使用设备		车间	
×××	×××	压板		VP1050 立式镗铣加工中心		数控中心	
工步号	工步内容	刀具号	刀具规格/mm	主轴转速 /(r/min)	进给速度 /(mm/min)	背吃刀量 /mm	备注
1	粗铣整个型腔	T01	φ20 平底立铣刀	600	60		
2	半精铣上型腔	T02	φ12 球头铣刀	700	40		
3	精铣上型腔	T03	φ6 平底立铣刀	1000	30		
4	半精铣下型腔	T02	φ12 球头铣刀	700	40		
5	精铣下型腔	T04	φ6 球头铣刀	1000	30		
6	精铣底平面上锥台四周表面	T03	φ6 平底立铣刀	1000	30		
编制	×××	审核	×××	批准	×××	年 月 日	共 页 第 页

四、在加工中心上加工异形件的工艺分析

图 6-40 为某机床变速箱体中操纵机构上的拨动杆,用作把转动变为拨动,实现操纵机构的变速功能。在加工中心上加工该零件,材料为 HT200,该零件的生产类型为中批量生产,分析其数控加工工艺。

1. 零件图工艺分析

先对拨动杆零件进行精度分析。对于形状和尺寸较复杂(包括形状公差、位置公差)的零件,一般采用化整体为部分的分析方法,即把一个零件看作由若干组表面及相应的若干组尺寸组成,然后分别分析每组表面的结构及其尺寸、精度要求,最后再分析这几组表面之间的位置关系。由零件图样可以看出,该零件上有三组加工表面,这三组加工表面之间有相互位置要求,三组加工表面中每组的技术要求是:

1) 以尺寸 φ16H7 为主的加工表面,包括 φ25h8 外圆、端面以及与之相距 (74±0.3) mm 的孔 φ10H7。其中 φ16H7 孔中心与 φ10H7 孔中心的连线,是确定其他各表面方位的设计基准,以下简称为两孔中心连线。

2) 表面粗糙度值为 $Ra6.3\mu m$ 的平面 M,以及平面 M 上的角度为 130°槽。

3) P、Q 两平面,及相应的 2×M8 螺纹孔。

对这三组加工表面之间主要的相互位置要求是:第 1) 组和第 2) 组为零件上的主要表面。第 1) 组加工表面垂直于第 2) 组加工表面,平面 M 是设计基准。第 2) 组面上槽的位置公差为 φ0.5mm,即槽的位置(槽的中心线)与 B 面轴线垂直且相交,偏离误差不大于 φ0.5mm。槽的方向与两孔中心连线的夹角为 22°47′±15′。

第 3) 组及其他螺孔为次要表面。第 3) 组上的 P、Q 两平面与第 1) 组的 M 平面垂直,

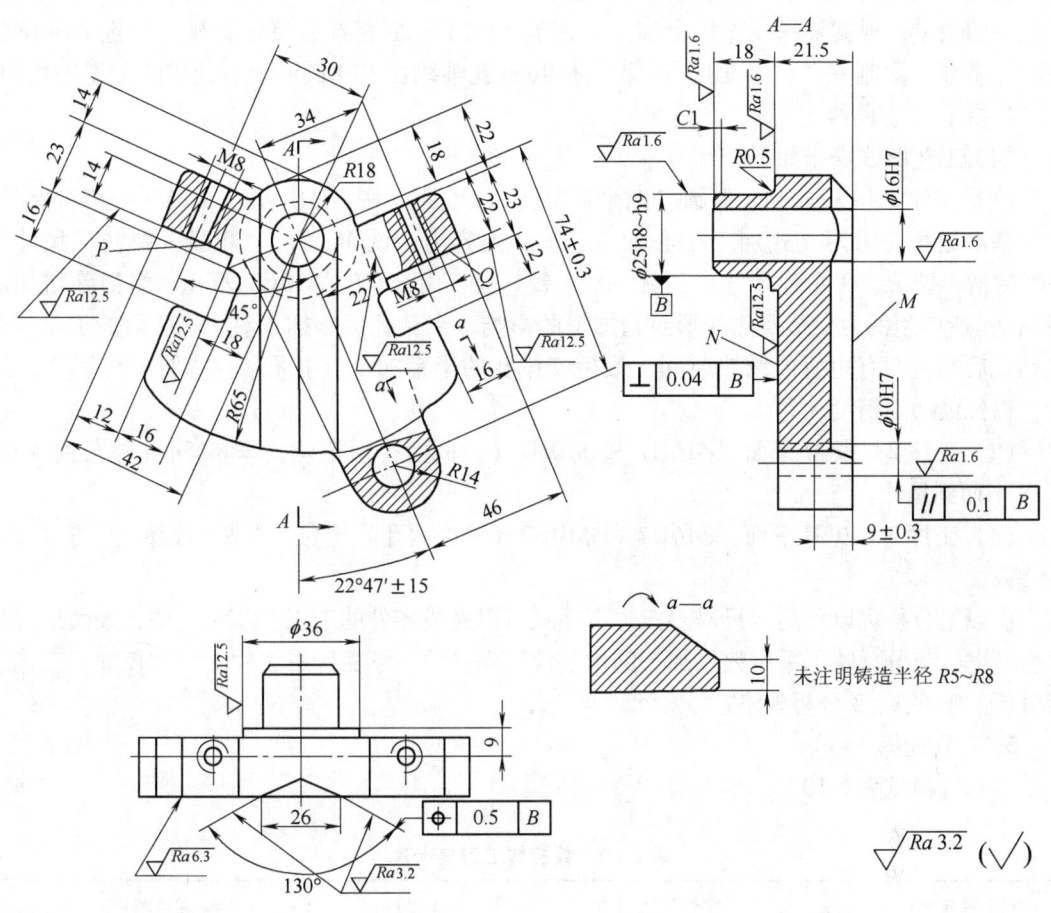

图 6-40 拨动杆零件图

P 平面上螺孔 M8 的轴线与两孔中心线连线的夹角 45°。Q 平面上的螺孔 M8 的轴线与两孔中心线连线平行，而平面 P、Q 位置分别与 M8 的轴线垂直，P、Q 位置也就确定了。

2. 设备的选择

该零件加工表面较多，用普通机床加工，工序分散，工序数目多。采用加工中心可以将普通机床加工的多个工序在一个工序中完成，提高生产率，降低生产成本，因此选用加工中心。

3. 确定零件的定位基准

选择精基准首先考虑以哪个平面为精基准定位加工工件的主要表面，再考虑以哪个平面为粗基准定位加工出精基准表面，即先确定精基准，然后选出粗基准。由零件的工艺分析可知，此零件的设计基准是 M 平面、$\phi16$mm 和 $\phi10$mm 两孔中心的连线，根据基准重合原则，应选设计基准为精基准，即以 M 平面和两孔为精基准。由于多数工序的定位基准都是一面两孔，因此上述的选择也符合基准统一原则。

选择粗基准应根据合理分配加工余量的原则，选 $\phi25$mm 外圆的毛坯面为粗基准（限制四个自由度），以保证其加工余量均匀；选平面 N 为粗基准（限制一个自由度），以保证其有足够的余量；根据要保证零件上加工表面与不加工表面相互位置的原则，应选 R14 圆弧面为粗基准（限制一个自由度），以保证 $\phi 10mm$ 孔轴线在 R14 圆心上，使 R14 处壁厚均匀。

4. 拟订工艺路线

加工工艺路线安排如下：

（1）工序 1　以 $\phi 25mm$ 外圆（四个自由度）、N 面（一个自由度）、R14（一个自由度）为粗基准定位，采用立式加工中心加工。工步内容为：铣 M 面；"粗铣—精铣"尺寸为 130°的槽；铣 P、Q 面到尺寸；"钻—扩—铰"加工 $\phi 16H7$、$\phi 10H7$ 两孔。为消除粗加工（钻孔）所产生的力变形及热变形对精加工的影响，在钻孔后，插入铣 P、Q 面的工步，以使钻孔后的表面有短暂的散热时间，最后安排孔的半精加工（扩孔）、精加工（铰孔）工步，以保证加工精度。

（2）工序 2　以 M 平面、$\phi 16H7$ 和 $\phi 10H7$（一面两孔）定位，车 $\phi 25mm$ 外圆到尺寸，车 N 平面到尺寸。

（3）工序 3　以 M 平面、$\phi 16H7$ 和 $\phi 10H7$（一面两孔）定位，"钻—攻螺纹"加工 $2 \times M8$ 螺孔。

由以上分析可以看到，只需要三道工序就可以完成零件的加工，工序集中，极大地提高了生产率，充分反映了采用数控加工的优越性、先进性。下面针对工序 1 的数控加工工艺进行分析。工序 2、3 分析省略。

5. 刀具选择

刀具选择见表 6-10。

表 6-10　数控加工刀具卡片

产品名称或代号	×××	零件名称		拨动杆	零件图号	×××
序号	刀具号	刀具规格名称/mm	数量	加工表面 （尺寸单位 mm）	刀长/mm	备注
1	T01	面铣刀 $\phi 120$	1	铣 M 平面	实测	
2	T02	成形铣刀	1	粗、精铣 130°槽	实测	
3	T03	中心钻 I34-4	1	钻 $\phi 10$、$\phi 16$ 中心孔	实测	
4	T04	麻花钻 $\phi 15$	1	钻 $\phi 16$ 孔至尺寸 $\phi 15$	实测	
5	T05	麻花钻 $\phi 9$	1	钻 $\phi 10$ 孔至尺寸 $\phi 9$	实测	
6	T06	立铣刀 $\phi 15$	1	铣 P、Q 面到尺寸	实测	
7	T07	扩孔钻 $\phi 15.85$	1	扩 $\phi 16$ 孔至尺寸 $\phi 15.85$	实测	
8	T08	扩孔钻 $\phi 9.8$	1	扩 $\phi 10$ 孔至尺寸 $\phi 9.8$	实测	
9	T09	铰刀 $\phi 16H7$	1	铰 $\phi 16H7$ 孔成	实测	
10	T10	铰刀 $\phi 10H7$	1	铰 $\phi 10H7$ 孔成	实测	
编制	×××	审核	×××	批准	×××	共　页　第　页

6. 确定切削用量（略）
7. 拟订数控加工工艺卡片

数控加工工艺卡片见表6-11。

表6-11 拨动杆数控加工工艺卡片

单位名称	×××		产品名称或代号		零件名称		零件图号	
			×××		拨动杆		×××	
工序号		程序编号		夹具名称		使用设备		车间
×××		×××		组合夹具		立式加工中心		数控中心
工步号	工步内容（尺寸单位/mm）		刀具号	刀具规格/mm	主轴转速/(r/min)	进给速度/(mm/min)	背吃刀量/mm	备注
1	铣 M 平面		T01	面铣刀 φ120	600	60	2	
2	粗铣130°槽,留余量0.5		T02	成形铣刀	600	60		
3	精铣130°槽		T02	成形铣刀	800	50		
4	钻 φ16 中心孔		T03	中心钻 I34-4	1000	80		
5	钻 φ10 中心孔		T03	中心钻 I34-4	1000	80		
6	钻 φ16 孔至尺寸 φ15		T04	麻花钻 φ15	500	60		
7	钻 φ10 孔至尺寸 φ9		T05	麻花钻 φ9	800	60		
8	铣 P 面到尺寸		T06	立铣刀 φ15	800	60		
9	铣 Q 面到尺寸		T06	立铣刀 φ15	800	60		
10	扩 φ16 孔至尺寸 φ15.85		T07	扩孔钻 φ15.85	800	60		
11	扩 φ10 孔至尺寸 φ9.8		T08	扩孔钻 φ9.8	800	60		
12	铰 φ16H7 孔成		T09	铰刀 φ16H7	100	50		
13	铰 φ10H7 孔成		T10	铰刀 φ10H7	100	50		
编制	×××	审核	×××	批准	×××	年 月 日	共 页	第 页

第五节 项目训练：加工中心零件加工工艺的制订

一、实训目的与要求

1. 学会加工中心加工工艺的制订方法。
2. 熟悉制订加工中心加工工艺的流程。

二、实训内容

在加工中心上加工如图6-41所示零件，编制其加工工艺，材料为45钢。

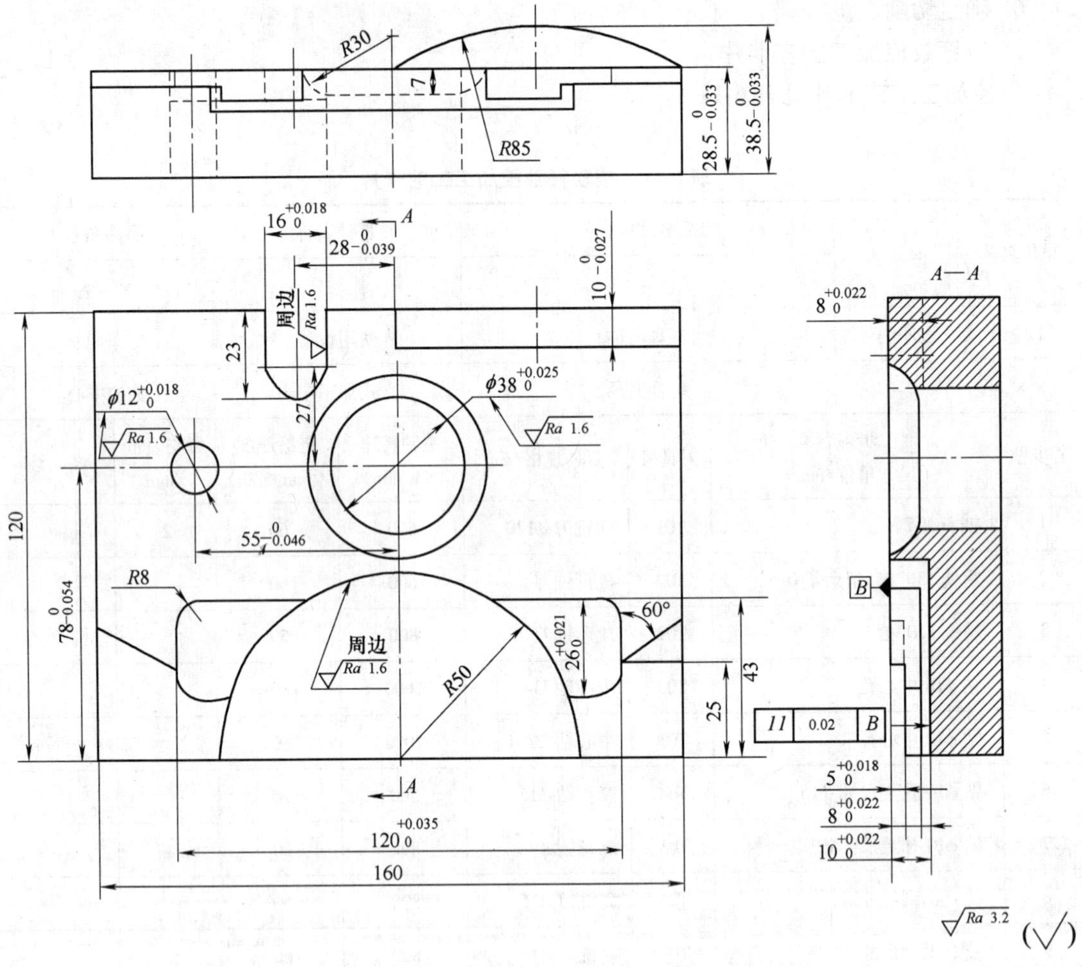

图 6-41 项目训练零件图

复习思考题

1. 加工中心的主要加工对象有哪些？
2. 简述加工中心的分类情况，并说明各类加工中心的特点？
3. 加工中心工艺制订主要包括哪些方面？
4. 零件如图 6-42 所示，分别按"定位迅速"和"定位确定"的原则确定 XY 平面内的孔加工进给路线。
5. 如图 6-43 所示的零件，A、B 面已加工好，在加工中心上加工其余表面，试确定定位、夹紧方案。

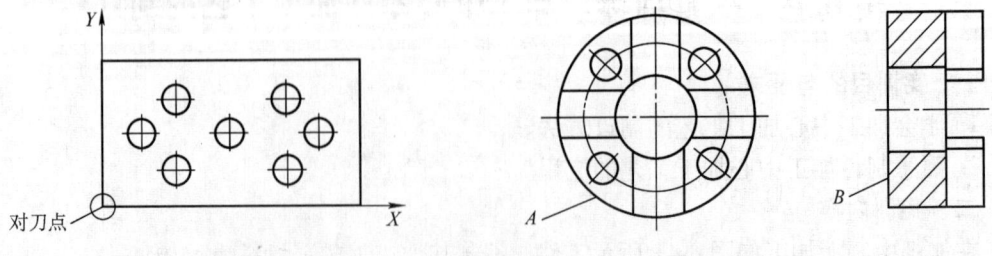

图 6-42 题 4 图　　　　图 6-43 题 5 图

6. 在加工中心上加工如图 6-44 所示零件，试制订其加工工艺。

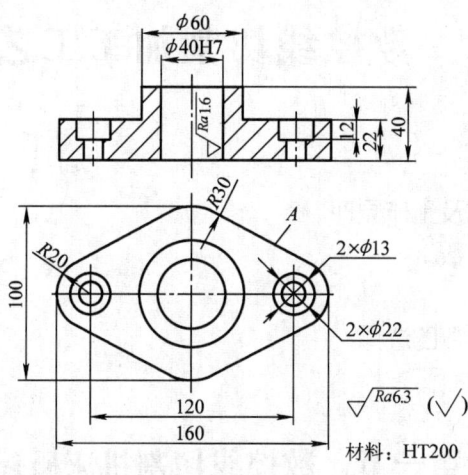

图 6-44　题 6 图

第七章 数控线切割加工工艺及设备

本章应知
1. 线切割机床的组成及工作原理
2. 线切割加工工艺参数

本章应会
1. 线切割加工工艺参数的选择
2. 线切割加工工艺的制订

第一节 数控线切割机床概述

一、数控线切割加工原理

在日常生活中，经常会看到电器在开关闭合或断开的瞬间产生火花，火花所产生的高温在触点上熔化出现凹凸不平的斑点，这就是电腐蚀现象。它会造成开关接触不良，最终损坏，这是电腐蚀现象有害的一面。但是随着人们对电腐蚀现象的深入研究，目前不但能够通过科学的方法减小并防止腐蚀，而且已经成功地利用电腐蚀对金属进行各种加工，从而发明了电火花加工方法。

电火花线切割加工简称"线切割"，它是采用电极丝（钼丝、钨钼丝等）作为工具电极，在脉冲电源的作用下，工具电极和加工工件之间形成火花放电，火花通过瞬间产生大量的热，使工件表面溶化甚至汽化。线切割机床能通过 XY 拖板和 UV 拖板的运动，使电极丝沿着预定的轨迹运动，从而达到加工工件的目的。

二、数控线切割机床的组成

国产快走丝数控线切割机床一般分成机床主机、立式控制柜两大部分。DK7725 快走丝数控线切割机床外形如图 7-1 所示。DK7725 快走丝数控线切割机床主机结构如图 7-2 所示。

机床主机包含床身、工作台、线架、运丝机构、工作液循环系统等，控制系统包含 FST-X 控制器及脉冲电源。各部分结构及作用如下：

（1）床身 床身是支撑和固定工作台、运丝机构等的基体，采用箱形铸铁件以保证足够的刚度和强度。床身上部支撑着上、下拖板、储丝筒、立柱、线架、机床电器控制箱等部件，床身下部安装有工作液循环系统。

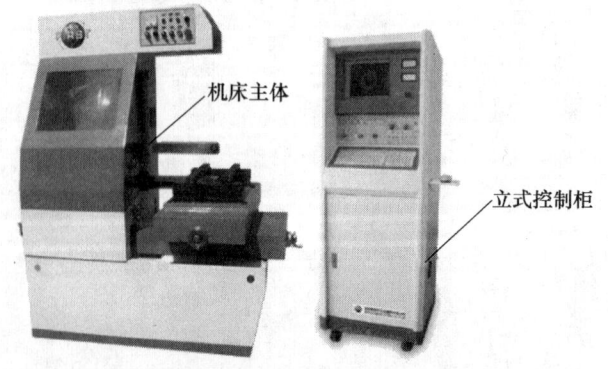

图 7-1 DK7725 快走丝数控线切割机床外形

（2）工作台 工作台主要由工作台面，上、下拖板，滚珠丝杠副及齿轮箱等组成，拖板采用滚动导轨结构，分别由步进电动机经无侧隙齿轮带动滚珠丝杠来实现工作台上、下拖板 X、Y 方向线性运动，X、Y 轴的坐标方向如图 7-2 所示。

（3）线架　线架包括立柱、上线架和下线架等部分，其中上线架可上、下升降，从而调节上、下线架间的距离，以适应加工不同厚度的工件，为保证加工精度，两线架间距离应尽可能小。一般上喷嘴至工作表面距离为 10~20mm 为佳。调整上线架导轮轴承座位置可调节钼丝位置，以保证钼丝垂直。

由步进电动机直接与滑动丝杠相连，可拖动上线架相对下线架运动，以实现 U、V 坐标的移动，利用这种功能可实现锥度切割加工和上下异型曲面加工。U、V 轴的坐标方向如图 7-2 所示。

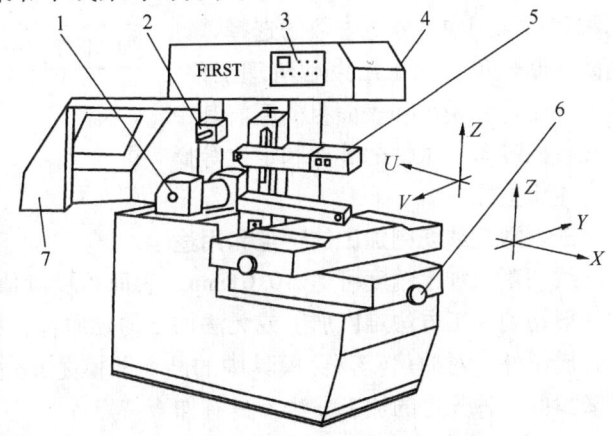

图 7-2　DK7725 快走丝数控线切割机床主机结构
1—运丝机构　2—上丝电动机轴　3—机床操作面板
4—机床电器控制箱　5—丝架　6—工作台手轮
7—运丝系统封闭门

（4）运丝机构　运丝机构的主要功能是带动电极丝按一定的速度往复运动，保持钼丝张力均匀一致，以完成工件切割。

直流电动机通过弹性联轴器带动卷绕着钼丝的储丝筒旋转，因电动机转速可调，卷绕在储丝筒表面的钼丝线速度（即走丝速度）可调，最低挡走丝速度用于绕丝，加工工件较厚时可选用较高的速度。储丝筒往复运动的换向及行程长短由无触点接近开关及其撞杆控制，调整撞杆的位置即可调节行程的长短。两个换向开关中间有一个总停保护开关，用于储丝筒过冲后总停保护，压上总停保护开关后机床不能起动。

（5）脉冲电源　脉冲电源也称高频电源，可将工频交流电源转换成频率较高的单向脉冲电源。在一定条件下线切割加工机床的加工效率主要取决于脉冲电源的性能。受加工表面粗糙度和电极丝允许承载的电压限制，线切割脉冲电源的加工电流较小，脉宽较窄，属中、精加工范畴，所以电火花线切割加工多用于成形加工，且一般加工过程不需要中途转换电极丝。

（6）工作液循环系统　工作液的作用是向放电部位稳定供给具有一定绝缘性能的工作液，及时地从加工区域中冲走电蚀产物及放电所产生的热量，维持放电稳定、持续进行，保证正常加工。工作液由水泵通过管道输送到加工区，然后经过回液管回到工作箱过滤后再使用，为保证加工稳定可靠，应及时更换已到寿命的工作液（建议累积加工 200h 更换一次）。更换时应把工作液箱、过滤器一并清洗干净。工作液使用线切割机床专用工作液，可按加工需要及机床使用说明书配置。

（7）数控系统　图 7-1 中采用立式柜，YH 控制系统应用先进的计算机图形和数控技术，集编程、控制为一体，不仅能精确地控制电极丝相对于工件的运动轨迹，获得精确的加工零件形状和尺寸，而且能控制加工过程的电参数保持正常稳定。

3. 加工流程

线切割加工首先要按工件图样要求进行图样分析，以确定加工工艺。通常线切割加工的基本操作流程可分为加工前的准备工作、线切割编程、加工、切割后工件的清理与检验四部分，如图7-3所示。加工前的准备工作主要包括电极丝选择、绕丝、电极丝垂直度校核、工件打穿丝孔、工件装夹和定位等；线切割编程；加工中主要电参数的选择、如何防止断丝等；加工结束后清理工件、检验加工尺寸精度和表面粗糙度。其中电极丝的准备、工件的装夹和定位等操作在主机上完成。

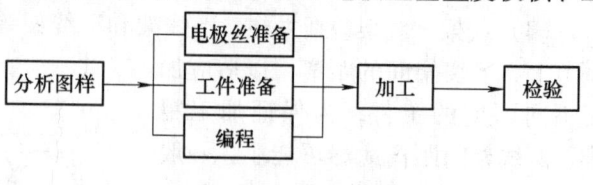

图7-3 线切割加工流程

三、数控线切割加工的特点和用途

线切割的加工精度可达±0.01mm，表面粗糙度值为$Ra1.25\sim2.5\mu m$。线切割可以加工用一般切削加工方法难以加工或无法加工的硬质合金和淬火钢等高硬度、复杂轮廓形状的板状金属工件，对冲裁（落料）模具中的凸、凹模尤其适用。数控线切割加工是机械制造中不可缺少的一种先进的加工方法，具有如下特点：

1) 利用电蚀原理加工，电极丝与工件不直接接触，两者之间的作用力很小，因而工件的变形很小，电极丝、夹具不需要太高的强度。

2) 直接利用线状的电极丝做电极，不需要制作专用电极，可节约电极设计和制造费用。

3) 可以加工用传统切削加工方法难以加工或无法加工的形状复杂的工件。由于数控电火花线切割机床是数字控制系统，因此加工不同的工件只需编制不同的控制程序，对不同形状的工件都很容易实现自动化加工。数控线切割很适合于小批量形状复杂零件，以及单件和试制品的加工，且加工周期短。

4) 采用四轴联动，可加工锥度，上、下面异形体等零件。

5) 传统的车、铣、钻加工中，刀具硬度必须比工件硬度大，而数控电火花切割机床的电极丝不必比工件材料硬，可以加工硬度很高或很脆，用一般切割法难以加工或无法加工的材料。在加工中作为刀具的电极丝无须刃磨，可节费辅助时间和刀具费用。

6) 直接利用电、热能进行加工，可以方便地对影响加工精度的加工参数（如脉冲宽度、间隔、电流）进行调整，有利于加工精度的提高，便于实现加工过程的自动化控制。

7) 工作液采用水基乳化液，成本低，不会发生火灾。

8) 电火花切割不能加工非导电材料。

9) 与一般切削加工相比，线切割加工的金属去除率低，因此加工成本高，不适合形状简单的大批量零件加工。

四、数控线切割机床的型号及参数标准

线切割机床按电极丝运动的速度，可分为高速走丝和低速走丝。电极丝运动速度为7～10m/s的为高速走丝，低于0.2m/s的为低速走丝，国内现有线切割机床大多为前者，国外的产品和国内近些年开发的线切割机床大都为后者。

我国国标规定，机床型号由汉语拼音字母和阿拉伯数字组成，它表示机床的类别、特性和基本参数。

数控线切割机床型号DK7725的含义如下：

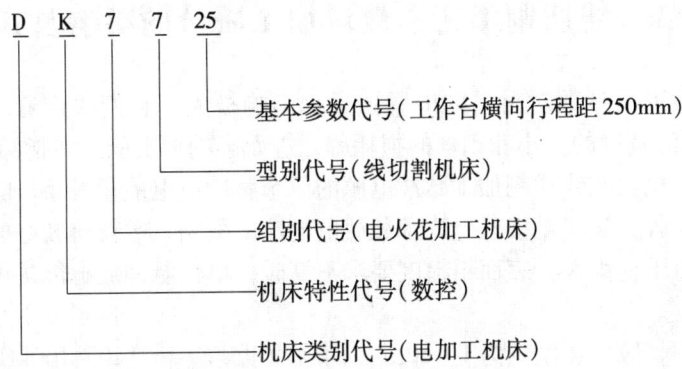

五、数控线切割机床的主要技术参数

表 7-1 摘自国家已颁布的《电火花线切割机床参数》（GB/T 7925—2005）标准。

数控线切割机床的主要技术参数包括：工作台行程（纵向行程 × 横向行程）、最大切割厚度、加工表面粗糙度、加工精度、切割速度以及数控系统的控制功能等。表 7-2 为 DK77 系列数控线切割机床的主要型号及技术参数。

表 7-1 线切割机床参数（GB/T 7925—2005） （单位：mm）

工作台	横向行程	100		125		160		200		250		320		400		500		630	
	纵向行程	125	160	160	200	200	250	250	320	320	400	400	500	500	630	630	800	800	1000
	最大承载重量/kg	10	15	20	25	40	50	60	80	120	160	200	250	320	500	500	630	960	1200
工件尺寸	最大宽度	125		160		200		250		320		400		500		630		800	
	最大长度	200	250	250	320	320	400	400	500	500	630	630	800	800	1000	1000	1250	1250	1600
	最大切割厚度	40、60、80、100、120、180、200、250、300、350、400、450、500、550、600																	
最大切割锥度		0°、3°、6°、9°、12°、15°、18°（18°以上，每挡间隔加 6°）																	

表 7-2 DK77 系列数控线切割机床的主要型号及技术参数

机床型号	DK7716	DK7720	DK7725	DK7732	DK7740	DK7750	DK7763	DK77120
工作台行程/mm	200×160	250×200	320×250	500×320	500×400	800×500	800×630	2000×1200
最大切割厚度/mm	100	200	140	300（可调）	400（可调）	300	150	500（可调）
加工表面粗糙度 $Ra/\mu m$	2.5	2.5	2.5	2.5	6.3~3.2	2.5	2.5	
加工精度/mm	0.01	0.015	0.012	0.015	0.025	0.01	0.02	
切割速度/(mm²/min)	70	80	80	100	120	120	120	
加工锥度	3°~60°各厂家的型号不同							
控制方式	各种型号均有单板（或单片）机或微机控制							
各厂家生产的机床切割速度有所不同								

第二节　线切割工艺参数对加工质量的影响及其选择

脉冲电源的波形与参数对材料的电腐蚀过程影响极大，它们决定着放电痕（表面粗糙度）、蚀除率、切缝宽度的大小和钼丝的损耗率，进而影响加工的工艺指标。

一般情况下，电火花线切割加工脉冲电源的单个脉冲放电能量较小，除受工件加工表面粗糙度要求的限制外，还受电极丝允许承载放电电流的限制。欲获得较好的表面粗糙度，每次脉冲放电的能量不能太大。表面粗糙度要求不高时，单个脉冲放电能量可取大些，以便得到较高的切割速度。

在实际应用中，脉冲宽度约为 $1 \sim 60\mu s$，而脉冲重复频率为 $10 \sim 100 kHz$，有时也可以高于或低于这个范围。脉冲宽度窄、重复频率高，有利于降低表面粗糙度值，提高切割速度。

实践证明，在其他工艺条件大体相同的情况下，脉冲电源的波形及参数对工艺效果的影响是相当大的。目前广泛应用的脉冲电源波形是矩形波，下面以矩形波脉冲电源为例，说明脉冲参数对工艺指标的影响。

矩形波脉冲电源的波形如图 7-4 所示，它是晶体管脉冲电源中使用最普遍的一种波形，也是线切割加工中行之有效的波形之一。

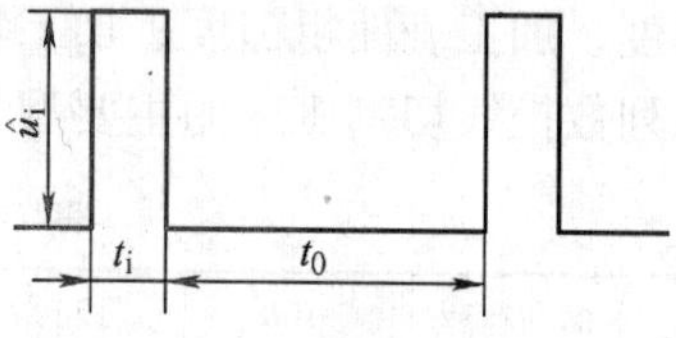

一、脉冲宽度对工艺指标的影响

图 7-5 是在一定工艺条件下，脉冲宽度 t_i 对切割速度 v_{wi} 和表面粗糙度 Ra 影响的曲线。由图可知，增加脉冲宽度，使切割速度提高，但表面粗糙度变差。这是因为脉冲宽度增加，使单个脉冲放电能量增大，则放电痕也大，同时，随着脉冲宽度的增加，电极丝损耗变大。

图 7-4　矩形波脉冲

通常，电火花线切割加工用于精加工和中加工时，单个脉冲放电能量应限制在一定范围内。当短路峰值电流选定后，脉冲宽度要根据具体的加工要求来选定。精加工时，脉冲宽度可在 $20\mu s$ 内选择；中加工时，可在 $20 \sim 60\mu s$ 内选择。

二、脉冲间隔对工艺指标的影响

图 7-6 是在一定的工艺条件下，脉冲间隔 t_0 对切割速度 v_{wi} 和表面粗糙度 Ra 的影响曲线。

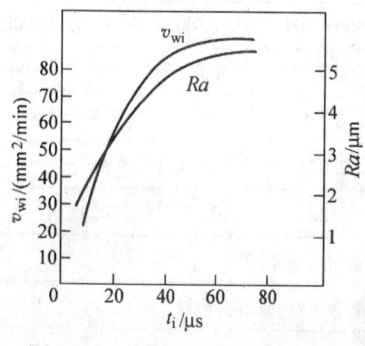

图 7-5　t_i 对 v_{wi} 和 Ra 的影响曲线

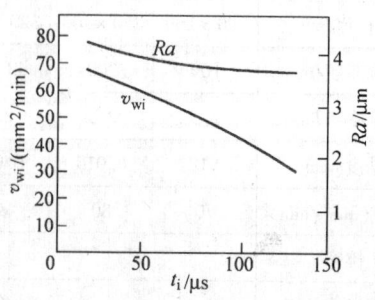

图 7-6　t_0 对 v_{wi} 和 Ra 的影响曲线

由图 7-4 可知，减小脉冲间隔，切割速度提高，表面粗糙度值稍有增大，这表明脉冲间隔对切割速度影响较大，对表面粗糙度影响较小。因为在单个脉冲放电能量确定的情况下，脉冲间隔较小，致使脉冲频率提高，即单位时间内放电加工的次数增多，平均加工电流增大，故切割速度提高。

实际上，脉冲间隔不能太小，它受间隙绝缘状态恢复速度限制。如果脉冲间隔太小，放电产物来不及排除，放电间隙来不及充分消电离，这将使加工变得不稳定，易造成烧伤工件或断丝。但是脉冲间隔也不能太大，因为这会使切割速度明显降低，严重时不能连续进给，使加工变得不够稳定。一般脉冲间隔在 10~250μs 范围内，基本上能适应各种加工条件，可进行稳定加工。

选择脉冲间隔和脉冲宽度与工件厚度有很大关系。一般来说工件厚，脉冲间隔也要大，以保持加工的稳定性。

三、短路峰值电流对工艺指标的影响

图 7-7 是在一定的工艺条件下，短路峰值电流 $\hat{i}_s$ 对切割速度 v_{wi} 和表面粗糙度 Ra 影响的曲线。由图可知，当其他工艺条件不变时，增加短路峰值电流，切割速度提高，表面粗糙度变差。这是因为短路峰值电流大，表明相应的加工电流峰值就大，单个脉冲能量亦大，所以放电痕大，故切割速度高，表面粗糙度差。

增大短路峰值电流，不但使工件放电痕变大，而且使电极丝损耗变大，这两者均使加工精度稍有降低。

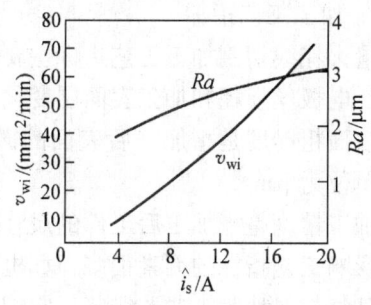

图 7-7　$\hat{i}_s$ 对 v_{wi} 和 Ra 的影响曲线

四、开路电压对工艺指标的影响

图 7-8 是在一定的工艺条件下，开路电压 u_i 对切割速度 v_{wi} 和表面粗糙度 Ra 影响的曲线。

由图 7-8 可知，随着开路电压峰值提高，加工电流增大，切割速度提高，表面变粗糙。因电压高使加工间隙变大，所以加工精度略有降低。但间隙大，有利于放电产物的排除和消电离，则提高了加工稳定性和脉冲利用率。

采用乳化液介质和高速走丝方式，开路电压峰值一般都在 60~150V 的范围内，个别的用到 300V 左右。

综上所述，在工艺条件大体相同的情况下，利用矩形波脉冲电源进行加工时，电参数对工艺指标的影响有如下规律：

1）切割速度随着加工电流峰值、脉冲宽度、脉冲频率和开路电压的增大而提高，即切割速度随着加工平均电流的增加而提高。

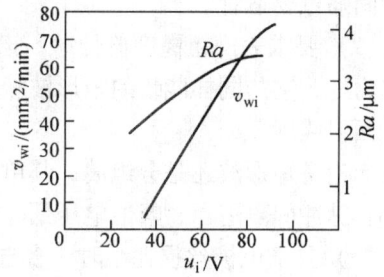

图 7-8　u_i 对 v_{wi} 和 Ra 影响的曲线

2）加工表面粗糙度值随着加工电流峰值、脉冲宽度及开路电压的减小而减小。

3）加工间隙随着开路电压的提高而增大。

4) 在电流峰值一定的情况下,开路电压的增大,有利于提高加工稳定性和脉冲利用率。

5) 表面粗糙度的改善,有利于提高加工精度。

实践表明,改变矩形波脉冲电源的一项或几项电参数,对工艺指标的影响很大,须根据具体的加工对象和要求,全面考虑各因素及其相互影响关系。选取合适的电参数,既要满足主要加工要求,又要注意提高各项加工指标。例如,加工精小模具或零件时,选择电参数要满足尺寸精度高、表面粗糙度值低的要求,选取较小的加工电流的峰值和较窄的脉冲宽度,这必然带来加工速度的降低。又如,加工中、大型模具和零件时,对尺寸精度和表面粗糙度要求低一些,故可选用加工电流峰值大、脉冲宽度宽些的电参数值,尽量获得较高的切割速度。此外,不管加工对象和要求如何,还须选择适当的脉冲间隔,以保证加工稳定进行,提高脉冲利用率。因此,选择电参数值相当重要,只要能客观地运用它们的最佳组合,就一定能够获得良好的加工效果。

五、根据加工对象合理选择电参数

1. 加工工艺指标

电火花线切割加工工艺指标主要包括切割速度、表面粗糙度、加工精度等。此外,放电间隙、电极丝损耗和加工表面层变化也是反映加工效果的重要内容。

表面粗糙度是指加工后表面的微观不平度,通常用不平度的算术平均偏差 Ra 值来衡量,单位为 μm 。

加工精度是指加工后工件的尺寸、几何形状精度和相互位置精度。

影响工艺指标的因素很多,如机床精度、脉冲电源的性能、工作液的脏污程度、电极丝与工件材料及切割工艺路线等。它们是互相关联又互相矛盾的。其中,脉冲电源的波形及参数的影响是相当大的,如矩形波脉冲电源的参数主要有电压、电流、脉冲宽度、脉冲间隔等。所以,根据不同的加工对象选择合理的电参数是非常重要的。

2. 合理选择电参数

(1) 要求切割速度高时 当脉冲电源的空载电压高、短路电流大、脉冲宽度大时,切割速度高。但是切割速度和表面粗糙度的要求是互相矛盾的两个工艺指标,必须在满足表面粗糙度的前提下再追求高的切割速度。而且切割速度还受到间隙消电离的限制,也就是说,脉冲间隔也要适宜。

(2) 要求表面粗糙度值低时 若切割的工件厚度在 80mm 以内,则选用分组波的脉冲电源为好,它与同样能量的矩形波脉冲电源相比,在相同的切割速度条件下,可以获得较好的表面粗糙度。

无论是矩形波还是分组波,其单个脉冲能量小,则表面粗糙度值低。也就是说,脉冲宽度小、脉冲间隔适当、峰值电压低、峰值电流小时,表面粗糙度值较低。

(3) 要求电极丝损耗小时 多选用前阶梯脉冲波形或脉冲前沿上升缓慢的波形。由于这种波形电流的上升率低(即 di/dt 小),故可以减小电极丝损耗。

(4) 要求切割厚工件时 选用矩形波、电高压、大电流、大脉冲宽度和大的脉冲间隔可充分消电离,从而保证加工的稳定性。

若加工模具厚度为 20~60mm,表面粗糙度值为 $Ra1.6~3.2\mu m$,脉冲电源的电参数可在如下范围内选取:

脉冲宽度：4～20μs。
脉冲幅值：60～80V。
功率管数：3～6个。
加工电流：0.8～2A。
切割速度约为：15～40mm²/min。

选择上述的下限参数时，表面粗糙度值为 $Ra1.6\mu m$。随着参数的增大，表面粗糙度值增至 $Ra3.2\mu m$。

加工薄工件和试切样板时，电参数应取小些，否则会使放电间隙增大。

加工厚工件（如凸模）时，电参数应适当取大些，否则会使加工不稳定，模具质量下降。

3. 合理调整变频进给的方法

整个变频进给控制电路有多个调整环节，其中大都安装在机床控制柜内部，出厂时已调整好，一般不应再变动；另有一个调节旋钮安装在控制台操作面板上，操作工人可以根据工件材料、厚度及加工要求等来调节此旋钮，以改变进给速度。

不要以为变频进给的电路能自动跟踪工件的蚀除速度并始终维持某一放电间隙（即不会"开路不走"或"短路闷死"），便错误地认为加工时可不必或可随便调节变频进给量。实际上，某一具体加工条件下只存在一个相应的最佳进给量，此时钼丝的进给速度恰好等于工件实际可能的最大蚀除速度。如果人们设置的进给速度小于工件实际可能的蚀除速度（称欠跟踪或欠进给），则加工状态偏开路，无形中降低了生产率；如果设置好的进给速度大于工件实际可能的蚀除速度（过跟踪或过进给），则加工状态偏短路，实际进给和切割速度反而也将下降，而且增加了断丝和"短路闷死"的危险。实际上，由于进给系统中步进电动机、传动部件等有机械惯性及滞后现象，不论是欠进给或过进给，自动调节系统都将使进给速度忽快忽慢，加工过程变得不稳定。因此，合理调节变频进给，使其达到较好的加工状态是很重要的，主要有以下两种方法。

（1）用示波器观察和分析加工状态的方法　如果条件允许，最好用示波器来观察加工状态，它不仅直观，而且还可以测量脉冲电源的各种参数。图7-9 所示为加工时可能出现的几种典型波形。

将示波器输入线的正极接工件，负极接电极丝，调整好示波器，则观察到的较好波形应如图7-10 所示。若变频进给调整得合适，则加工波最浓，空载波和短路波很淡，此时为最佳加工状态。

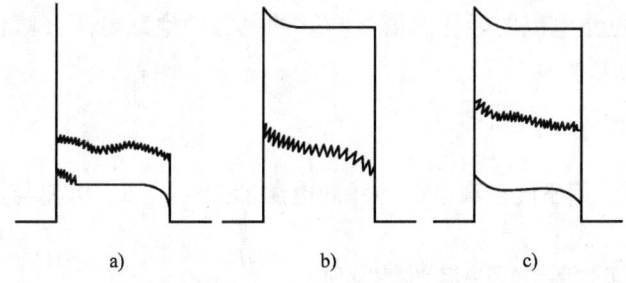

图7-9　加工时的几种波形
a) 过跟踪　b) 欠跟踪　c) 正常跟踪

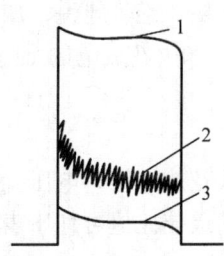

图7-10　最佳加工波形
1—空载波　2—加工波　3—短路波

数控线切割机床加工效果的好坏，在很大程度上还取决于操作者调整进给速度是否适宜。为此，可将示波器接到放电间隙，根据加工波形来直观地判断与调整。

1) 进给速度过高（过跟踪，见图7-9a）。此时间隙中空载电压波形消失，加工电压波形变弱，短路电压波形浓。这时工件蚀除的线速度低于进给速度，间隙接近于短路，加工表面发焦呈褐色，工件的上下端面均有过烧现象。

2) 进给速度过低（欠跟踪，见图7-9b）。此时间隙中空载电压波形较浓，时而出现加工波形，短路波形出现较少。这时工件蚀除的线速度大于进给速度，间隙近于开路，加工表面发焦呈淡褐色，工件的上下端面也有过烧现象。

3) 进给速度稍低（欠佳跟踪）。此时间隙中空载、加工、短路三种波形均较明显，波形比较稳定。这时工件蚀除的线速度略高于进给速度，加工表面较粗、较白，两端面有黑白交错相间的条纹。

4) 进给速度适宜（最佳跟踪，见图7-10）。此时间隙中空载及短路波形弱，加工波形浓而稳定。这时工件蚀除的速度与进给速度相当，加工表面细而亮，丝纹均匀。因此在这种情况下，能得到表面粗糙度值低、精度高的加工效果。

表7-3给出了根据进给状态调整变频的方法。

表7-3 根据进给状态调整变频的方法

实频状态	进给状态	加工面状况	切割速度	电极丝	变频调整
过跟踪	慢而稳	焦褐色	低	略焦，老化快	应减慢进给速度
欠跟踪	忽慢忽快不均匀	不光洁易出深痕	较快	易烧丝，丝上有白斑伤痕	应加快进给速度
欠佳跟踪	慢而稳	略焦褐，有条纹	低	焦色	应稍增加进给速度
最佳跟踪	很稳	发白，光洁	快	发白，老化慢	不需再调整

(2) 用电流表观察分析加工状态的方法　利用电压表和电流表以及示波器等来观察加工状态，使之处于较好的加工状态，实质上也是一种调节合理的变频进给速度的方法。现在介绍一种用电流表根据工作电流和短路电流的比值来更快速、有效地调节最佳变频进给速度的方法。

根据工人长期操作实践，并经理论推导证明，用矩形波脉冲电源进行线切割加工时，无论工件材料、厚度、规准大小，只要调节变频进给旋钮，把加工电流（即电流表上指示出的平均电流）调节到大小等于短路电流（即脉冲电源短路时表上指示的电流）的70%～80%，就可保证为最佳工作状态，即此时变频进给速度合理、加工最稳定、切割速度最高。

更严格、准确地说，加工电流与短路电流的最佳比值 β 与脉冲电源的空载电压（峰值电压 $\hat{u}_i$）和火花放电的维持电压 u_e 的关系为

$$\beta = 1 - \frac{u_e}{\hat{u}_i}$$

当火花放电维持电压 u_e 为20V时，用不同空载电压的脉冲电源加工时，加工电流与短路电流的最佳比值可列于表7-4。

表7-4 加工电流与短路电流的最佳比值

脉冲电源空载电压 $\hat{u}_i$/V	40	50	60	70	80	90	100	110	120
加工电流与短路电流的最佳比值 β	0.5	0.6	0.66	0.71	0.75	0.78	0.8	0.82	0.83

短路电流的获取，可以用计算法，也可用实测法。例如，某种电源的空载电压为100V，共用6个功放管，每管的限流电阻为25Ω，则每管导通时的最大电流100V/25Ω=4A。6个功放管全用时，导通时的短路峰值电流为6×4A=24A。设选用的脉冲宽度和脉冲间隔的比值为1:5，则短路时的短路电流（平均值）为

$$24A \times \frac{1}{5+1} = 4A$$

由此在切割加工中，调节到加工电流=4A×0.8=3.2A时，进给速度和切割速度可认为最佳。

实测短路电流的方法为用一根较粗的导线或螺钉旋具，人为地将脉冲电源输出端搭接短路，此时由电表上读得的数值即为短路电流值。按此法可对上述电源将不同电压、不同脉宽间隔比时的短路电流列成一表，以备随时查用。

本方法可使操作工人在调节和寻找最佳变频进给速度时有一个明确的目标值，可很快地调节到较好的进给和加工状态的大致范围，必要时再根据前述电压表和电流表指针的摆动方向，补偿调节到表针稳定不动的状态。

必须指出，所有上述调节方法，都必须在工作液供给充足、导轮精度良好、钼丝松紧合适等正常切割条件下才能取得较好的效果。

4. 进给速度对切割速度和表面质量的影响

（1）进给速度调得过快　超过工件的蚀除速度，会频繁地出现短路，造成加工不稳定，反而使实际切割速度降低，加工表面发焦呈褐色，工件上下端面处有过烧现象。

（2）进给速度调得太慢　大大落后于可能的蚀除速度，极间将偏开路，使脉冲利用率过低，切割速度大大降低，加工表面发焦呈淡褐色，工件上下端面处有过烧现象。

上述两种情况，都可能引起进给速度忽快忽慢，加工不稳定，且易断丝。加工表面出现不稳定条纹，或出现烧蚀现象。

（3）进给速度调得稍慢　加工表面较粗、较白，两端有黑白交错的条纹。

（4）进给速度调得适宜　加工稳定，切割速度高，加工表面细而亮，丝纹均匀，可获得较低的表面粗糙度值和较高的精度。

第三节　数控线切割机床加工工艺的制订

数控线切割加工，一般是作为工件加工中的最后工序。要达到零件的精度及表面粗糙度要求，应合理控制线切割加工时的各种工艺因素（电参数、切割速度、工件装夹等），同时应安排好零件的工艺路线及线切割加工前的准备工作。线切割加工的工艺准备和工艺过程如图7-11所示。下面将对运用线切割机床加工模具零件的工作步骤进行分析。

一、分析和审核图样

分析图样对保证工件质量和工件的综合技术指标是有决定意义的第一步。在加工冲裁模时，首先要挑出不能进行或不宜用线切割加工的工件图样，大致有以下几种情况：

1）表面粗糙度和尺寸精度要求很高，切割后无法进行手工研磨的工件。

2）窄缝小于电极丝直径加放电间隙的工件，或图形内拐角处不允许带有电极丝半径加放电间隙所形成的圆角的工件。

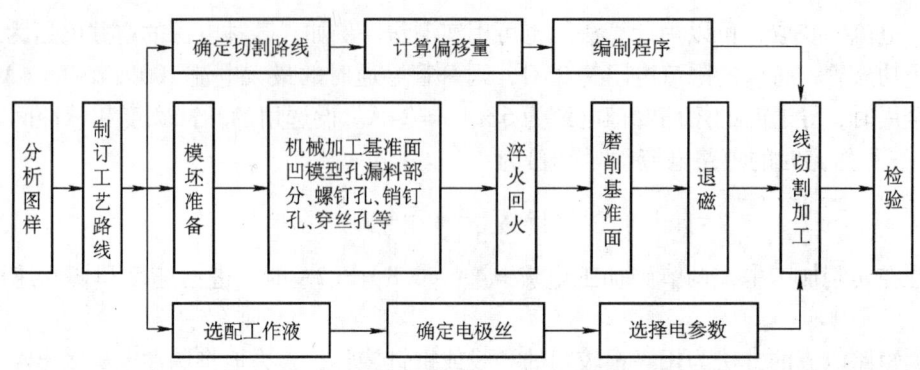

图 7-11 线切割加工的工艺准备和工艺过程

3）厚度超过丝架跨距的零件。
4）加工长度超过 X、Y 拖板的有效行程长度，且精度要求较高的工件。
5）非导电材料。

对于可以用数控线切割加工工艺的工件，应着重在表面粗糙度、尺寸精度、工件厚度、工件材料、尺寸大小、配合间隙和制件厚度等方面仔细考虑。

对工件图样进行审核和分析主要包括下列内容：

1. 凹角和尖角的尺寸要符合线切割加工的特点

线切割加工是用电极丝作为工具电极来加工的。因为电极丝有一定的半径 R，加工时又有一加工间隙 δ，使电极丝中心运动轨迹与给定图形相差距离 f，即 $f = R + \delta$，如图 7-12 所示。这样，加工凸模类零件时，电极丝中心轨迹应放大；加工凹模类零件时，电极丝中心轨迹应缩小。

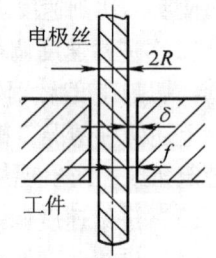

图 7-12 电极丝与工件放电位置关系

线切割加工过程中，在工件的凹角处不能得到"清角"，而是半径等于 f 的圆弧。对于形状复杂的精密冲模，在凸、凹模设计图样上应注明拐角处的过渡圆弧半径 R'。加工凹模时，$R' \geq R + \delta$；加工尖角时，$R' = R - \Delta$，其中 Δ 为配合间隙。

2. 材料的选用和热处理

以线切割加工为主要工艺时，钢的加工路线是：下料—锻造—退火—机械粗加工—淬火与回火—磨削加工—线切割加工—钳工修整。

这种工艺路线的特点之一是工件在加工的全过程中会出现两次较大的变形。经过机械粗加工的整块坯件先经过热处理，材料在该过程中会产生第一次较大的变形，材料内部的残余应力显著地增加了。热处理后的坯件进行切割加工时，由于大面积去除金属和切断加工，会使材料内部残余应力的相对平衡状态受到破坏，材料又会产生第二次较大变形。例如，对经过淬火的钢坯件切割时（图 7-13），在 a—b 的切割过程中，发生的变形如双点画线所示，可以看到材料内部残存着拉应力。切割

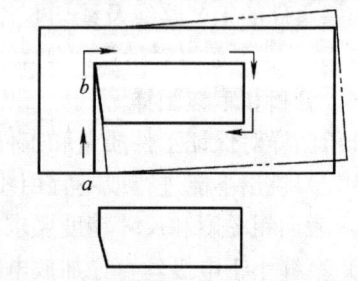

图 7-13 切割加工后钢材变形情况

完的工件与电极丝轨迹有很大差异。

图 7-14 为切割孔类工件的变形,在切割矩形孔过程中,由于材料有残余应力,当材料去除后,可能导致矩形孔变为双点画线表示的鼓形或虚线表示的鞍形。

3. 合理选择表面粗糙度和加工精度

线切割加工表面是由无数的小坑和凸起组成的,粗细较均匀,所以在相同的粗细程度下,耐用度比机械加工的表面好。采用线切割加工时,工件表面粗糙度的要求可以较机械加工法降低半级到一级;同时,线切割加

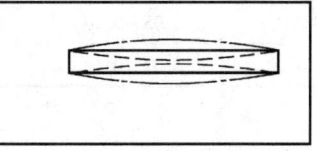

图 7-14 切割孔类工件的变形

工的表面粗糙度等级提高一级,加工速度将大幅度下降,所以,图样要合理地给定表面粗糙度。线切割加工所能达到的最好粗糙度是有限的,若无特殊要求,对表面粗糙度的要求不能太高,同样,加工精度的给定也要合理。目前,绝大多数数控线切割机床的脉冲当量为0.001mm,由于工作台传动精度所限,加工走丝系统和其他方面的影响,使切割加工精度一般为 6 级左右,如果加工精度要求很高,是难于实现的。

二、加工前的工艺准备

加工前的工艺准备主要包括线电极准备、工件准备和工作液配制。

1. 线电极准备

(1) 线电极材料的选择　目前线电极材料的种类很多,主要有纯铜丝、黄铜丝、专用黄铜丝、钼丝、钨丝、各种合金丝及镀层金属线等。表 7-5 是常用线电极材料的特点,可供选择时参考。

表 7-5　常用线电极材料的特点　　　　　　　　　　　　(单位：mm)

材料	线径	特　点
纯铜	0.1~0.25	适用于切割速度要求不高或精加工。丝不易卷曲,抗拉强度低,容易断丝
黄铜	0.1~0.30	适用于高速加工,加工面的蚀屑附着少。表面粗糙度和加工面的平直度也较好
专用黄铜	0.05~0.35	适用于高速、高精度和理想的表面粗糙度加工以及自动穿丝,但价格高
钼	0.06~0.25	由于它的抗拉强度高,一般用于快速走丝。在进行微细、窄缝加工时,也可用于慢速走丝
钨	0.03~0.10	由于抗拉强度高,可用于各种窄缝的微细加工,但价格昂贵

一般情况下,快速走丝机床常用钼丝作线电极,钨丝或其他昂贵金属丝因成本高而很少用,而其他线材因抗拉强度低,在快速走丝机床上不能使用。慢速走丝机床上则可用各种铜丝、铁丝、专用合金丝以及镀层(如镀锌等)的电极丝。

(2) 线电极直径的选择　线电极直径 d 应根据工件加工的切缝宽窄、工件厚度及拐角尺寸大小等来选择。由图 7-15 可知,线电极直径 d 与拐角半径 R 的关系为 $d \leq 2(R-\delta)$。所以,在拐角要求小的微细线切割加工中,需要选用线径细的电极,但线径太细,能够加工的工件厚度也将会受到限制。表 7-6 列出线径与拐角和工件厚度的极限。

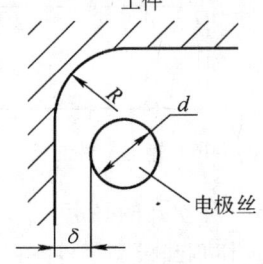

图 7-15　线电极直径与
　　　　　拐角的关系

表 7-6　线径与拐角和工件厚度的极限　　　　　　　　　　（单位：mm）

线电极直径 d	拐角极限 R_{min}	切割工件厚度	线电极直径 d	拐角极限 R_{min}	切割工件厚度
钨 0.05	0.4~0.07	0~10	黄铜 0.15	0.10~0.16	0~50
钨 0.07	0.05~0.10	0~20	黄铜 0.20	0.12~0.20	0~100 以上
钨 0.10	0.07~0.12	0~30	黄铜 0.25	0.15~0.22	0~100 以上

2. 工件准备

(1) 工件材料的选定和处理　工件材料的选择是由图样设计时确定的。作为模具加工，在加工前毛坯需经锻打和热处理。锻打后的材料在锻打方向与其垂直方向会有不同的残余应力，淬火后也会出现残余应力。加工过程中残余应力的释放会使工件变形，从而达不到加工尺寸精度要求，淬火不当的工件还会在加工过程中出现裂纹。因此，工件需经二次以上回火或高温回火。另外，加工前还要进行消磁处理及去除表面氧化皮和锈斑等。例如，以线切割加工为主要工艺时，钢件的加工工艺路线一般为：下料—锻造—退火—机械粗加工—淬火与高温回火—磨加工(退磁)—线切割加工—钳工修整。

为了避免或减少上述情况，应选择锻造性能好、淬透性好、热处理变形小的材料。例如，以线切割为主要工艺的冷冲模具，应尽量选用 CrWMn、Cr12MoV 等合金工具钢，并要正确选择热加工方法和严格执行热处理规范。另一方面，也要合理安排线切割加工工艺(后述)。

(2) 工件加工基准的选择　为了便于线切割加工，根据工件外形和加工要求，应准备相应的校正和加工基准，并且此基准应尽量与图样的设计基准一致。常见的选择有以下两种形式。

1) 以外形为校正和加工基准。外形是矩形状的工件，一般需要有两个相互垂直的基准面，并垂直于工件的上，下平面(图 7-16)。

2) 以外形为校正基准，内孔为加工基准。无论是矩形、圆形还是其他异形的工件，都应准备一个与工件的上、下平面保持垂直的校正基准。此时，其中一个内孔可作为加工基准，如图 7-17 所示。在大多数情况下，外形基面在线切割加工前的机械加工中就已准备好了。工件淬硬后，若基面变形很小，可稍加打光便可用线切割加工；若变形较大，则应当重新修磨基面。

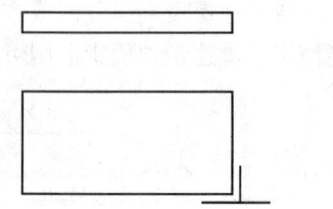
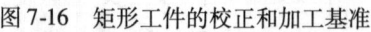
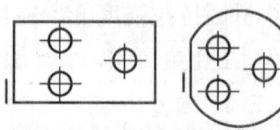

图 7-16　矩形工件的校正和加工基准　　　图 7-17　外形一侧边为校正基准，内孔为加工基准

(3) 穿丝孔的确定

1) 切割凸模类零件。此时为避免将坯件外形切断引起变形，通常在坯件内部外形附近预制穿丝孔(图 7-18c)。

2) 切割凹模、孔类零件。此时可将穿丝孔位置选在待切割型腔(孔)内部。当穿丝孔位置选在待切割型腔(孔)的边角处时,切割过程中无用的轨迹最短;而穿丝孔位置选在已知坐标尺寸的交点处则有利于尺寸推算;切割孔类零件时,若将穿丝孔位置选在型孔中心可使编程操作容易。因此,要根据具体情况来选择穿丝孔的位置。

3) 穿丝孔大小。穿丝孔大小要适宜,一般不宜太小。如果穿丝孔径太小,不但钻孔难度增加,而且也不便于穿丝。若穿丝孔径太大,则会增加钳工工艺上的难度,一般穿丝孔常用直径为 $\phi3 \sim \phi10mm$。如果预制孔可用车削等方法加工,则穿丝孔径也可大些。

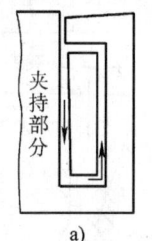 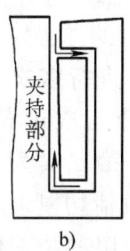 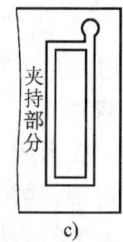

图 7-18　切割起始点和切割路线的安排

(4) 切割路线的确定　线切割加工工艺中,切割起始点和切割路线的确定合理与否,将影响工件变形的大小,从而影响加工精度。图 7-18 所示的由外向内顺序的切割路线,通常在加工凸模零件时采用。其中,图 7-18a 所示的切割路线是错误的。因为当切割完第一边继续加工时,由于原来主要连接的部位被割离,余下材料与夹持部分的连接较少,工件的刚度大为降低,容易产生变形而影响加工精度。如按图 7-18b 所示的切割路线加工,可减少由于材料割离后残余应力重新分布而引起的变形。所以,一般情况下,最好将工件与其夹持部分分割的线段安排在切割路线的末端。对于精度要求较高的零件,最好采用如图 7-18c 所示的方案,电极丝不由坯件外部切入,而是将切割起始点取在坯件预制的穿丝孔中,这种方案可使工件的变形最小。

切割孔类零件时,为了减少变形,还可采用二次切割法,如图 7-19 所示。第一次粗加工型孔,各边留余量 0.1~0.5mm,以补偿材料被切割后由于内应力重新分布而产生的变形。第二次切割为精加工,这样可以达到比较满意的效果。

(5) 接合突尖的去除方法　由于线电极的直径和放电间隙的关系,在工件切割面的交接处,会出现一个高出加工表面的高线条,称为突尖,如图 7-20 所示。这个突尖的大小决定于线径和放电间隙。在快速走丝的加工中,用细的线电极加工,突尖一般很小,在慢速走丝加工中就比较大,必须将它去除。下面介绍几种去除突尖的方法。

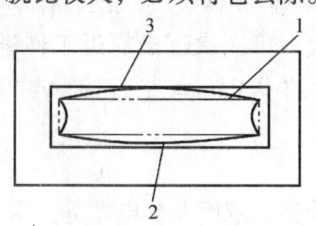

图 7-19　二次切割孔类零件
1—第一次切割的理论图形　2—第一次切割的实际图形
3—第二次切割的图形

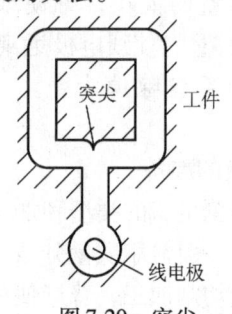

图 7-20　突尖

1) 利用拐角的方法。凸模在拐角位置的突尖比较小,选用图 7-21 所示的切割路线,可减少精加工量。切下前要将凸模固定在外框上,并用导电金属将其与外框连通,否则在加工中不会产生放电。

2) 切缝中插金属板的方法。将切割要掉下来的部分,用固定板固定起来,在切缝中插入金属板，金属板长度与工件厚度大致相同，金属板应尽量向切落侧靠近，如图7-22所示。切割时应往金属板方向多切入大约一个线电极直径的距离。

3）用多次切割的方法。工件切断后，对突尖进行多次切割精加工。一般分三次进行，第一次为粗切割，第二次为半精切割，第三次为精切割。也可采用粗、精二次切割法去除突尖，如图7-23所示。切割次数的多少，主要看加工对象精度要求的高低和突尖的大小来确定。

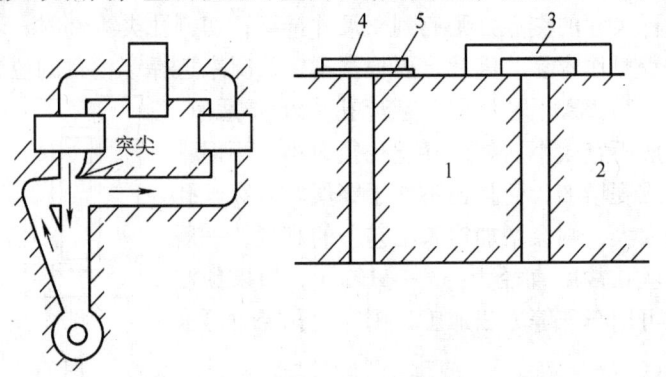

图7-21 利用拐角去除突尖
1—凸模 2—外框 3—短路用金属 4—固定夹具 5—粘接剂

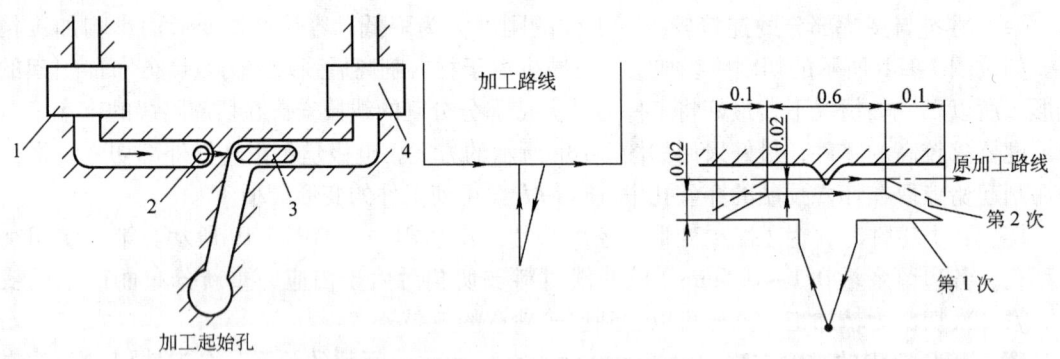

图7-22 插入金属板去除突尖
1—固定夹具 2—线电极 3—金属板 4—短路用金属

图7-23 二次切割去除突尖的路线

改变偏移量的大小，可使线电极靠近或离开工件。第一次比原加工路线增加大约0.04mm的偏移量，使线电极远离工件开始加工，第二次、第三次逐渐靠近工件进行加工，一直到突尖全部被除掉为止。一般为了避免过切，应留0.01mm左右的余量供手工精修。

3. 工作液的准备

根据线切割机床的类型和加工对象，选择工作液的种类、浓度及导电率等。对快速走丝线切割加工，一般常用质量分数为10%左右的乳化液，此时可达到较高的线切割速度。对于慢速走丝线切割加工，普遍使用去离子水，适当添加某些导电液有利于提高切割速度。一般使用电阻率为$2\times10^4\Omega\cdot cm$左右的工作液，可达到较高的切割速度。工作液的电阻率过高或过低均会降低线切割的速度。

三、加工与检验

1. 加工时的调整

（1）调整电极丝垂直度 在装夹工件前必须以工作台为基准，先将电极丝垂直度调整好，再根据技术要求装夹加工坯料。条件许可时最好以刀口形直角尺再复测一次电极丝对装夹好的工件的垂直度。如发现不垂直，说明工件装夹可能翘起或低头，也可能是工件有毛刺或电极丝没挂进导轮，需立即修正（因为模具加工面垂直与否直接影响模具质量）。

（2）调整脉冲电源的电参数　脉冲电源的电参数选择是否恰当，对加工模具的表面粗糙度、精度及切割速度起着决定性的作用。

电参数与加工工件技术工艺指标的关系是：脉冲宽度增加、脉冲间隙减小、脉冲电压幅值增大（电源电压升高）、峰值电流增大（功率管增多）都会使切割速度提高，但加工的表面粗糙度和精度则会下降；反之则可改善表面粗糙度和提高加工精度。

随着峰值电流的增大，脉冲间隙减小、频率提高、脉冲宽度增大，脉冲波前沿变陡，电极丝损耗也增大。

（3）调整进给速度　当电参数选好后，在采用第一条程序切割时，要对变频进给速度进行调整，这是保证稳定加工的必要步骤。如果加工不稳，工件表面质量会大大下降，工件表面粗糙度和精度变差，同时还会造成断丝。只有电参数选择恰当，同时变频进给调得比较稳定，才能获得好的加工质量。

变频进给跟踪是否处于最佳状态，可用示波器监视工件和电极丝之间的电压波形。

2. 正式切割加工

经过以上各方面的准备调整工作，可以正式加工模具，一般是先加工固定板、卸料板，然后加工凸模，最后加工凹模。凹模加工完毕，先不要松压板取下工件，而要把凹模中的废料芯拿开，把切割好的凸模试插入凹模中，看看模具间隙是否符合要求，如间隙过小可再修大一些，如凹模有差错，可根据加工的坐标进行必要的修补。

3. 检验

检验内容如下。

（1）模具的尺寸精度和配合间隙

1）落料模：凹模尺寸应是图样零件的公称尺寸；凸模尺寸应是图样零件的公称尺寸减去冲模间隙。

2）冲孔模：凸模尺寸应是图样零件的公称尺寸；凹模尺寸应是图样零件的公称尺寸加上冲模间隙。

3）固定板：应与凸模静配合。

4）卸料模：大于或等于凹模尺寸。

5）级进模：检查步距尺寸精度。

6）检验工具：根据不同精度的模具，可选用游标卡尺、内外径千分尺、塞规、投影仪等量具。模具间隙均匀性也可用透光法目测。

（2）垂直度　检验工具：可采用平板、刀口形直角尺。

（3）表面粗糙度　检验工具：在现场可采用电火花加工表面粗糙度等级比较、样板目测或凭手感。在实验室中采用轮廓仪检测。

第四节　数控线切割加工的工艺技巧

一、复杂工件线切割加工的工艺方法

1. 对要求精度高、表面粗糙度好的工件及窄缝、薄壁工件的加工这类工件的加工,要求电极丝导向机构必须良好,电极丝张力要大,电参数宜采用小的峰值电流和小的脉宽;进给跟踪必须稳定,且要严格控制短路;工作液浓度要大些,喷流方向要包住上下电极丝进口,流量适中;在一个工件的加工过程中,中途不能停机,要注意加工环境的温度,并保持清洁。

2. 对厚度大、生产率高及大工件的加工

这类工件的加工,要求进给系统保持稳定,严格控制烧丝,电极丝导向机构必须良好。同时,电参数宜采用大的峰值电流和大的脉冲宽度,脉冲波形前沿不能太陡,脉冲搭配方案应考虑控制电极丝的损耗。并且,工作液浓度要小些,喷流方向要包住上下电极丝进丝口,流量应稍大。

二、改善线切割加工表面粗糙度的措施

表面粗糙度是模具精度的一个主要方面。数控线切割加工表面粗糙度超值的主要原因是加工过程不稳定及工作液不干净,现提出以下改善措施,供在实践中参考。

1) 保证储丝筒和导轮的制造和安装精度,控制储丝筒和导轮的轴向及径向圆跳动,导轮转动要灵活,防止导轮跳动和摆动,有利于减少钼丝的振动,保证加工过程的稳定。

2) 必要时可适当降低钼丝的走丝速度,增加钼丝正反换向及走丝时的平稳性。

3) 根据线切割工作的特点,钼丝的高速运动需要频繁地换向来进行加工。钼丝在换向的瞬间会造成其松紧不一,钼丝张力不均匀,从而引起钼丝振动直接影响加工表面粗糙度,所以应尽量减少钼丝运动的换向次数。试验证明,在加工条件不变的情况下,加大钼丝的有效工作长度,可减少钼丝换向次数及钼丝抖动,促进加工过程的稳定,提高加工表面质量。

4) 采用专用机构张紧的方式将钼丝缠绕在储丝筒上,可确保钼丝排列松紧均匀。尽量不采用手工张紧方式缠绕,因为手工缠绕很难保证钼丝在储丝筒上排列均匀及松紧一致。若松紧不均匀,钼丝各处张力不一样,就会引起钼丝在工作中抖动,从而增大加工表面粗糙度值。

5) X 向、Y 向工作台运动的平稳性和进给均匀性也会影响到加工表面粗糙度。保证 X 向、Y 向工作台运动平稳的方法是先试切。若在钼丝换向及走丝过程中变频均匀,且单独走 X 向、Y 向直线,步进电动机在钼丝正反向所走的步数大致相等,说明变频调整合适,钼丝松紧程度一致,可确保工作台运动的平稳。

6) 对于有可调线架的机床,应把线架跨距尽可能调小。跨距过大,钼丝会振动;跨距过小,不利于切削液进入加工区。如切割 40mm 的工件,线架跨距在 50~60mm 之间,上下线架的切削液喷嘴离工件表面 6~10mm,这样可提高钼丝在加工区的刚性,避免钼丝振动,有利于加工稳定。

7) 工件的进给速度要适当。因为在线切割过程中,如工件的进给速度过大,则被腐蚀的金属微粒不易全部排出,易引起钼丝短路,加剧加工过程的不稳定;如工件的进给速度过小,则生产效率低。

8) 脉冲电源同样是影响加工表面粗糙度的重要因素。脉冲电源采用矩形波脉冲,它的脉冲宽度和脉冲间隔均连续可调,不易受各种因素干扰。减少单个脉冲能量,可改善表面粗糙度。影响单个脉冲能量的因素有脉冲宽度、功放管个数、功放管峰值电流,所以减小脉冲宽度、减小峰值电流,可改善加工表面粗糙度。然而,减小脉冲宽度,生产效率会大幅度下降,所以不可用;减小功放管峰值电流,生产效率也会下降,但影响程度比减小脉冲宽度小。因此，减小功放管峰值电流，适当增大脉冲宽度，调节合适的脉冲间隔，这样可提高生产效率，又可获得较好的加工表面粗糙度。

9）保持稳定的电源电压。如果电源电压不稳定，会造成钼丝与工件两端的电压不稳定，从而引起击穿放电过程不稳定，使表面粗糙度增大。

10）线切割工作液要保持清洁。工作液使用时间过长，会使其中的金属微粒逐渐变大，使工作液的性质发生变化，降低工作液的作用，还会堵塞冷却系统，所以必须对工作液进行过滤。使用时间较长时，要更换工作液，最简单的过滤方法是在冷却泵抽水孔处放一块海绵。工作液最好是按螺旋状形式包裹住钼丝，以提高工作液对钼丝振动的吸收作用，减少钼丝的振动；改善表面粗糙度。

总之，只要消除了加工过程中的不稳定性及保持工作液清洁，就能在较高的生产效率下，获得较好的加工表面粗糙度。

三、线切割加工中产生废品及影响质量的因素

在图 7-24 中归纳整理出了各种因素对线切割质量的影响，可供分析时参考。

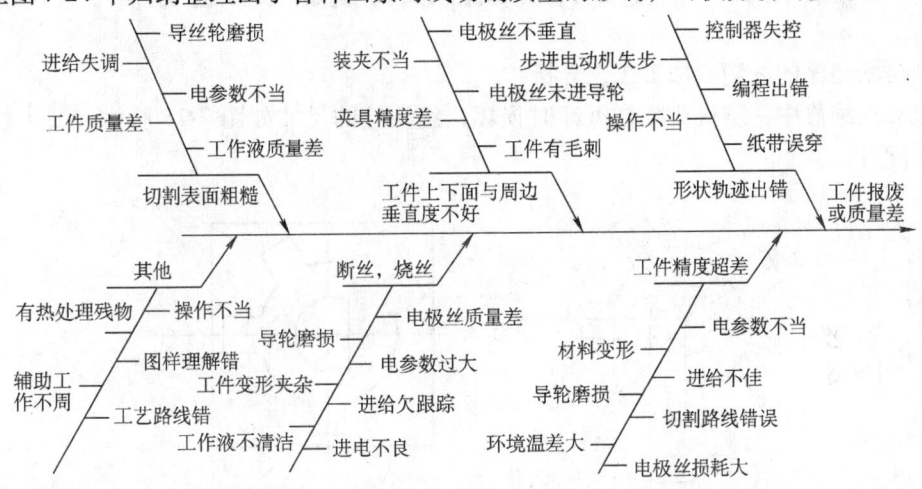

图 7-24　各种因素对线切割质量的影响

四、线切割加工中预防工件报废或质量差的方法

1. 操作人员必须具备一定技术素质

正确地理解图样的各项技术要求，编程和穿纸带要正确。工作液要及时更换，保持一定清洁度，保证上、下喷嘴不阻塞，流量合适。电极丝校准垂直，工件装夹正确。合理选用脉冲电源参数，加工不稳定时及时调整变频进给速度。加工时每个工件都要记录起割坐标。

2. 机床、控制器、脉冲电源工作要稳定

1）保证导丝机构必要的精度，经常检查导丝轮、导电块、导丝块。导丝轮的底径应小于电极丝半径，要严格控制支撑导丝轮的轴承间隙，以免电极丝运转时破坏稳定的直线度，使工件精度下降，放电间隙变大，导致加工不稳定。

导电块应保持接触良好，磨损后要及时调整，不允许在钼丝和导电块间出现火花放电。应使脉冲能量全部送往工件与电极丝之间。导丝块的位置应调整合适，保证电极丝在丝筒上排列整齐，否则会出现叠丝或夹丝现象。

2）控制器必须有较强的抗干扰能力。变频进给系统要有调整环节，步进电动机进给要平稳、不失步。

3）脉冲电源的脉冲间隔、功率管个数及电压幅值要能调节。

3. 工件材料选择要正确

1）工件材料（如凸凹模）要尽量使用热处理淬透性好、变形小的合金钢，如 Cr12 及 Cr12MoV 等。

2）毛坯需要锻造。热处理要严格按工艺要求进行，最好进行两次回火。回火后的硬度在 58~60HRC 为宜。

3）在线切割加工前，必须将工件被加工区热处理后的残物和氧化物清理干净。因为这些残存氧化物不导电，会导致断丝、烧丝或使工件表面出现深痕，严重时会使电极丝离开加工轨迹，造成工件报废。

第五节　典型零件的数控线切割加工工艺分析

一、防松垫圈的线切割加工工艺分析

某机床在维修中，防松垫圈在拆卸时损坏，经测绘的尺寸如图 7-25 所示。要求按图中尺寸加工配件。

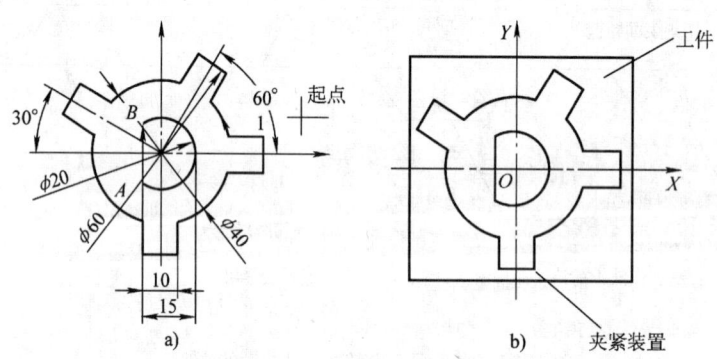

图 7-25　防松垫圈线切割实例
a）防松垫圈　b）垫圈在板料上的位置及定位坐标

1. 工艺分析

对于一时买不到需要自己加工的配件，应按单件生产来处理。尽管该零件为冲压件，但从加工成本角度考虑，采用不用制作模具的铣削和线切割方法都可行。考虑到该零件很薄，不易铣削，故选用线切割方法最为合理。

2. 机床的选择

由于该零件精度要求不高，故采用快走丝数控线切割机床。

3. 确定工艺基准

选择底平面作为定位基准面，选择孔的中心作为工序尺寸基准，并作为加工内孔时的穿丝点。

4. 确定加工路线

加工内孔时对工件的强度影响不大，采用顺、逆圆加工都可。加工外轮廓时，应向远离

工件夹具的方向进行加工，以避免加工中因内应力释放引起工件变形。待最后再转向接近工件装夹处进行加工，若采用悬臂式装夹，应从起点开始逆时针方向加工。

5. 加工参数的确定

电极丝直径 φ0.15mm，放电间隙 0.01μs。

6. 编制加工程序（略）

二、大、中型冷冲模的线切割加工工艺分析

在线切割机床上加工如图 7-26 所示的卡箍落料模凹模，工件材料为 Cr12MoV，工作面厚度 10mm。

该凹模待加工图形行程长、重量大、厚度高，去除金属量大。为保证工件的加工质量，应采取如下工艺措施：

1) 虽然工件材料已经选择了淬透性好、热处理变形小的高合金钢，但因工件外形尺寸较大，为保证型孔位置的硬度及减少热处理过程中产生的残余应力，除热处理工序应采取必要的措施外，在淬硬前，应增加一次粗加工（铣削或线切割），使凹模型孔各面均留 2 ~ 4mm 的余量。

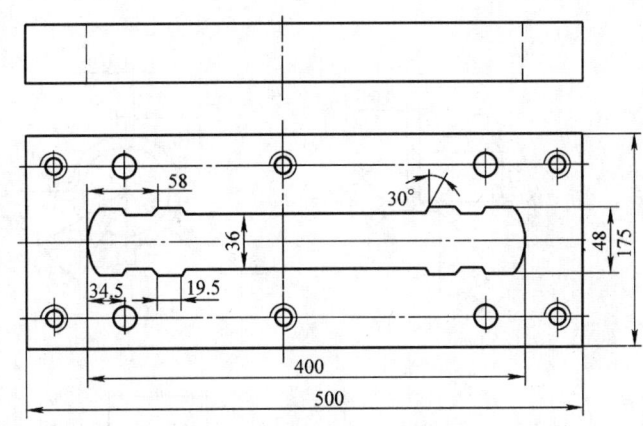

图 7-26　卡箍落料模凹模

2) 加工时采用双支承的装夹方式，即利用凹模本身架在两夹具体的定位平面上。

3) 因去除金属重量大，在切割过半，特别是快完成加工时，废料易发生偏斜和位移，而影响加工精度或卡断线电极。为此，在工件和废料块的上平面上，添加一平面经过磨削的永久磁钢，以利于废料块在切割的全过程中位置固定。

加工时选择的电参数为：空载电压峰值 95V；脉冲宽度 25μs；脉冲间隔 78μs；平均加工电流 1.8A。采用快速走丝方式，走丝速度为 9m/s；线电极为 φ0.3mm 的黄铜丝；工作液为乳化液。

加工结果：切割速度 40 ~ 50mm²/min；表面粗糙度和加工精度均符合要求。

三、数字冲裁模的线切割凸凹模的加工工艺分析

图 7-27 所示为数字冲裁模的凸凹模，材料为 CrWMn。凸凹模与相应凹模和凸模的双面间隙为 0.01 ~ 0.02mm。

因凸凹模形状较复杂，为满足其技术要求，采用了以下主要措施：

1) 淬火前，在工件坯料上预制穿丝孔，如图 7-27 所示的孔 D。

2) 将所有非光滑过渡的交点用半径为 0.1mm 的过渡圆弧连接。

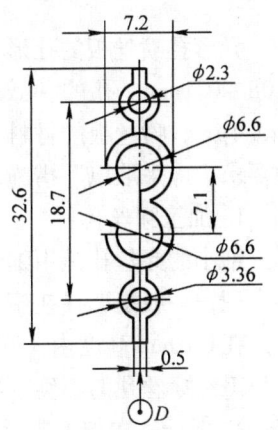

图 7-27　数字冲裁模的凸凹模

3)先切割两个 φ2.3mm 小孔,再由辅助穿丝孔位开始,进行凸凹模的成形加工。

4)选择合理的电参数,以保证切割表面粗糙度和加工精度的要求。

加工时的电参数为:空载电压峰值 80V;脉冲宽度 8μs;脉冲间隔 30μs;平均电流 1.5A。采用快速走丝方式,走丝速度 9m/s;线电极为 φ0.12mm 的钼丝;工作液为乳化液。

加工结果如下:切割速度 20~30mm²/min;表面粗糙度值为 $Ra1.6\mu m$。通过与相应的凸模、凹模试配,可直接使用。

四、异形孔喷丝板的线切割加工工艺分析

在线切割机床上加工如图 7-28 所示的异形孔喷丝板,工艺分析与工艺措施如下:

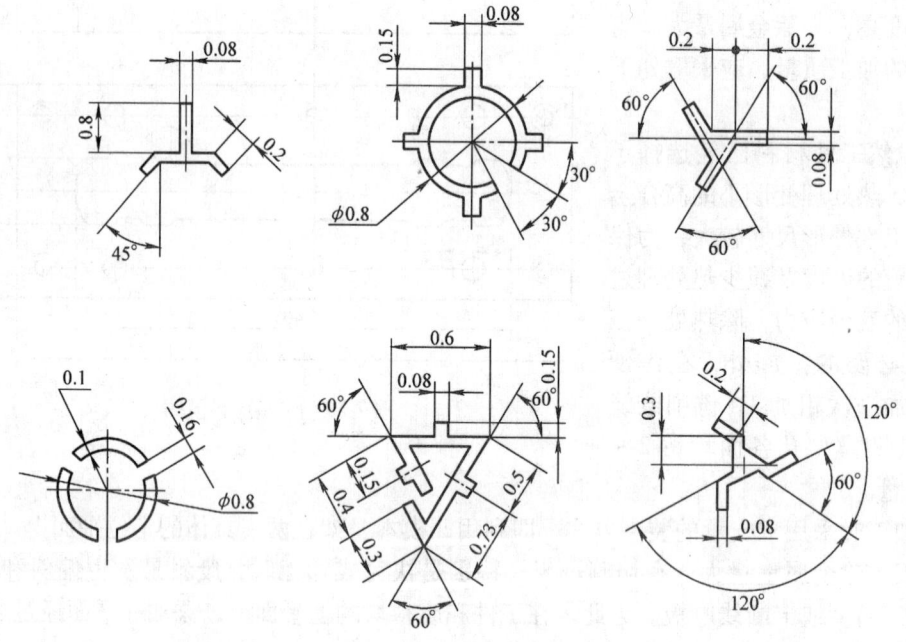

图 7-28 异形孔喷丝板

异形孔喷丝板的孔形特殊、细微、复杂,图形外接参考圆的直径在 1mm 以下,缝宽为 0.08~0.1mm。孔的一致性要求很高,加工精度在 ±0.005mm 以下,表面粗糙度值小于 $Ra0.4\mu m$,喷丝板的材料是不锈钢 1Cr18Ni9Ti。在加工中,为了保证精度高和表面粗糙度小的要求,应采取以下措施。

1. 加工穿丝孔

细小的穿丝孔是用细钼丝作电极在电火花成形机床上加工的。穿丝孔在异形孔中的位置要合理,一般是选择在窄缝相交处,这样便于校正和加工。穿丝孔的垂直度要有一定的要求,在 0.5mm 高度内,穿丝孔孔壁与上下平面的垂直度应不大于 0.01mm,否则会影响线电极与工件穿丝孔的正确定位。

2. 保证一次加工成形

当线电极进退轨迹重复时,应当切断脉冲电源,使得异形孔诸槽能一次加工成形,有利于保证缝宽的一致性。

3. 选择线电极直径

线电极直径应根据异形孔缝宽来选定，通常采用直径为 0.035~0.10mm 的线电极。

4. 确定线电极线速度

实践表明，对快速走丝线切割加工，当线速度在 0.6m/s 以下时，加工不稳定。线速度为 2m/s 时，工作稳定性显著改善。当线速度提高到 3m/s 以上时，工艺效果变化不大，因此，目前线速度常用 0.8~2m/s。

5. 保持线电极运动稳定

利用宝石限位器保持线电极运动的位置精度。

6. 线切割加工参数的选择

选择的电参数如下：空载电压峰值为 55V；脉冲宽度 1.2μs；脉冲间隔为 4.4μs；平均加工电流为 100~120mA。采用快速走丝方式，走丝速度 2m/s；线电极为 ϕ0.05mm 的钼丝；工作液为油酸钾乳化液。

加工结果：表面粗糙度值为 Ra0.4μm，加工精度 ±0.005mm，均符合要求。

第六节 项目训练：线切割加工工艺的制订

一、实训目的与要求

1. 学会数控线切割机床加工工艺的制订方法。
2. 熟悉制订数控线切割机床加工工艺的流程。

二、实训内容

在数控线切割机床上加工如图 7-29 所示零件，编制其加工工艺。毛坯材料为 45 钢，尺寸为 60mm×25mm×20mm。

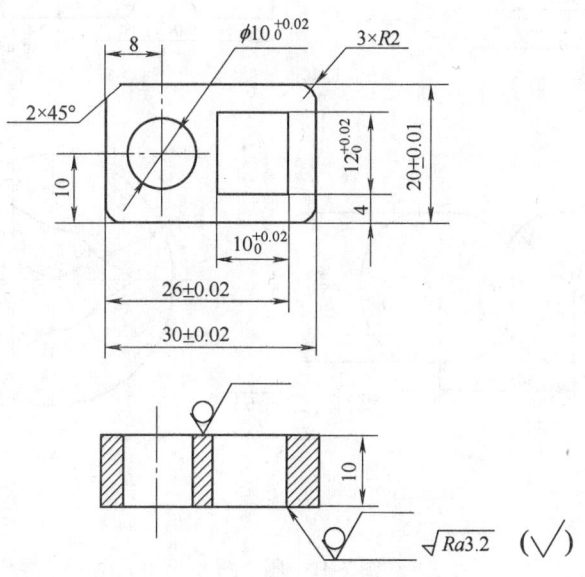

图 7-29 零件图

复习思考题

1. 简述数控线切割加工的步骤。
2. 线切割工艺参数主要有哪些?如何选择这些参数?
3. 简述如何选择电极丝的材料和直径?
4. 在线切割加工过程中如何降低工件的表面粗糙度值?
5. 简述电火花线切割加工工艺的内容。
6. 分析如图 7-30 所示凸模零件的数控线切割加工工艺。

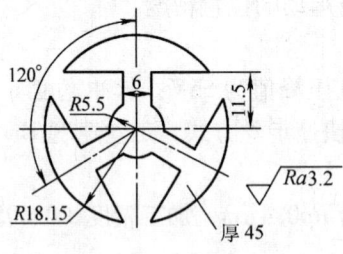

图 7-30 题 6 图

7. 数控线切割加工如图 7-31 所示零件,材料为 GCr15,试制订其数控线切割加工工艺。

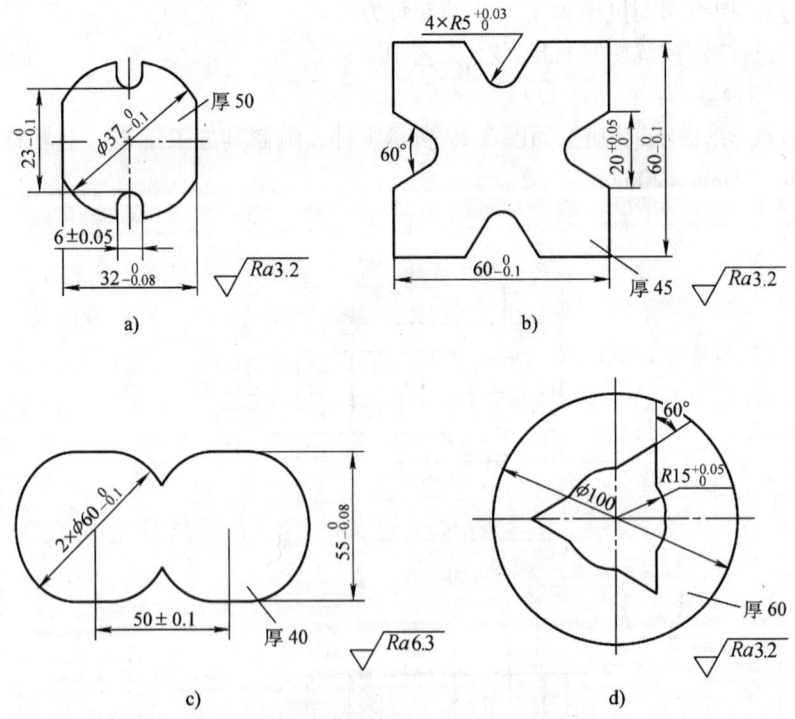

图 7-31 题 7 图
a)、b)、c) 凸模类零件　d) 凹模类零件

第八章 电火花成形加工工艺及设备

本章应知
1. 电火花机床的组成及工作原理
2. 电火花加工工艺指标及其变化规律
3. 电火花加工工艺参数

本章应会
1. 电火花机床加工工艺参数的选择
2. 电火花加工工艺的制订

第一节 电火花成形加工机床概述

一、电火花成形加工机床的型号、规格和分类

电火花成形加工简称电火花加工,与电火花线切割加工的工作原理相似,都是通过火花放电产生的热量来除去金属的,但电火花加工必须制作成形电极(一般用铜或石墨制作),并将电极形状复制到工件上。电火花可进行通孔或不通孔(成形)加工,特别适宜加工形状复杂的模具等零件的型腔。

我国国标规定,电火花成形机床均用 D71 加上机床工作台宽度的 1/10 表示。例如,D7132 中,D 表示电加工成型机床(若该机床为数控电加工机床,则在 D 后加 K,即 DK);71 表示电火花成形机床;32 表示机床工作台的宽度为 320mm。

在中国大陆外,电火花加工机床的型号没有采用统一标准,由各个生产企业自行确定。例如,日本沙迪克(Sodick)公司生产的 A3R、A10R,瑞士夏米尔(Charmilles)技术公司的 ROBOFORM20/30/35,中国台湾乔懋机电工业股份有限公司的 JM322/430 等。

电火花加工机床按其大小可分为小型(D7125 以下)、中型(D7125～D7163)和大型(D7163 以上);按数控程度分为非数控、单轴数控和三轴数控。

二、电火花机床的结构

下面以某机床厂生产的 DK7125NC 型电火花机床为例,介绍电火花机床的结构。

电火花机床主要由机床主体、脉冲电源、自动进给调节系统、工作液系统和数控系统组成。DK7125NC 型电火花机床结构如图 8-1 所示。

1. 机床组成

(1) 机床主体 机床主体由床身、立柱、主轴及附件、工作台等组成,是电火花机床的骨架,是用以实现工件、工具电极的装夹、固定和运动的机械系统。

机床主轴头和工作台常有一些附件,如可调节工具电极角度的夹头、平动头、油杯等。下面主要介绍平动头。

电火花加工时,粗加工的电火花放电间隙比中加工的要大,而中加工的电火花放电间隙比精加工的又要大一些。当用一个电极进行粗加工时,将工件的大部分余量蚀除掉后,其底

面和侧壁四周的表面粗糙度很差，为了将其修光，就得转换规准逐挡进行修整。但由于中、精加工规准的放电间隙比粗加工规准的要小，若不采取措施，则四周侧壁就无法修光了。平动头就是为解决修光侧壁和提高其尺寸精度而设计的。

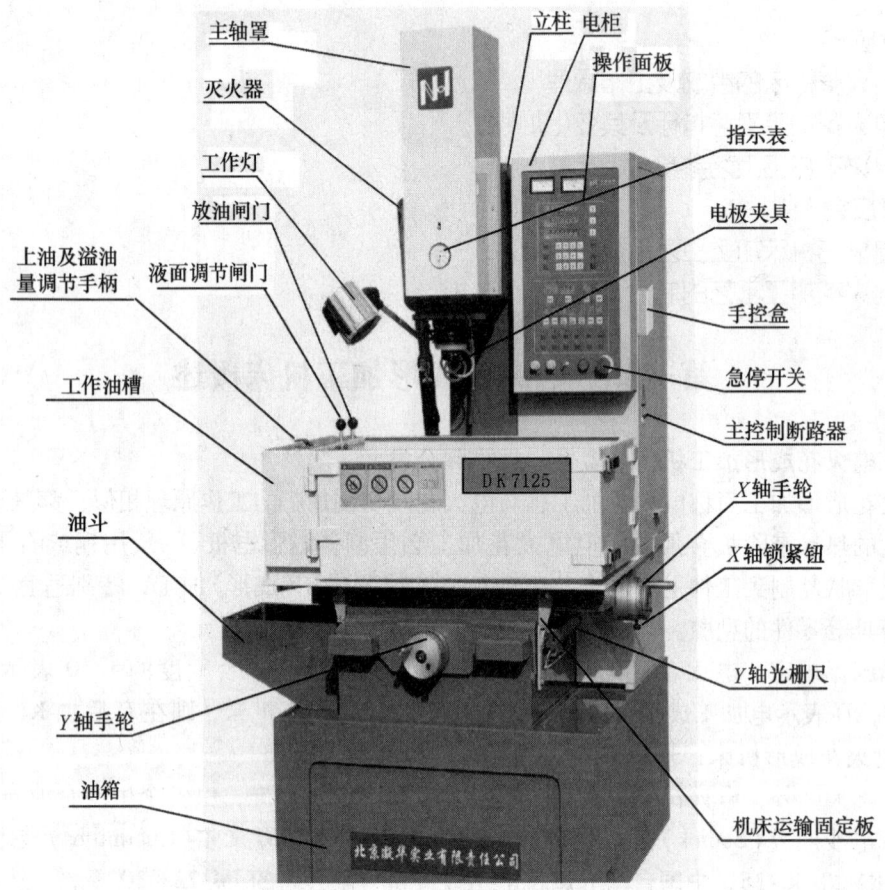

图 8-1　DK7125NC 型电火花机床结构

平动头是一个使装在其上的电极能产生向外机械补偿动作的工艺附件。当用单电极加工型腔时，使用平动头可以补偿上一个加工规准和下一个加工规准之间的放电间隙差。

平动头的动作原理是：利用偏心机构，将伺服电动机的旋转运动，通过平动轨迹保持机构转化成电极上每一个质点都能围绕其原始位置在水平面内作平面小圆周运动，许多小圆的外包络线面积就形成加工横截面面积（图8-2）。其中，每个质点运动轨迹的半径就称为平动量，其大小可以由零逐渐调大，以补偿粗、中、精加工的电火花放电间隙 δ 之差，从而达到修光型腔的目的。

目前，机床上安装的平动头有机械式平动头和数控平动头，其外形如图8-3所示。机械式平动头由于有平动轨迹半径的存在，无法加工有清角要求的型腔；而数控平动头可以两轴联动，能加工出清棱、清角的型孔和型腔。

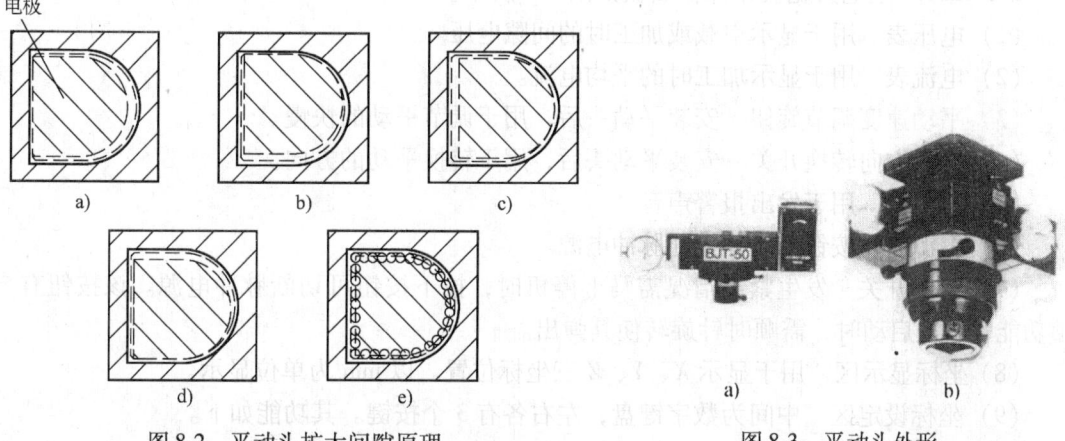

图 8-2 平动头扩大间隙原理
a) 电极在最左 b) 电极在最上 c) 电极在最右
d) 电极在最下 e) 电极平动后的轨迹

图 8-3 平动头外形
a) 机械式平动头 b) 数控平动头

（2）脉冲电源 其作用与电火花线切割机床类似。脉冲电源的性能直接关系到加工的加工速度、表面质量、加工精度、工具电极损耗等工艺指标。

（3）自动进给调节系统 电火花成形加工的自动进给调节系统主要包含伺服进给系统和参数控制系统。伺服进给系统主要用于控制放电间隙的大小，参数控制系统主要用于控制加工中的各种参数，以保证获得最佳的加工工艺指标。

（4）工作液系统 其作用与电火花线切割机床类似，但电火花成形机床可采用冲油或浸油加工方式。

（5）数控系统 数控系统用来对电参数及加工过程进行控制。

2. 机床主要技术参数

主机采用"C"形结构，X、Y、Z 行程为 250mm × 150mm × 200mm，工作台尺寸 280mm × 450mm，工作台到电极接板最大距离为 360~560mm，最大可加工工件质量 250kg，最大电极质量 25kg。工作液槽容积为 115L，工作液槽门数为 2。脉冲电源类型为 V-MOS 低损耗电源，加工电流 30A，脉宽 1~2000μm，停歇 1~999μm。

3. 操作面板及使用

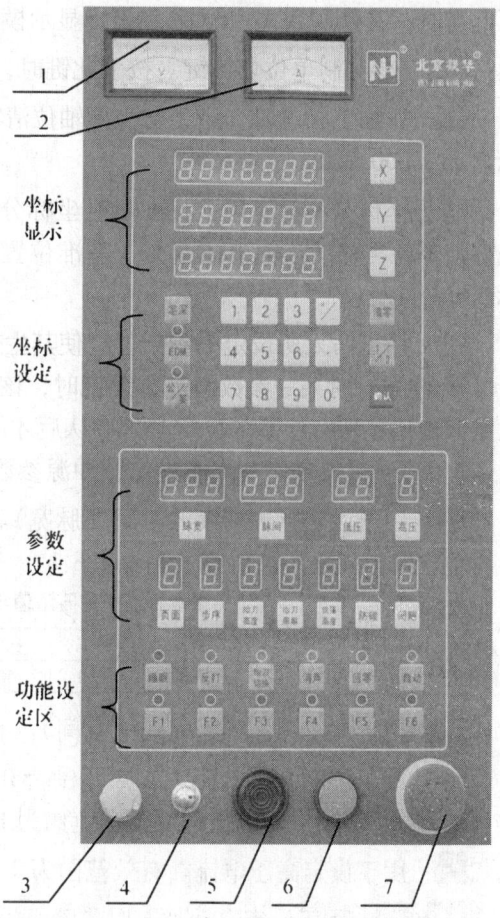

图 8-4 DK7125NC 型电火花机床操作面板

DK7125NC 型电火花机床操作面板如图 8-4 所示。

（1）电压表　用于显示空载或加工时的间隙电压。

（2）电流表　用于显示加工时的平均电流。

（3）平动速度调节旋钮　安装平动头后，用于调节平动的快慢。

（4）平动方向转换开关　安装平动头后，用于转换平动的方向。

（5）蜂鸣器　用于发出报警声音。

（6）电源启动按钮　用于接通脉冲电源。

（7）急停开关　发生紧急情况需马上停机时，按下按钮可切断脉冲电源。该按钮有自锁功能，下次启动时，需顺时针旋转使其弹出。

（8）坐标显示区　用于显示 X、Y、Z 三坐标位置。以 mm 为单位显示。

（9）坐标设定区　中间为数字键盘，左右各有 3 个按键。其功能如下。

定深：深度设定键。用于设定加工的目标深度。操作时，在 EDM 显示模式下，按"定深"→"X"→输入目标深度值后，再按"确定"即在 X 坐标位置显示深度值。

EDM：深度显示和轴位显示切换键。用于切换坐标显示方式。当按下此键时，X、Y、Z，依次显示目标深度、Z 轴最深值、Z 轴瞬时位置。此时按键下面的指示灯亮。当再次按下此键时，又恢复到 X、Y、Z 三坐标显示模式，此时按键下面的指示灯熄灭。

公/英：公/英制单位切换键。按下此键时，坐标显示单位在公制和英制之间转换。

清零：非加工状态时，用于对坐标轴位清零。如 X 轴清零时操作：按 X → 清零，则 X 轴坐标显示为 000.000。

1/2：坐标分中键。用于找中心时坐标分中。操作时，先找到某一轴基准，然后把该轴坐标清零，再移动该轴坐标至另一基准位置时，按下此键，即可显示两基准位置的中点坐标。

确认：用于写入所设定的参数值，使其生效。

★ 注意：对某一参数值进行设定时，该值闪烁，必须完成或取消对该值的设定才可以设定其他值；所有参数的设定必须确认后才能有效！

（10）参数设定区　用于设定脉冲源参数，其功能和使用如下。

脉宽：用于设定脉冲持续的时间（脉宽）。有效范围为 1~999μs。设定值为 990~999 时，显示值与输出值之间的对应关系见表 8-1。

表 8-1　脉宽显示值与输出值之间的对应关系

显示值	990	991	992	993	994	995	996	997	998	999
输出值	1100	1200	1300	1400	1500	1600	1700	1800	1900	2000

脉间：用于设定脉冲时间间隔（脉间）。有效范围为 10~999μs。

低压：用于设定低压电流。有效范围为 0~30，实际输出的峰值电流约为显示数值的 2 倍。如设定值为 5，则输出的峰值电流约为 10A。

高压：用于设定高压电流。有效范围为 0~3。

页面 和 步序：用于设定自动加工时各阶段的规准参数。

本机共有十个页面（0~9），每个页面包括十组步序，每个步序都可以存储一组参数，包括电流、脉宽、脉间、深度等参数。

<抬刀周期>：用于设定抬刀高度值。有效范围为1~9，显示值与实际值之间的对应关系见表8-2。

表 8-2　抬刀高度显示值与实际值之间的对应关系　　　　　　（单位：mm）

显示值	1	2	3	4	5	6	7	8	9
实际值/mm	0.2	0.3	0.4	0.5	0.6	0.8	1.1	1.5	2.0

<抬刀周期>：用于设定抬刀周期。有效范围为0~9，抬刀周期为0时，不抬刀。显示值与实际值的对应关系见表8-3。

表 8-3　抬刀周期显示值与实际值的对应关系

显示值	1	2	3	4	5	6	7	8	9
实际值/s	0.5	1	2	4	6	8	10	15	20

<间隙>：用于设定放电间隙电压。有效范围为1~9，设定值越小，间隙电压越高。

<防碳>：用于设定积碳检测灵敏度。有效范围为0~9，设定值为零时，不进行积碳检测。设定值越小，检测越灵敏。

<快落高度>：当打开抬刀切换时（指示灯亮），主轴快速抬起，达到抬刀高度时，快速落下。当落到某一高度时，转为正常伺服速度，此高度即为快落高度。有效范围为1~9，显示值与实际值的对应关系见表8-4。

表 8-4　快落高度显示值与实际值的对应关系

显示值	1	2	3	4	5	6	7	8	9
实际值/mm	0.2	0.25	0.3	0.4	0.5	0.6	0.8	1.1	1.5

（11）功能设定区

<睡眠>：用于设定自动加工结束状态。按下此键，指示灯亮时，加工结束后，自动关机。再次按下此键，指示灯灭时，加工结束不停机。

<反打>：用于设定加工方向。按下此键，指示灯亮时，反向（向上）加工。再次按此键，指示灯灭时，为正常加工。该键在加工时无效。

<抬刀切换>：用于设定是否启用快落功能。按下此键，指示灯亮时，表示抬刀时有快速落下；再次按下此键，指示灯灭，抬刀时以伺服速度下落。

<消声>：用于关闭/打开报警声音。有以下三种使用情况。

①对刀短路，消声灯灭时蜂鸣报警，按下该键，灯亮，取消报警。

②加工时，液面未达到设定位置，消声灯灭时蜂鸣报警，按下该键，灯亮，取消报警。

★注意：此时液面保护不起作用，加工时应特别留心。

③如果是设定有误、分段调用、结束加工、感光报警或积碳引起的报警，不论消声灯亮否，均报警蜂鸣。按下该键可以取消报警，并改变灯的状态。

<回零>：用于设定自动加工结束状态。按下该键，指示灯亮时，加工结束后自动回到起始

位置。再次按此键，指示灯灭，加工结束后自动回到上限位。

自动：用于设定加工状态。按下此键灯亮时，可以进行分段加工。该键在加工时无效。

F1：慢抬刀功能键。按下此键，灯亮时，启用慢抬刀功能，适合于大面积加工。

F2：分组脉冲功能键。按下此键，灯亮时，输出分组脉冲，适合于石墨电极加工。

F3：用于提高加工间隙电压。按下此键，灯亮时，间隙电压加倍，其设定值为1、1.5、2、…、9.5，共18组参数。

F6：自动对刀功能键。在对零状态时，按下此键，主轴自动进给至电极与工件接触，发出报警。

F4、F5：备用键。

4. 手持盒面板及使用

手持盒面板如图8-5所示，共有9个按键和1个旋钮，各使用功能如下。

加工：在对刀或拉表状态，加工条件满足的情况下，按下该键，加工指示灯亮，开始放电加工，同时起动油泵；条件不满足时，报警。若工件加工到位，则切断加工电压，关油泵，主轴回退到原位，切换到对刀状态，报警。

对零：加工灯亮时(加工状态)，按此键，则切断加工电压，关油泵，对零灯亮，系统转换到对零状态。拉表状态(拉表灯亮时)，按此键，则对零灯亮，系统转换到对零状态。

拉表：加工灯亮时，按此键，则切断加工电压，关油泵，同时拉表灯亮，系统转换到拉表状态。对零灯亮时，按此键，则拉表灯亮，系统转换到拉表状态。

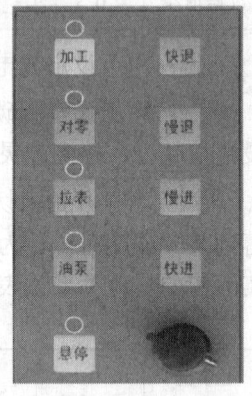

图8-5 手持盒面板

油泵：按此键，指示灯亮，油泵起动，开始供应加工液。再按此键，关油泵。

悬停：按此键，指示灯亮，主轴悬停，此时"快退"、"慢退"和"快进"、"慢进"键无效。再按此键，指示灯灭，"快退/慢退"和"快进/慢进"键有效。

快进、快退：按"快进"键，主轴快速进给。按"快退"键，主轴快速回退。

慢进、慢退：按"慢进"键，主轴慢速进给。按"慢退"键，主轴慢速回退。

★注意：对刀短路时，"快进"、"慢进"键无效。

伺服旋钮(灵敏度调节旋钮)：该旋钮用于调节伺服灵敏度。顺时针方向转动，灵敏度增高，伺服速度也增加；逆时针方向转动，灵敏度降低，伺服速度也降低。

三、电火花机床的常见功能

(1) 回原点操作功能　数控电火花在加工前首先要回到机械坐标的零点，即X、Y、Z轴回到其轴的正极限处。这样，机床的控制系统才能复位，后续操作机床运动就不会出现紊乱。

(2) 置零功能　将当前点的坐标设置为零。

(3) 接触感知功能　让电极与工件接触，以便定位。

(4) 其他常见功能　其他常见功能如图8-6所示。

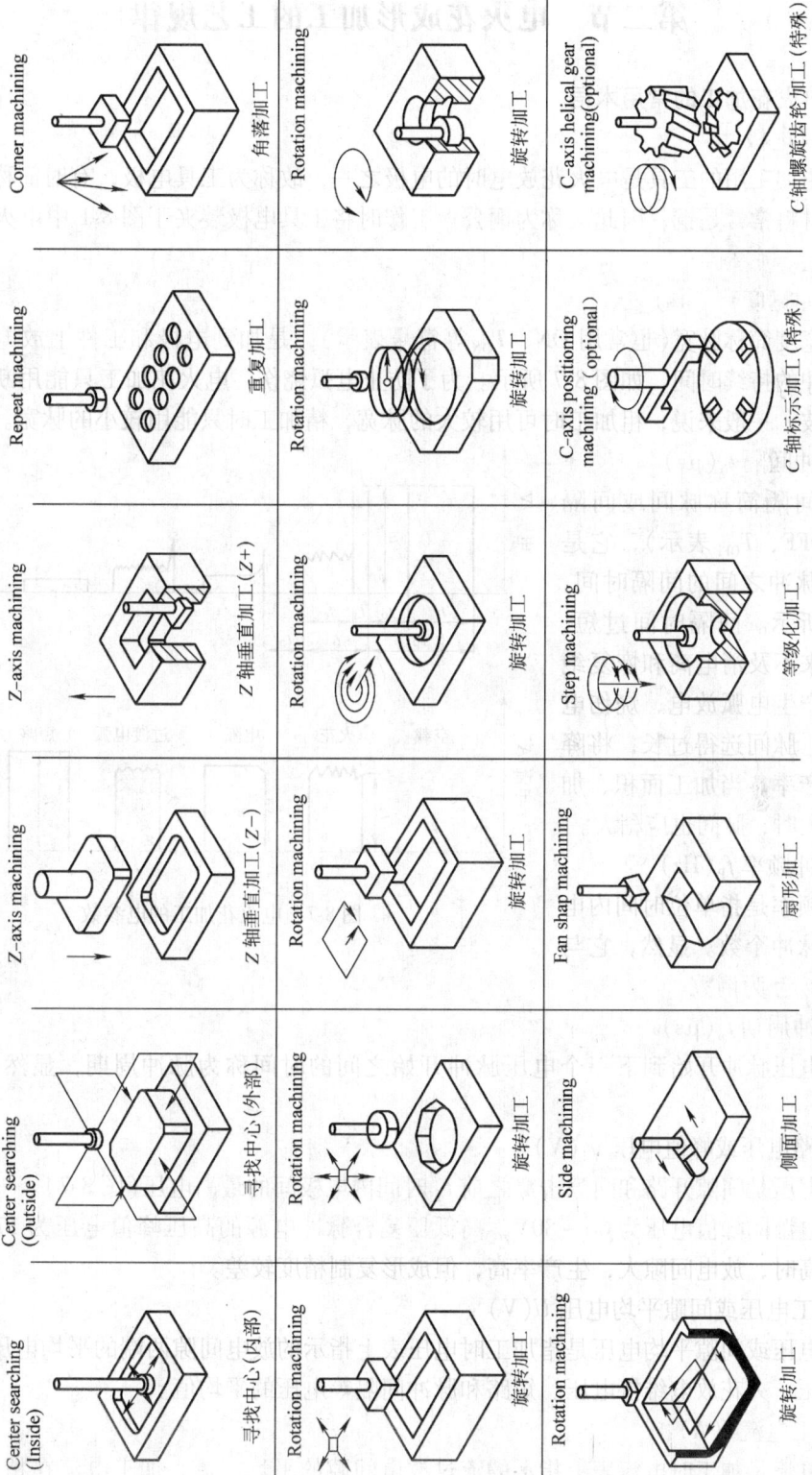

图 8-6 电火花机床常见功能

第二节　电火花成形加工的工艺规律

一、电火花加工的常用术语

1. 工具电极

电火花加工用的工具是电火花放电时的电极之一，故称为工具电极，有时简称电极。由于电极的材料常常是铜，因此又称为铜公。工作时将工具电极装夹于图8-1中电火花机床的电极夹具上。

2. 脉冲宽度 t_i（μs）

脉冲宽度简称脉宽（也常用 ON、T_{ON} 等符号表示），是加到电极和工件上放电间隙两端的电压脉冲的持续时间，如图8-7所示。为了防止电弧烧伤，电火花加工只能用断断续续的脉冲电压波。一般来说，粗加工时可用较大的脉宽，精加工时只能用较小的脉宽。

3. 脉冲间隔 t_o（μs）

脉冲间隔简称脉间或间隔（也常用 OFF、T_{OFF} 表示），它是两个电压脉冲之间的间隔时间，如图8-7所示。间隔时间过短，放电间隙来不及消电离和恢复绝缘，容易产生电弧放电，烧伤电极和工件；脉间选得过长，将降低加工生产率。当加工面积、加工深度较大时，脉间也应稍大。

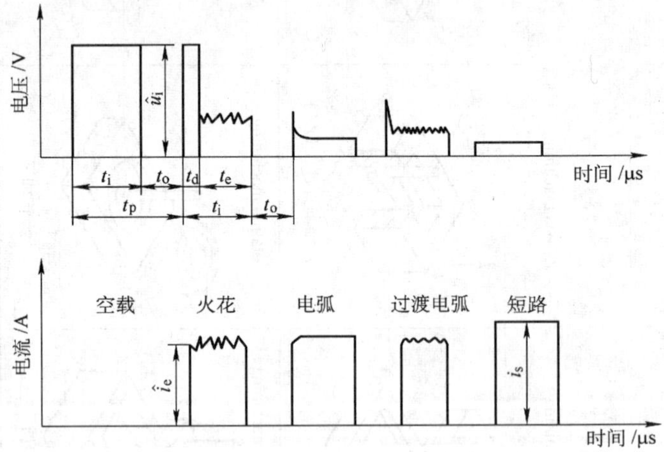

4. 脉冲频率 f_p（Hz）

脉冲频率是指单位时间内电源发出的脉冲个数。显然，它与脉冲周期 t_p 互为倒数。

图8-7　电火花加工的电参数

5. 脉冲周期 t_p（μs）

一个电压脉冲开始到下一个电压脉冲开始之间的时间称为脉冲周期，显然 $t_p = t_i + t_o$（图8-7）。

6. 开路电压或峰值电压 $\hat{u}_i$（V）

开路电压是间隙开路和间隙击穿之前 t_d 时间内电极间的最高电压（图8-7）。一般晶体管方波脉冲电源的峰值电压为 60～80V，高低压复合脉冲电源的高压峰值电压为 175～300V。峰值电压高时，放电间隙大，生产率高，但成形复制精度较差。

7. 加工电压或间隙平均电压 U（V）

加工电压或间隙平均电压是指加工时电压表上指示的放电间隙两端的平均电压，它是多个开路电压、火花放电维持电压、短路和脉冲间隔等电压的平均值。

8. 加工电流 I（A）

加工电流是加工时电流表上指示的流过放电间隙的平均电流。加工电流在精加工时小，粗加工时大，间隙偏开路时小，间隙合理或偏短路时则大。

9. 短路电流 i_s(A)

短路电流是放电间隙短路时电流表上指示的平均电流,它比正常加工时的平均电流要大 20%～40%。

10. 峰值电流 $\hat{i}_e$(A)

峰值电流是间隙火花放电时脉冲电流的最大值(瞬时),如图 8-7 所示。虽然峰值电流不易测量,但它是影响加工速度、表面质量等的重要参数。在设计制造脉冲电源时,每一功率放大管的峰值电流是预先计算好的,选择峰值电流实际是选择几个功率管进行加工。

11. 短路峰值电流(A)

短路峰值电流是间隙短路时脉冲电流的最大值(图 8-7),它比峰值电流要大 20%～40%。

12. 放电时间(电流脉宽) t_e(μs)

放电时间是工作液介质击穿后放电间隙中流过放电电流的时间,也称电流脉宽。它比电压脉宽稍小,二者相差一个击穿延时 t_d。t_i 和 t_e 对电火花加工的生产率、表面粗糙度和电极损耗有很大影响,但实际起作用的是电流脉宽 t_e。

13. 击穿延时 t_d(μs)

从间隙两端加上脉冲电压后,一般均要经过一小段延续时间 t_d,工作液介质才能被击穿放电,这一小段时间 t_d 称为击穿延时(图 8-7)。击穿延时 t_d 与平均放电间隙的大小有关,工具欠进给时,平均放电间隙变大,平均击穿延时 t_d 就大;反之,工具过进给时,放电间隙变小,t_d 也就小。

14. 放电间隙

放电间隙是放电时工具电极和工件间的距离,它的大小一般在 0.01～0.5mm 之间,粗加工时间隙较大,精加工时间隙较小。

二、影响材料放电腐蚀的因素

电火花加工过程中,材料被放电腐蚀的规律是十分复杂的综合性问题。研究影响材料放电腐蚀的因素,对于应用电火花加工方法,提高电火花加工的生产率,降低工具电极的损耗是极为重要的。主要因素如下:

1. 极性效应

在电火花加工过程中,无论是正极还是负极,都会受到不同程度的电蚀。即使是相同材料,例如钢加工钢,正、负电极的电蚀量也是不同的。这种单纯由于正、负极性不同而彼此电蚀量不一样的现象叫做极性效应。如果两电极材料不同,则极性效应更加复杂。在生产中,我国通常把工件接脉冲电源正极(工具电极接负极)时的加工,称为正极性加工;反之,工件接脉冲电源负极(工具电极接正极)时的加工,称为负极性加工,又称为反极性加工。

产生极性效应的原因很复杂,对这一问题的笼统解释是:在火花放电过程中,正、负电极表面分别受到负电子和正离子的轰击和瞬时热源的作用,在两极表面所分配到的能量不一样,因而熔化、汽化抛出的电蚀量也不一样。这是因为电子的质量和惯性均小,容易获得很高的加速度和速度,在击穿放电的初始阶段就有大量的电子奔向正极,把能量传递给阳极表面,使电极材料迅速熔化和汽化;而正离子则由于质量和惯性较大,起动和加速较慢,在击穿放电的初始阶段,大量的正离子来不及到达负极表面,而到达负极表面并传递能量的只有一小部分离子。

所以在用短脉冲加工时，电子的轰击作用大于离子的轰击作用，正极的蚀除速度大于负极的蚀除速度，这时工件应接正极。当采用长脉冲（即放电持续时间较长）加工时，质量和惯性大的正离子将有足够的时间加速，到达并轰击负极表面的离子数将随放电时间的增长而增多；由于正离子的质量大，对负极表面的轰击破坏作用强，同时自由电子挣脱负极时要从负极获取逸出功，而正离子到达负极后与电子结合释放位能，故负极的蚀除速度将大于正极，这时工件应接负极。因此，当采用窄脉冲（例如纯铜电极加工钢时，$t_i < 10\mu s$）精加工时，应选用正极性加工；当采用长脉冲（例如纯铜电极加工钢时，$t_i > 80\mu s$）粗加工时，应采用负极性加工，可以得到较高的蚀除速度和较低的电极损耗。

能量在两极上的分配对两个电极电蚀量的影响是一个极为重要的因素，而电子和正离子对电极表面的轰击则是影响能量分布的主要因素。因此，电子轰击和离子轰击无疑是影响极性效应的重要因素。但是，近年来的生产实践和研究结果表明，正的电极表面能吸附工作液中分解游离出来的碳微粒，形成碳黑膜减小电极损耗。例如，纯铜电极加工钢工件，当脉宽为$8\mu s$时，通常的脉冲电源必须采用正极性加工，但在用分组脉冲进行加工时，虽然脉宽也为$8\mu s$，却需采用负极性加工，这时在正极纯铜表面明显地存在着吸附的碳黑膜，保护了正极，因而使钢工件负极的蚀除速度大大超过了正极。在普通脉冲电源上的实验也证实了碳黑膜对极性效应的影响，当采用脉宽为$12\mu s$、脉间为$15\mu s$时，往往正极蚀除速度大于负极，应采用正极性加工。

当脉宽不变，逐步把脉间减少（应配之以抬刀，以防止拉弧），有利于碳黑膜在正极上形成，就会使负极蚀除速度大于正极而改用负极性加工。这一现象实际上是极性效应和正极吸附碳黑之后对正极保护作用的综合效果。

由此可见，极性效应是一个较为复杂的问题。除了脉宽、脉间的影响外，还有脉冲峰值电流、放电电压、工作液以及电极所对应的材料等都会影响到极性效应。

从提高加工生产率和减少工具损耗的角度来看，极性效应越显著越好，故在电火花加工过程中必须充分利用。当用交变的脉冲电流加工时，单个脉冲的极效应便相互抵消，增加了工具的损耗。因此，电火花加工一般都采用单向脉冲电源。

为了充分地利用极性效应，最大限度地降低工具电极的损耗，应合理选用工具电极的材料。根据电极对材料的物理性能、加工要求选用最佳的电参数，正确地选用极性，使工件的蚀除速度最高，工具损耗尽可能小。

2. 电参数对电蚀量的影响

电火花加工过程中，腐蚀金属的量（即电蚀量）与单个脉冲能量、脉冲效率等电参数密切相关。

单个脉冲能量与平均放电电压、平均放电电流和脉冲宽度成正比。在实际加工中，击穿后的放电电压与电极材料及工作液种类有关，而且在放电过程中变化很小，所以对单个脉冲能量的大小主要取决于平均放电电流和脉冲宽度的大小。

由前述可见，要提高电蚀量，应增加平均放电电流、脉冲宽度及提高脉冲频率。

但在实际生产中，这些因素往往是相互制约的，并影响到其他工艺指标，应根据具体情况综合考虑。例如，增加平均放电电流，加工表面粗糙度值也随之增大。

3. 金属材料对电蚀量的影响

正负电极表面电蚀量分配不均除了与电极极性有关外，还与电极的材料有很大关系。当脉冲放电能量相同时，金属工件的熔点、沸点、比热容、熔化热、汽化热等越高，电蚀量将越少，越难加工；导热系数越大的金属，因能把较多的热量传导、散失到其他部位，故降低了本身的蚀除量。因此，电极的蚀除量与电极材料的导热系数及其他热学常数有密切的关系。

4. 工作液对电蚀量的影响

在电火花加工过程中，工作液的作用是：形成火花击穿放电通道，并在放电结束后迅速恢复间隙的绝缘状态；对放电通道产生压缩作用；帮助电蚀产物的抛出和排除；对工具、工件的冷却作用，因而对电蚀量也有较大的影响。介电性能好、密度和粘度大的工作液有利于压缩放电通道，提高放电的能量密度，强化电蚀产物的抛出效应，但粘度大不利于电蚀产物的排出，影响正常放电。目前电火花成形加工主要采用油类作为工作液。粗加工时，采用的脉冲能量大、加工间隙也较大、爆炸排屑抛出能力强，往往选用介电性能、粘度较大的全损耗系统用油（即机油），且全损耗系统用油的燃点较高，大能量加工时着火燃烧的可能性小；而在中、精加工时，放电间隙比较小，排屑比较困难，故一般均选用粘度小、流动性好、渗透性好的煤油作为工作液。

由于油类工作液有味、容易燃烧，尤其在大能量粗加工时工作液高温分解产生的烟气很大，故寻找一种像水那样的流动性好、不产生炭黑、不燃烧、无色无味、价廉的工作液介质一直是努力的目标。水的绝缘性能和粘度较低，在同样加工条件下和煤油相比，水的放电间隙较大，对通道的压缩作用差，蚀除量较少，且易锈蚀机床，但经过采用各种添加剂，可以改善其性能。最新的研究成果表明，水基工作液在粗加工时的加工速度可大大高于煤油，但在大面积精加工中取代煤油还有一段距离。

5. 影响电蚀量的其他因素

还有其他一些因素影响电蚀量，首先是加工过程的稳定性。加工过程不稳定将干扰以致破坏正常的火花放电，使有效脉冲利用率降低。随着加工深度、加工面积的增加，或加工型面复杂程度的增加，都不利于电蚀产物的排出，影响加工稳定性，降低加工速度，严重时将造成结炭拉弧，使加工难以进行。为了改善排屑条件，提高加工速度和防止拉弧，常采用强迫冲油和工具电极定时抬刀等措施。

如果加工面积较小，而采用的加工电流较大，也会使局部电蚀产物浓度过高，放电点不能分散转移，放电后的余热来不及传播扩散而积累起来，造成过热，形成电弧，破坏加工的稳定性。

电极材料对加工稳定性也有影响。钢电极加工钢时不易稳定，纯铜、黄铜加工钢时则比较稳定。脉冲电源的波形及其前后沿陡度影响着输入能量的集中或分散程度，对电蚀量也有很大影响。

电火花加工过程中，电极材料瞬时熔化或汽化而抛出，如果抛出速度很高，就会冲击另一电极表面而使其蚀除量增大；如果抛出速度较低，则当喷射到另一电极表面时，会反粘和涂覆在电极表面，减少其蚀除量。此外，正极上炭黑膜的形成将起"保护"作用，大大降低正电极的蚀除量。

三、电火花加工的工艺指标

电火花加工的工艺指标主要有加工精度、表面粗糙度、加工速度、电极损耗等。

（1）加工精度　电加工精度包括尺寸精度和仿形精度（或形状精度）。

(2) 表面粗糙度　表面粗糙度是指加工表面上的微观几何形状误差。电火花加工表面粗糙度的形成与切削加工不同，它是由若干电蚀小凹坑组成的，能存润滑油，其耐磨性比同样粗糙度的机加工表面要好。在相同表面粗糙度的情况下，电加工表面比机加工表面亮度低。

(3) 加工速度　电火花成形加工的加工速度，是指在一定电规准下，单位时间内工件被蚀除的体积 V 或质量 m。一般常用体积加工速度 $v_w = V/t$ (单位为 mm^3/min) 来表示，有时为了测量方便，也用质量加工速度 $v_m = m/t$ (单位为 g/min) 表示。

在规定的表面粗糙度和规定的相对电极损耗下的最大加工速度是电火花机床的重要工艺性能指标。一般电火花机床说明书上所指的最高加工速度是该机床在最佳状态下所达到的，在实际生产中的正常加工速度大大低于机床的最大加工速度。

(4) 电极损耗　电极损耗是电火花成形加工中的重要工艺指标。在生产中，衡量某种工具电极是否耐损耗，不只是看工具电极损耗速度 v_E 的绝对值大小，还要看同时达到的加工速度 v_w，即每蚀除单位重量金属工件时，工具相对损耗多少。因此，将常用相对损耗或损耗比作为衡量工具电极耐损耗的指标。

电火花加工中，电极的相对损耗小于 1%，称为低损耗电火花加工。低损耗电火花加工能最大限度地保持加工精度，所需电极的数目也可减至最小，因而简化了电极的制造，加工工件的表面粗糙度值可达 $Ra3.2\mu m$ 以下。除了充分利用电火花加工的极性效应、覆盖效应及选择合适的工具电极材料外，还可从改善工作液方面着手，实现电火花的低损耗加工。若采用加入各种添加剂的水基工作液，还可实现对纯铜或铸铁电极小于 1% 的低损耗电火花加工。

四、电火花加工工艺指标的变化规律

1. 影响加工精度的主要因素

影响加工精度的因素很多，这里重点探讨与电火花加工工艺有关的因素。

(1) 放电间隙　电火花加工中，工具电极与工件间存在着放电间隙，因此工件的尺寸、形状与工具并不一致。如果加工过程中放电间隙是常数，根据工件加工表面的尺寸、形状可以预先对工具尺寸、形状进行修正。但放电间隙是随电参数、电极材料、工作液的绝缘性能等因素变化而变化的，从而影响了加工精度。

间隙大小对形状精度也有影响，特别是对复杂形状的加工表面，间隙越大，则复制精度越差。例如，电极为尖角时，由于放电间隙的等距离，工件则为圆角。因此，为了减少加工尺寸误差，应该采用较弱小的加工规准，缩小放电间隙，另外还必须尽可能使加工过程稳定。放电间隙在精加工时一般为 0.01~0.1mm，粗加工时可达 0.5mm 以上(单边)。

(2) 加工斜度　电火花加工时，产生斜度的情况如图 8-8 所示。由于工具电极下面部分加工时间长，损耗大，因此电极变小，而入口处由于电蚀产物的存在，易发生因电蚀产物的介入而再

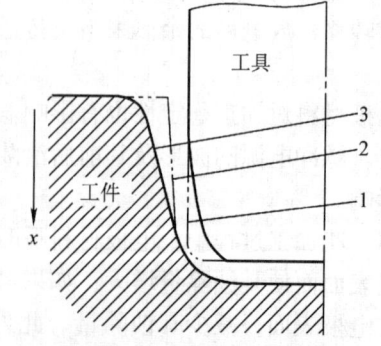

图 8-8　加工斜度对加工精度的影响
1—电极无损耗时的工具轮廓线
2—电极有损耗而不考虑二次放电时的工件轮廓线
3—实际工件轮廓线

次进行的非正常放电(即"二次放电"),因而产生加工斜度。

(3) 工具电极的损耗　在电火花加工中,随着加工深度的不断增加,工具电极进入放电区域的时间是从端部向上逐渐减少的。实际上,工件侧壁主要是靠工具电极底部端面的周边加工出来的。因此,电极的损耗也必然从端面底部向上逐渐减少,从而形成了损耗锥度(图 8-9),工具电极的损耗锥度反映到工件上是加工斜度。

2. 影响表面粗糙度的主要因素

电火花加工工件表面的凹坑大小与单个脉冲放电能量有关,单个脉冲能量越大,则凹坑越大。若把表面粗糙度值大小简单地看成与电蚀凹坑的深度成正比,则电火花加工表面粗糙度随单个脉冲能量的增加而增大。

在一定的脉冲能量下,不同的工件电极材料表面粗糙度值大小不同,熔点高的材料表面粗糙度值要比熔点低的材料小。

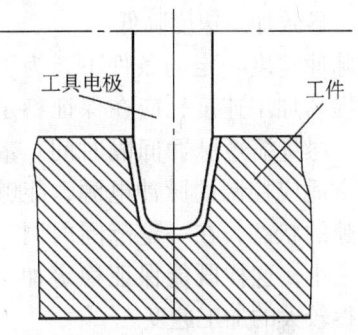

图 8-9　工具锥度对加工精度的影响

在脉冲宽度一定的条件下,随着峰值电流的增加,单个脉冲能量也增加,表面粗糙度就变差。

当峰值电流一定时,脉冲宽度越大,单个脉冲的能量就越大,放电腐蚀的凹坑也越大、越深,所以表面粗糙度就越差。

工具电极表面的粗糙度值大小也影响工件的加工表面粗糙度值。例如,石墨电极的表面比较粗糙,因此它加工出的工件表面粗糙度值也大。

由于电极的相对运动,工件侧边的表面粗糙度值比端面小。

干净的工作液有利于得到理想的表面粗糙度。因为工作液中含蚀除产物等杂质越多,越容易发生积炭等不利状况,从而影响表面粗糙度。

3. 影响加工速度的主要因素

影响加工速度的因素分电参数和非电参数两大类。电参数主要是脉冲电源输出波形与参数;非电参数包括加工面积、深度、工作液种类、冲油方式、排屑条件及电极对的材料、形状等。

(1) 电参数的影响　电火花加工时选用的电加工参数(电规准),主要有脉冲宽度 t_i (μs)、脉冲间隙 t_o (μs)及峰值电流 $\hat{i}_e$ 等参数。

1) 脉冲宽度对加工速度的影响。单个脉冲能量的大小是影响加工速度的重要因素。对于矩形波脉冲电源,当峰值电流一定时,脉冲能量与脉冲宽度成正比。脉冲宽度增加,加工速度随之增加。因为随着脉冲宽度的增加,单个脉冲能量增大,使加工速度提高,但若脉冲宽度过大,加工速度反而下降(图 8-10)。这是因为单个脉冲能量虽然增大,但转换的热能有较大部分散失在电极与工件之中,不起蚀除作用;同时,在其他加工条件相同时,随着脉

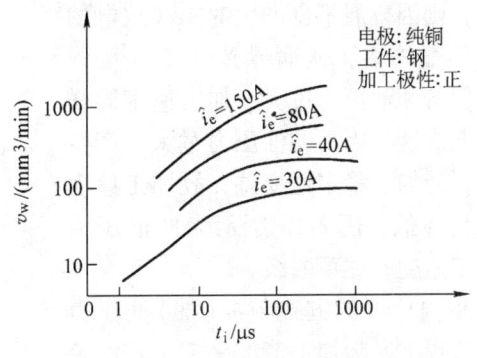

图 8-10　脉冲宽度与加工速度的关系

冲能量过分增大，蚀除产物增多，排气排屑条件恶化，间隙消电离时间不足导致拉弧，使加工稳定性变差等，因此加工速度反而降低。

2) 脉冲间隔对加工速度的影响。在脉冲宽度一定的条件下，若脉冲间隔减小，则加工速度提高（图8-11）。这是因为脉冲间隔减小导致单位时间内工作脉冲数目增多、加工电流增大，故加工速度提高；但若脉冲间隔过小，会因放电间隙来不及消电离从而引起加工稳定性变差，导致加工速度降低。

在脉冲宽度一定的条件下，为了最大限度地提高加工速度，应在保证稳定加工的同时，尽量缩短脉冲间隔时间。带有脉冲间隔自适应控制的脉冲电源，能够根据放电间隙的状态，在一定范围内调节脉冲间隔的大小，这样既能保证稳定加工，又可以获得较大的加工速度。

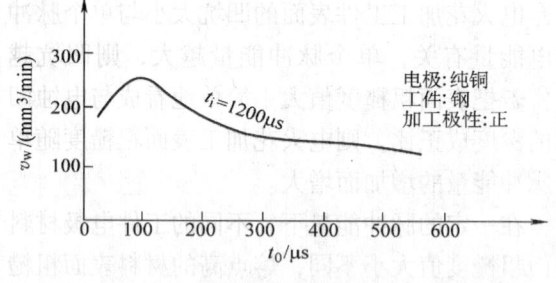

图8-11 脉冲间隔与加工速度的关系

3) 峰值电流对加工速度的影响。当脉冲宽度和脉冲间隔一定时，随着峰值电流的增加，加工速度也增加（图8-12）。因为加大峰值电流，等于加大单个脉冲能量，所以加工速度也就提高了，但若峰值电流过大（即单个脉冲放电能量很大），加工速度反而下降。

此外，峰值电流增大将降低工件表面粗糙度和增加电极损耗。在生产中，应根据不同的要求，选择合适的峰值电流。

(2) 非电参数的影响

1) 排屑条件的影响。在电火花加工过程中会不断产生气体、金属屑末和炭黑等，如不及时排除，则加工很难稳定地进行。加工稳定性不好，会使脉冲利用率降低，加工速度降低。为便于排屑，一般都采用冲油（或抽油）和电极抬起的办法。

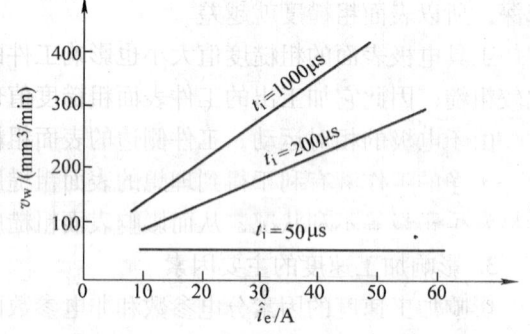

图8-12 峰值电流与加工速度的关系

①冲（抽）油压力与加工速度的关系曲线。在加工中对于工件型腔较浅或易于排屑的型腔，可以不采取任何辅助排屑措施。但对于较难排屑的加工，不冲（抽）油或冲（抽）油压力过小，则因排屑不良产生的二次放电的机会明显增多，从而导致加工速度下降；但若冲油压力过大，加工速度同样会降低。这是因为冲油压力过大，产生干扰，使加工稳定性变差，故加工速度反而会降低。图8-13所示为冲油压力和加工速度的关系曲线。

冲（抽）油的方式与冲（抽）油压力大小应根据实际加工情况来定。若型腔较深或加工面积较大，冲（抽）油压力

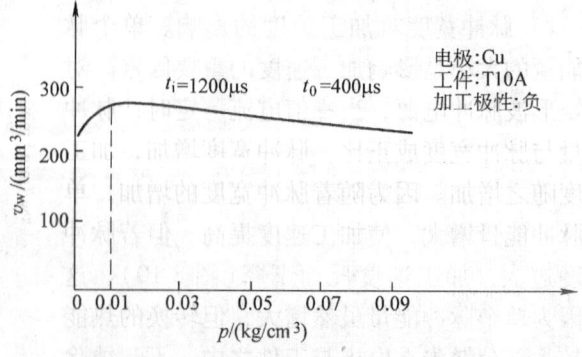

图8-13 冲油压力和加工速度的关系曲线

要相应增大。

② "抬刀"对加工速度的影响。为使放电间隙中的电蚀产物迅速排除，除采用冲(抽)油外，还需经常抬起电极以利于排屑。在定时"抬刀"状态，会发生放电间隙状况良好无需"抬刀"而电极却照样抬起的情况，也会出现放电间隙的电蚀产物积聚较多急需"抬刀"而"抬刀"时间未到却不"抬刀"的情况，这种多余的"抬刀"运动和未及时"抬刀"都直接降低了加工速度。为克服定时"抬刀"的缺点，目前较先进的电火花机床都采用了自适应"抬刀"功能。自适应"抬刀"是根据放电间隙的状态，决定是否"抬刀"。放电间隙状态不好，电蚀产物堆积多，"抬刀"频率自动加快；放电间隙状态好，电极就少抬起或不抬。这使电蚀产物的产生与排除基本保持平衡，避免了不必要的电极抬起运动，提高了加工速度。

图 8-14 所示为抬刀方式对加工速度的影响。由图可知，加工深度相同时，采用自适应"抬刀"比定时"抬刀"需要的加工时间短，即加工速度高。同时，采用自适应"抬刀"，加工工件质量好，不易出现拉弧烧伤。

2）加工面积的影响。图 8-15 所示为加工面积和加工速度的关系曲线。由图可知，加工面积较大时，它对加工速度没有多大影响。但若加工面积小到某一临界面积时，加工速度会显著降低，这种现象叫做"面积效应"。因为加工面积小，在单位面积上脉冲放电过分集中，致使放电间隙的电蚀产物排除不畅，同时会产生气体排除液体的现象，造成放电加工在气体介质中进行，因而大大降低了加工速度。

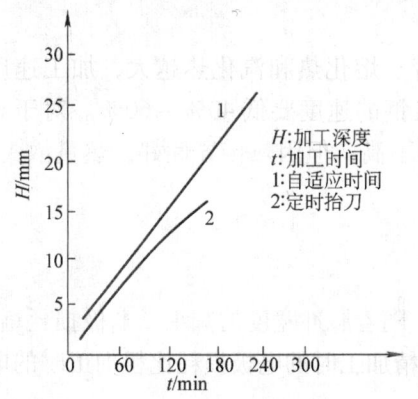

图 8-14 抬刀方式对加工速度的影响

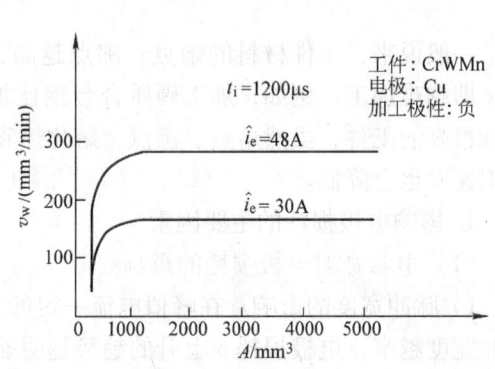

图 8-15 加工面积和加工速度的关系曲线

从图 8-15 可看出，峰值电流不同，最小临界加工面积也不同。因此，确定一个具体加工对象的电参数时，首先必须根据加工面积确定工作电流，并估算所需的峰值电流。

3）电极材料和加工极性的影响。图 8-16 所示为电极材料和加工极性对加工速度的影响。在电参数选定的条件下，采用不同的电极材料与加工极性，加工速度也大不相同。由图 8-16 可知，采用石墨电极，在同样的加工电流下，正极性比负极性的加工速度高。

在加工中选择极性，不能只考虑加工速度，还必须考虑电极损耗。如用石墨做电极时，正极性加工比负极性加工速度高，但在粗加工中，电极损耗会很大。故在不计电极损耗的通孔加工、取折断工具等情况，用正极性加工；而在用石墨电极加工型腔的过程中，常采用负极性加工。

从图 8-16 还可看出，在同样加工条件和加工极性情况下，采用不同的电极材料，加工速度也不相同。例如，中等脉冲宽度、负极性加工时，石墨电极的加工速度高于铜电极的加工速度。在脉冲宽度较窄或很宽时，铜电极的加工速度高于石墨电极。此外，采用石墨电极加工，比用铜电极加工的最大加工速度的脉冲宽度要窄。

综上所述，电极材料对电火花加工非常重要，正确选择电极材料是电火花加工首要考虑的问题。

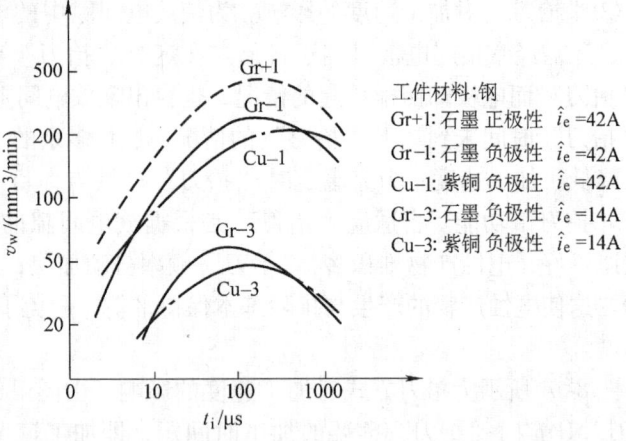

图 8-16 电极材料和加工极性对加工速度的影响

4）工作液的影响。在电火花加工中，工作液的种类、粘度、清洁度对加工速度都有影响。就工作液的种类来说，对加工速度影响的大致顺序是：高压水 >（煤油 + 机油）> 煤油 > 酒精水溶液。在电火花成形加工中，应用最多的工作液是煤油。

5）工件材料的影响。在同样加工条件下，选用不同的工件材料，加工速度也不同。这主要取决于工件材料的物理性能（熔点、沸点、比热容、导热系数、熔化热和汽化热等）。

一般说来，工件材料的熔点、沸点越高，比热容、熔化热和汽化热越大，加工速度越低，即越难加工。例如，加工硬质合金钢比加工碳素钢的速度要低 40%～60%。对于导热系数很高的工件，虽然熔点、沸点、熔化热和汽化热不高，但因热传导性好，热量散失快，加工速度也会降低。

4. 影响电极损耗的主要因素

（1）电参数对电极损耗的影响

1）脉冲宽度的影响。在峰值电流一定的情况下，随着脉冲宽度的减小，电极损耗增大。脉冲宽度越窄，电极损耗 θ 上升的趋势越明显，所以精加工时的电极损耗比粗加工时的电极损耗大，如图 8-17 所示。

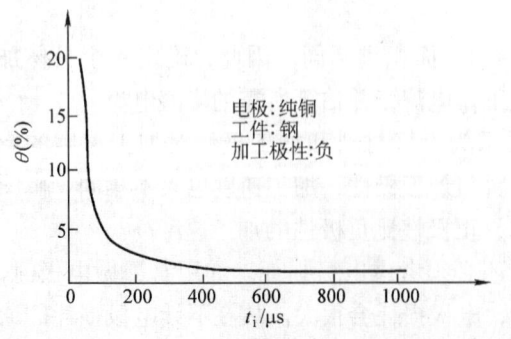

图 8-17 脉冲宽度与电极损耗的关系

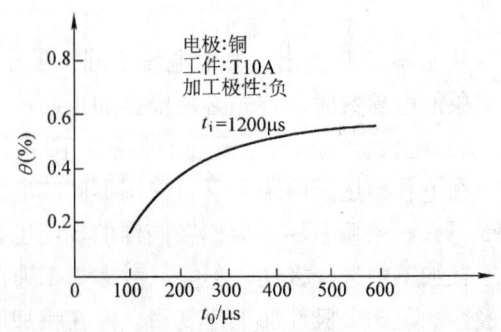

图 8-18 脉冲间隔对电极损耗的影响

2) 脉冲间隔的影响　在脉冲宽度不变时，随着脉冲间隔的增加，电极损耗增大，如图 8-18 所示。因为脉冲间隔加大，引起放电间隙中介质消电离状态的变化，使电极上的"覆盖效应"减少。

随着脉冲间隔的减小，电极损耗也随之减少，但超过一定限度，放电间隙将来不及消电离而造成拉弧烧伤，反而影响正常加工的进行。尤其是粗规准、大电流加工时，更应注意。

3) 峰值电流的影响　对于一定的脉冲宽度，加工时的峰值电流不同，电极损耗也不同。

用纯铜电极加工钢时，随着峰值电流的增加，电极损耗也增加。图 8-19 所示为峰值电流对电极相对损耗的影响。由图可知，要降低电极损耗，应减小峰值电流。因此，对一些不适宜用长脉冲宽度粗加工而又要求损耗小的工件，应使用窄脉冲宽度、低峰值电流的方法。

由上可见，脉冲宽度和峰值电流对电极损耗的影响效果是综合性的，只有脉冲宽度和峰值电流保持一定关系，才能实现低损耗加工。

4) 加工极性的影响　在其他加工条件相同的情况下，加工极性不同对电极损耗影响很大，如图 8-20 所示。当脉冲宽度 t_i 小于某一数值时，正极性损耗小于负极性损耗；反之，当脉冲宽度 t_i 大于某一数值时，负极性损耗小于正极性损耗。一般情况下，采用石墨电极和铜电极加工钢时，粗加工用负极性，精加工用正极性。但在钢电极加工钢时，无论粗加工还是精加工都要用负极性，否则电极损耗将大大增加。

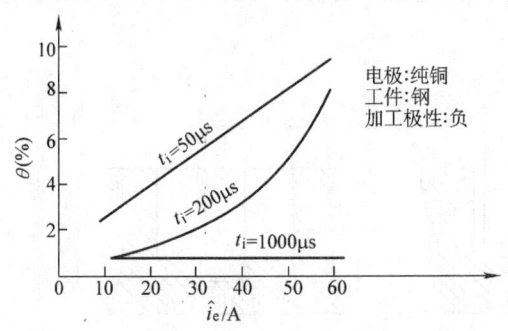

图 8-19　峰值电流对电极相对损耗的影响

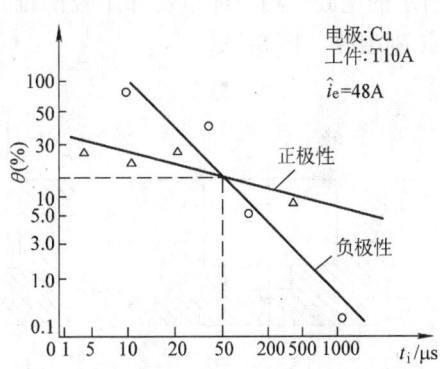

图 8-20　加工极性对电极相对损耗的影响

(2) 非电参数对电极损耗的影响

1) 工具电极材料的影响。工具电极损耗与其材料有关，损耗的大致顺序如下：银钨合金＜铜钨合金＜石墨（粗规准）＜纯铜＜钢＜铸铁＜黄铜＜铝。

影响电极损耗的因素较多，现总结为表 8-5。

表 8-5　影响电极损耗的因素

因　素	说　明	减少损耗的条件
脉冲宽度	脉冲宽度越大，损耗越小，至一定数值后，损耗可降低至小于 1%	脉冲宽度足够大
峰值电流	峰值电流增大，电极损耗增加	减小峰值电流
极性	影响很大。应根据不同电源、不同电规准、不同工作液、不同电极材料、不同工件材料，选择合适的极性	一般脉冲宽度大时用正极性，小时用负极性，钢电极用负极性

(续)

因　素	说　明	减少损耗的条件
电极材料	常用电极材料中黄铜的损耗最大,纯铜、铸铁、钢次之,石墨和铜钨、银钨合金较小。纯铜在一定的电规准和工艺条件下,也可以得到低损耗加工	石墨做粗加工电极,纯铜做精加工电极
工件材料	加工硬质合金工件时的电极损耗比钢工件大	用高压脉冲加工或用水做工作液,在一定条件下可降低损耗
加工面积	影响不大	大于最小加工面积
排屑条件和二次放电	在损耗较小的加工时,排屑条件越好则损耗大,如纯铜;有些电极材料则对此不敏感,如石墨。损耗较大的规准加工时,二次放电会使损耗增加	在许可条件下,最好不采用强迫冲(抽)油
工作液	常用的煤油、机油获得低损耗加工需具备一定的工艺条件;水和水溶液比煤油容易实现低损耗加工(在一定条件下),如硬质合金工件的低损耗加工,黄铜和钢电极的低损耗加工	

2) 电极的形状和尺寸的影响。在电极材料、电参数和其他工艺条件完全相同的情况下,电极的形状和尺寸对电极损耗影响也很大(如电极的尖角、棱边、薄片等)。如图 8-21a 所示的型腔,用整体电极加工较困难。在实际中首先加工主型腔(图 8-21b),再用小电极加工副型腔(图 8-21c)。

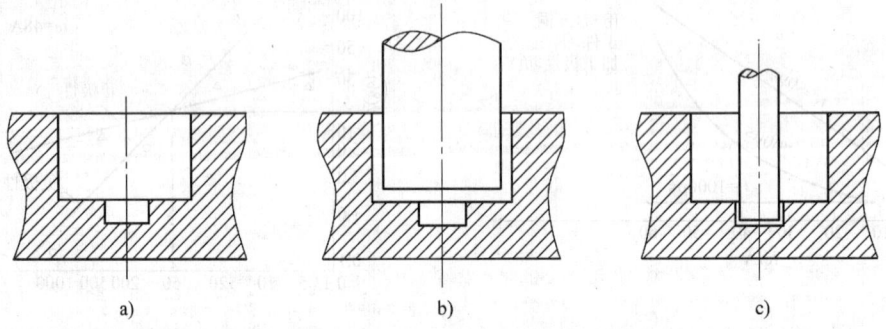

图 8-21　分解电极图
a) 型腔　b) 加工主型腔　c) 加工副型腔

3) 冲油或抽油的影响(图 8-22)。对形状复杂、深度较大的型孔或型腔进行加工时,若采用适当的冲油或抽油的方法进行排屑,有助于提高加工速度。但另一方面,冲油或抽油压力过大反而会加大电极的损耗。因为强迫冲油或抽油会使加工间隙的排屑和消电离速度加快,这样减弱了电极上的"覆盖效应"。当然,不同的工具电极材料对冲油、抽油的敏感性不同。如用石墨电极加工时,电极损耗受冲油压力的影响较小;而纯铜电极损耗受冲油压力的影响较大。

由上可知,在电火花成形加工中,应谨慎使

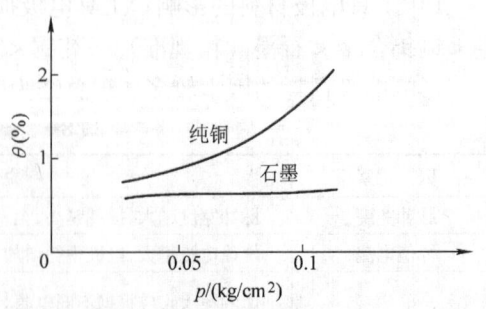

图 8-22　冲油压力对电极相对损耗的影响

用冲油、抽油。加工本身较易进行且稳定的电火花加工，不宜采用冲油、抽油；若非采用冲油、抽油不可的电火花加工，也应注意使冲油、抽油压力维持在较小的范围内。

冲油、抽油方式对电极损耗无明显影响，但对电极端面损耗的均匀性有较大影响。冲油时电极损耗呈凹形端面，抽油时则形成凸形端面，如图8-23所示。这主要是因为冲油进口处所含各种杂质较少，温度比较低，流速较快，使进口处"覆盖效应"减弱的缘故。

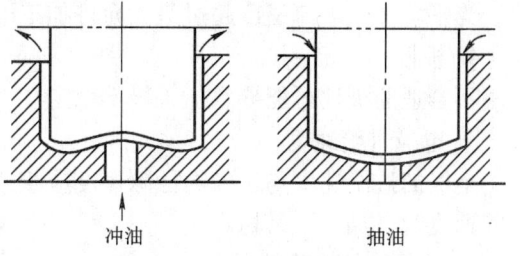

图 8-23　冲油、抽油方式对电极端面损耗的影响

实践证明，当油孔的位置与电极的形状对称时，用交替冲油和抽油的方法可使冲油或抽油所造成的电极端面形状的缺陷互相抵消，得到较平整的端面。另外，采用脉动冲油（冲油不连续）或抽油比连续冲油或抽油的效果较好。

4）加工面积的影响。在脉冲宽度和峰值电流一定的条件下，加工面积对电极损耗影响不大，是非线性的，如图8-24所示。当电极相对损耗小于1%，并随着加工面积的继续增大，电极损耗减小的趋势越来越慢。当加工面积过小时，则随着加工面积的减小而电极损耗急剧增加。

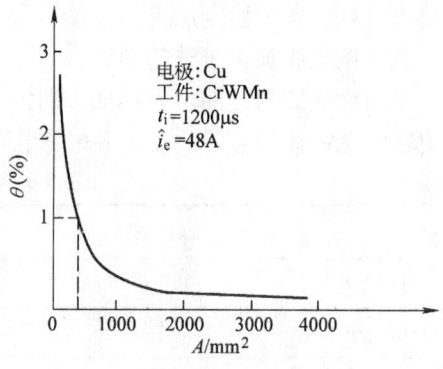

图 8-24　加工面积对电极相对损耗的影响

五、电火花加工的稳定性

在电火花加工中，加工的稳定性是一个很重要的概念。加工的稳定性不仅关系到加工的速度，而且关系到加工的质量。

1. 加工形状

形状复杂（具有内外尖角、窄缝、深孔等）的工件加工不易稳定，其他如电极或工件松动、烧弧痕迹未清除、工件或电极带磁性等均会引起加工不稳定。

另外，随着加工深度的增加，加工变得不稳定。工作液中混入易燃微粒也会使加工难以进行。

2. 电极材料及工件材料

对于钢工件，各种电极材料的加工稳定性好坏次序如下：

纯铜（铜钨合金、银钨合金）＞铜合金（包括黄铜）＞石墨＞铸铁＞不相同的钢＞相同的钢。

淬火钢比不淬火钢工件加工时稳定性好；硬质合金、铸铁、铁合金、磁钢等工件的加工稳定性差。

3. 电规准与加工稳定性

一般来说，单个脉冲能量较大的规准，容易达到稳定加工。但是，当加工面积很小时，不能用很强的规准加工，加工硬质合金也不能用太强的规准加工。

脉冲间隔太小常易引起加工不稳定。在微细加工、排屑条件很差、电极与工件材料不太合适时，可增加间隔来改善加工的不稳定性，但这样会引起生产率下降。$t_i/\hat{i}_e$很大的规准比$t_i/\hat{i}_e$较小的规准加工稳定性差。当$t_i/\hat{i}_e$大到一定数值后，加工很难进行。

对于每种电极材料必须有合适的加工波形和适当的击穿电压，才能实现稳定加工。当平均加工电流密度超过最大允许加工电流密度时，将出现不稳定现象。

4. 极性

不合适的极性可能导致加工极不稳定。

5. 电极进给速度

电极的进给速度与工件的蚀除速度应相适应，这样才能使加工稳定进行。进给速度大于蚀除速度时，加工不易稳定。

6. 蚀除物的排除情况

良好的排屑是保证加工稳定的重要条件。单个脉冲能量大则放电爆炸力强，电火花间隙大，蚀除物容易从加工区域排出，加工就稳定。在用弱规准加工工件时必须采取各种方法保证排屑良好，实现稳定加工。冲油压力不合适也会造成加工不稳定。

六、电火花加工工艺的制订

从前面详细阐述的电火花加工的工艺规律不难看出，加工精度、表面粗糙度、加工速度和电极损耗往往相互矛盾。表8-6简单列举了一些常用参数对工艺的影响。

表8-6 常用参数对工艺的影响

	加工速度	电极损耗	表面粗糙度值	备 注
峰值电流↑	↑	↑	↑	加工间隙↑，型腔加工锥度↑
脉冲宽度↑	↑	↓	↑	加工间隙↑，加工稳定性↑
脉冲间歇↑	↓	↑	○	加工稳定性↑
介质清洁度↑	中、粗加工↓精加工↑	○	○	加工稳定性↑

在电火花加工中，如何合理地制订电火花加工工艺，如何用最快的速度加工出最佳质量的产品呢？一般来说，主要采用两种方法来处理：第一，先主后次。如在用电火花加工去除断在工件中的钻头、丝锥时，应优先保证速度，因为此时工件的表面粗糙度、电极损耗已经不重要了；第二，采用各种手段，兼顾各方面。主要有以下几种常见的方法：

1. 先用机械加工去除大量的材料，再用电火花加工保证加工精度和加工质量

电火花成形加工的材料去除率还不能与机械加工相比，因此在工件型腔电火花加工中，有必要先用机械加工方法去除大部分加工量，使各部分余量均匀，从而大幅度提高工件的加工效率。

2. 粗、中、精逐挡过渡式加工方法

粗加工用以蚀除大部分加工余量，使型腔按预留量接近尺寸要求；中加工用以降低工件表面粗糙度值，并使型腔基本达到要求，一般加工量不大；精加工主要保证最后加工出的工件达到要求的尺寸与表面粗糙度。

在加工时，首先通过粗加工，高速去除大量金属，这是通过大功率、低损耗的粗加工规准解决的；其次，通过中、精加工保证加工的精度和表面质量。中、精加工虽然工具电极相对损耗大，但在一般情况下，中、精加工余量仅占全部加工量的极小部分，故工具电极的绝对损耗极小。

在粗、中、精加工中，应注意转换加工规准。

3. 采用多电极

应在加工中及时更换电极。当电极绝对损耗量达到一定程度时应及时更换，以保证良好的加工质量。

七、电火花加工中的工艺技巧

1. 影响模具表面质量的"波纹"问题

用平动头修光侧面的型腔，在底部圆弧或斜面处易出现"细丝"及鱼鳞状的凸起，这就是"波纹"。"波纹"问题将严重影响模具加工的表面质量，一般"波纹"产生的原因如下：

（1）电极材料的影响　如在用石墨做电极时，由于石墨材料颗粒粗、组织疏松、强度差，会引起粗加工后电极表面产生严重剥落现象（包括疏松性剥落、压层不均匀性剥落、热疲劳破坏剥落、机械性破坏剥落）。因为电火花加工是精确"仿形"加工，故在电火花加工中石墨电极表面剥落现象经过平动修整后会反映到工件上，即产生了"波纹"。

（2）中、粗加工电极损耗大　由于粗加工后电极表面粗糙度值很大，中、精加工时电极损耗较大，故在加工过程中工件上粗加工的表面不平度会反映到电极上，电极表面产生的高低不平又反映到工件上，最终就产生了所谓的"波纹"。

（3）冲油、排屑的影响　电加工时，若冲油孔开设得不合理，排屑情况不良，则蚀除物会堆积在底部转角处，这样也会助长"波纹"的产生。

（4）电极运动方式的影响　"波纹"的产生并不是平动加工引起的。相反，平动运动有利于底面"波纹"的消除，但它对不同角度的斜度或曲面"波纹"仅有不同程度的减少，却无法消除。这是因为平动加工时，电极与工件有一个相对错开位置，加工底面错位量大，加工斜面或圆弧错位量小，因而导致两种不同的加工效果。

"波纹"的产生既影响工件表面粗糙度，又降低加工精度，所以在实际加工中应尽量设法减小或消除"波纹"。

2. 加工精度问题

加工精度主要包括"仿形"精度和尺寸精度两个方面。所谓"仿形"精度，是指电加工后的型腔与加工前工具电极几何形状的相似程度。

影响"仿形"精度的因素有以下几点：

1）使用平动头造成的几何形状失真。例如，很难加工出清角，尖角变圆等。

2）工具电极损耗及"反粘"现象的影响。

3）电极装夹校正装置的精度和平动头、主轴头的精度以及刚性影响。

4）规准选择转换不当，造成电极损耗增大。

影响尺寸精度的因素有以下几点：

1）操作者选用的电规准与电极缩小量不匹配，以致加工完成以后，使尺寸精度超差。

2）在加工深型腔时，二次放电机会较多，使加工间隙增大，以致侧面不能修光，或者即使能修光，也超出了图样尺寸。

3）冲油管的放置和导线的架设存在问题。导线与油管产生阻力，使平动头不能正常进行平面圆周运动。

4）电极制造误差。

5）主轴头、平动头、深度测量装置等机械误差。

3. 表面粗糙度问题

电火花加工型腔模，有时型腔表面会出现尺寸到位，但修不光的现象。造成这种现象的原因有以下几方面：

1) 电极对工作台的垂直度没校正好，使电极的一个侧面成了倒斜度，这样相对应模具侧面的上部分就会修不光。

2) 主轴进给时，出现扭曲现象，影响了模具侧表面的修光。

3) 在加工开始前，平动头没有调到零位，以致到了预定的偏心量时，有一面无法修出。

4) 各挡规准转换过快或者跳规准进行修整，使端面或侧面留下粗加工的麻点痕迹，无法再修光。

5) 电极或工件没有装夹牢固，在加工过程中出现错位移动，影响模具侧面粗糙度的修整。

6) 平动量调节过大，加工过程出现大量碰撞短路，使主轴不断上下往返，造成有的面修出，有的面修不出。

第三节　典型零件的电火花加工工艺分析

一、型腔零件的加工工艺分析

在电火花机床上加工如图 8-25 所示的型腔零件，型腔孔的位置在工件中心，材料为 45 钢。

1. 准备工作

装夹电极、工件，拉表找正。合上机床电源，按启动以后，系统进行自检，指示灯全亮，三轴显示 "-888.888"，规准值显示 "88—88"。几秒钟后，系统结束自检，三轴及规准值显示上次关机时的值，主轴悬停，公/英和反打指示灯指示上次关机时的状态。

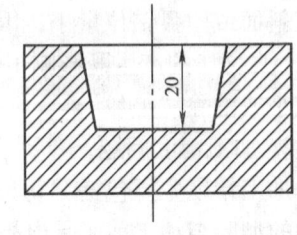

图 8-25　型腔零件

2. 加工参数确定

加工参数（也称为加工规准），主要指电流、脉冲宽度、脉冲间隔、抬刀等参数。加工参数主要根据实际情况选择，常规加工参数如下：

1) 粗加工主要是为获得较快的加工速度，可选择较大的脉冲宽度和电流，一般脉冲宽度可选 300~800μs。选择电流时应考虑电极尺寸，可根据电极面积选择，以免单位面积电流太大，一般单位面积电流不超过 10A/cm²。从加工速度角度考虑脉冲间隔可尽量小，只要不拉弧就可以，但小脉冲间隔易造成加工条件恶化，间接造成电极损耗增大，故选择应留有余量，脉冲间隔可选 80~250μs。对于纯铜电极，脉冲宽度选择 300~800μs，对于石墨电极，脉冲宽度可选 300~500μs。

当排屑条件较好时，可选择较长的抬刀时间和较大的抬刀高度。

2) 中加工主要为获得较好的表面粗糙度和尺寸精度，为精加工打基础。选择规准应比粗加工小一些，脉冲宽度可选 80~300μs，脉冲间隔相应为 100μs 以上，电流比粗加工要小些。

3) 精加工以获得良好的表面粗糙度和尺寸精度为主要目的,脉冲宽度要小,电流也要小;脉冲宽度选择 80μs 以下,脉冲间隔选择放电稳定就可以。由于排屑条件恶劣,脉冲间隔应选大一些,抬刀要频繁且抬刀高度较低,以保证加工稳定。

3. 加工步序确定

对刀后,移动主轴电极使其接触加工工件基准位置,如图 8-26 所示,然后 Z 轴清零。

根据零件孔的深度,分 6 段加工,第 1 段存放在步序 4。各段深度设置如下:

1) 调用步序 4,设定目标深度 = 5.000,设定规准值。
2) 调用步序 5,设定目标深度 = 10.000,设定规准值。
3) 调用步序 6,设定目标深度 = 15.000,设定规准值。
4) 调用步序 7,设定目标深度 = 18.000,设定规准值。
5) 调用步序 8,设定目标深度 = 19.000,设定规准值。
6) 调用步序 9,设定目标深度 = 20.000,设定规准值。

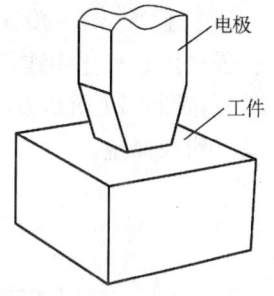

图 8-26 确定加工位置

4. 开始加工

1) 检查步序 4~9,无误后调用步序 4。
2) 按控制面板上"自动"键(指示灯亮)。
3) 按手控盒上"加工"键,开始加工。

如果加工到某一段的目标深度,自动调用下一段。当加工到 20.000 时,系统自动切断加工电压,主轴回退,到位后,转到对刀状态,报警蜂鸣或关机。

二、注射模镶块的加工工艺分析

在电火花机床上加工如图 8-27a 所示的注射模镶块,材料为 40Cr,硬度为 38~40HRC,加工表面粗糙度值为 $Ra0.8\mu m$,要求型腔侧面棱角清晰,圆角半径 $R<0.25mm$。

1. 加工方法选择

选用单电极平动法进行电火花成形加工,为保证侧面棱角清晰($R<0.3mm$),其平动量应小,取 $\delta \leq 0.25mm$。

2. 工具电极的设计及制造

1) 电极材料选用锻造过的纯铜,以保证电极加工质量以及加工表面粗糙度。
2) 电极结构与尺寸如图 8-27b 所示。

①电极水平尺寸单边缩放量取 $b=0.25mm$,根据相关计算式可知,平动量 $\delta_0 = 0.25 - \delta_{精} < 0.25mm$。

②由于电极尺寸缩放量较小,用于基本成形的粗加工电规准参数不宜太大。根据工艺数据库所存资料(或经验)可知,实际使用的粗加工参数会产生 1% 的电极损耗。因此,对应的型腔主体(深度 20mm)与 $R7mm$ 搭子的型腔(深度 6mm)的电极长度之差不是 14mm,而是 $(20mm-6mm) \times (1+1\%) = 14.14mm$。尽管精修时也有损耗,但由于两部分精修量一样,故不会影响二者深度之差。图 8-27b 所示电极结构,其总长度无严格要求。

3) 电极制造。电极可以用机械加工的方法制造,但因有两个半圆的搭子,一般都用线切割加工,主要工序如下:

①备料。

②刨削上下面。
③划线。
④加工 M8×8 的螺孔。
⑤按水平尺寸用线切割加工。
⑥按图 8-27 所示方向前后转动 90°，用线切割加工两个半圆及主体部分长度。
⑦钳工修整。

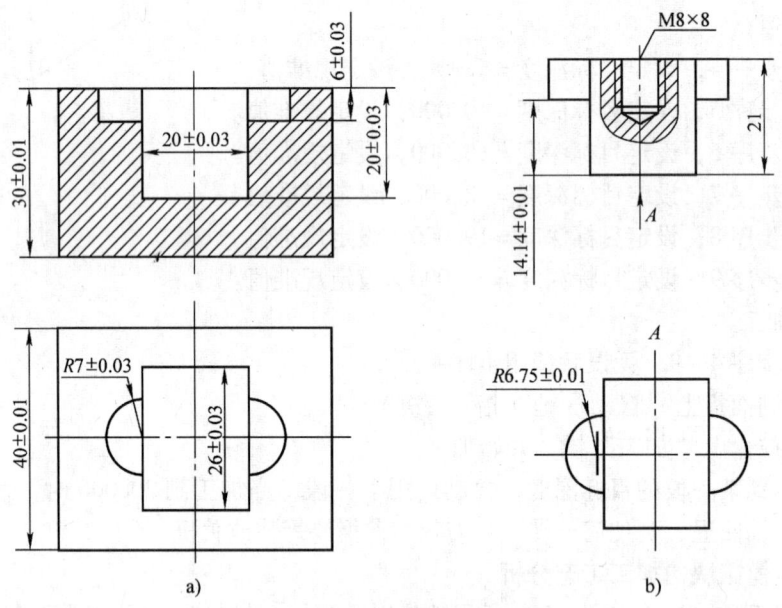

图 8-27　注射模镶块加工
a）注射模镶块　b）电极结构与尺寸

3. 镶块坯料加工
①按尺寸需要备料。
②刨削六面体。
③热处理（调质）达 38～40HRC。
④磨削镶块六个面。

4. 电极与镶块的装夹与定位
①用 M8 的螺钉固定电极，并装夹在主轴头的夹具上。然而用指示表以电极上端面和侧面为基准，校正电极与工件表面的垂直度，并使其 X、Y 轴与工作台 X、Y 移动方向一致。
②镶块一般用机用虎钳夹紧，并校正其 X、Y 轴，使其与工作台 X、Y 移动方向一致。
③定位，即保证电极与镶块的中心线完全重合。用数控电火花成形机床加工时，可利用机床自动找中心功能准确定位。

5. 电火花加工工艺参数确定
所选用的电规准和平动量及其转换过程见表 8-7。

表 8-7　电规准转换与平动量分配

序　号	脉冲宽度/μs	脉冲电流幅值/A	平均加工电流/A	表面粗糙度值 Ra/μm	单边平动量/mm	端面进给量/mm	备　注
1	350	30	14	10	0	19.90	1）型腔深度为20mm,考虑1%损耗,端面总进给量为20.2mm 2）型腔加工表面粗糙度值为 Ra0.6μm 3）用 Z 轴数控电火花成形机床加工
2	210	18	8	7	0.1	0.12	
3	130	12	6	5	0.17	0.07	
4	70	9	4	3	0.21	0.05	
5	20	6	2	2	0.23	0.03	
6	6	3	1.5	1.3	0.245	0.02	
7	2	1	0.5	0.6	0.25	0.01	

第四节　项目训练：电火花成形加工工艺的制订

一、实训目的与要求
1. 学会电火花成形机床加工工艺的制订方法。
2. 熟悉制订电火花成形机床加工工艺的流程。

二、实训内容
在电火花成形机床上加工如图 8-28 所示零件，编制其加工工艺。毛坯材料为 45 钢，尺寸为 80mm×60mm×20mm。

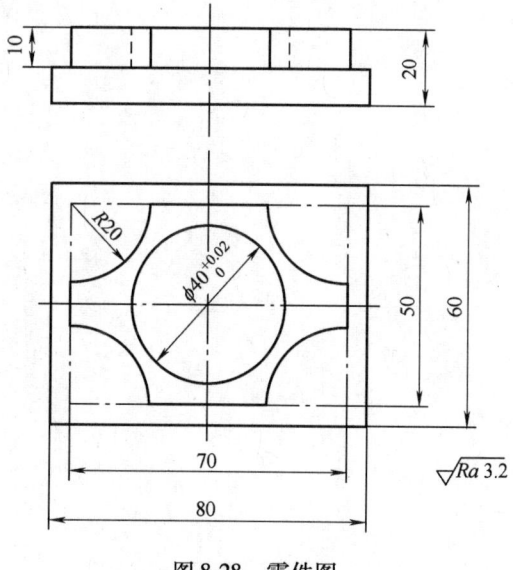

图 8-28　零件图

复习思考题

1. 电火花线切割机床主要由哪些部分组成？
2. 如何选择电火花机床的加工参数？

3. 电火花加工过程中影响材料放电腐蚀的因素主要有哪些？
4. 电火花加工过程中影响加工精度的因素主要有哪些？
5. 在电火花机床上加工出如图 8-29 所示零件中的型腔，材料为 45 钢，试编写其加工工艺。

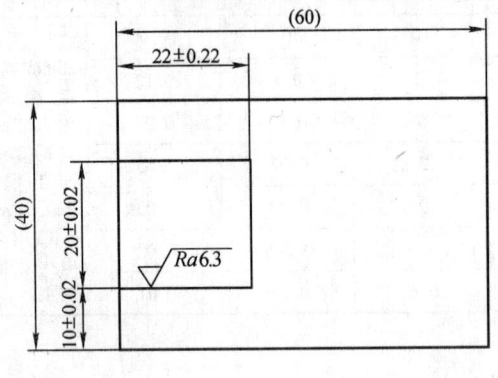
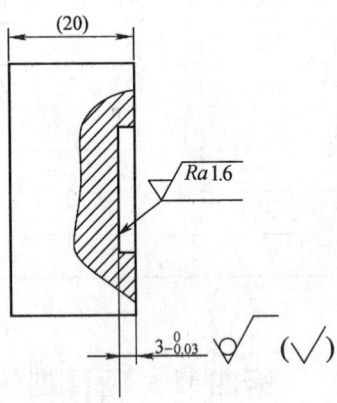

图 8-29　题 5 图

第九章 数控机床的安装、调试、验收及维护

本章应知
1. 数控机床的安装、调试、验收的基本知识
2. 数控机床的维护方法

本章应会
1. 数控机床的日常维护
2. 数控机床的验收

第一节 数控机床的安装

一、数控机床安装的环境要求

数控机床安装的环境要求一般是指对地基、环境温度、湿度、电网、地线的要求和防止干扰等。精密数控机床和重型数控机床需要稳定的机床基础，否则数控机床的精度调整无法进行，也无法保证。用户要在机床安装之前做好机床地基，并且需要经过一段时间的保养使之稳定。普通的数控机床对地基没有特殊要求，精密数控机床有恒温要求，环境温度要适合数控机床的工作要求；机床的安装位置应保持空气流通和干燥，潮湿的环境会使印制电路板和元器件锈蚀，会使机床电气故障增加；机床要避免阳光直接照射，要远离振动源和电磁干扰源。

数控机床对电源供电的要求是较高的，电网波动较大会引起多发故障，电网质量不高时要安装稳压器。为了安全和抗干扰，数控机床必须要接地线，地线一般采用一点接地方式，地线电缆的截面积一般为 $5.5 \sim 14 mm^2$。

二、数控机床安装的基本原则

数控设备的安装工作是数控设备使用前的一个重要环节。对于高精度数控设备，此项工作显得特别重要，它将直接关系到机床投入使用后所能实现的技术性能指标和使用功能效果。对各种数控设备，其安装原则是：选择良好的工作环境（避开阳光直射、电弧光与热源辐射、强电及强磁干扰，工作场地要清洁、防振、空气干燥、温差较小等），确定机床各部分的安装位置，校正机床水平位置，固牢机床并有利于机床的安全使用，最终符合数控设备安装技术的各项规定。

三、数控机床安装的方法

1. 中型（含小型）数控设备的安装方法

对这类数控设备的安装，因其安装技术要求不十分严格，故一般采用与普通机床相似的方法进行安装。

①按机床说明书所附机床基础图规定的地脚位置做好预留孔及电缆和管路槽，稳妥地吊装机床就位（铺以楔铁、垫板），将地脚螺栓穿过床脚孔放入地面基础预留孔中。初步校平机床后，在预留孔中浇注混凝土，待混凝土充分凝固后，精校机床至水平，连接好全部管、线，在清理和善后工作结束后，即可转入试运转阶段。

②对于自带防振可调垫铁（地脚）的数控设备，只需按机床的排列位置稳妥吊装到位，校正水平，连接好全部管、线后，即可转入试运转阶段。

2. 大型数控设备的安装方法

对于大型数控设备，因其装箱运输都必须是在设备经过解体后才能进行的，故机床的安装（含组装）难度较大，技术要求也高。这类机床的安装方法将通过下面相关的安装步骤进行说明。

四、数控机床安装的步骤

数控设备到达后，应及时开箱进行检查，按照各箱的装箱单逐一清点技术资料、零部件、备（附）件和工具等是否齐全、无损，校对实物、装箱单及订货合同三者是否相符，如发现有损坏、差错与不相符等问题，应及时与供应厂商联系解决，尤其应注意取证并不要超过索赔期限。

1. 机床的初就位及组装

1）按照机床生产厂对本机床基础的具体要求（或动力机器基础设计规范），提前做好机床安装基础和相关准备工作。

2）组织有关技术人员仔细阅读和分析有关机床安装方面的资料，确定安装方案及实施步骤，然后将机床各箱部件置于地基上就位，检查无误后转入组装环节。

3）组装过程一般分为以下几个步骤：

①清理部件表面。将所有连接面、导轨、定位和运动表面的防锈层（如涂料）清理干净，并涂上规定的润滑油。

②将数控柜、电气柜、立柱、刀库和刀具交换装置等部件按预定方案组装成整机。在组装过程中，机床各部件间的连接与定位必须使用原装的定位销、定位块和其他定位元件，以保证下一步精度调整工作的顺利进行。

③机床各部件组装完成后，应按照有关技术、安全、环保等规范的要求，准确可靠地连接好电缆，密封好水、电、气、油各管线，特别要注意防止任何污染异物进入管路，否则后果不堪设想。

④整理组装现场，将连接好的各管、线就位固定，安装好防护罩壳，清扫整机，以达到良好的组装效果。

2. 数控系统的连接

数控系统的连接是针对数控装置和伺服系统（主轴与进给）进行的，它包括外部电缆的连接和数控系统电源线的连接两部分。

（1）外部电缆的连接　连接前应仔细检查各连接件（如电路板、脉冲编码器等）是否完好或有无污垢，电缆线有无破损，然后严格按照机床随机提供的电缆连接指导书（图、表），仔细地将带电缆的接插件一一对号入座。连接完毕后，还应认真检查所有接插件（包括航空插头、插座）是否插入到位，接插件上的紧固螺钉是否拧紧，避免因接插件接触不良引起的故障（含软故障）。

接插件连接后，还应进行可靠的接地连接，以确保设备及人身安全，减小电气干扰。机床厂对接地电缆及接地方式有明确的规定。地线通常采用辐射式连接法，即先将数控柜中的信号地、强电地及机床地等连接到公共接地点上，然后再将公共接地点直接与大地连接。在对数控柜与强电柜进行接地连接时，其接地电缆截面积应在 5.5mm² 以上，公共接地点必须与大地接触良好，接地电阻一般要求小于 4~7Ω。

（2）数控系统电源线的连接　数控系统电源线的连接，是指数控柜电源变压器输入电缆的连接和伺服变压器绕组抽头点的连接。对于进口的数控系统或数控设备，应特别注意到各国不同的供电制式，无论是数控系统的电源变压器，还是伺服变压器，都设置了多抽头，以供不同的用户选择使用。因此，必须根据我国供电的具体情况，结合各抽头标志正确进行连接。

3. 机床连接电源的检查与确认

该项工作是机床调试前的重要工作之一，它关系到数控设备能否正常投入使用。连接电源的检查与确认包括以下几个方面内容：

（1）交流电压和频率的检查与确认　机床通电前必须检查交流电源的输入电压和频率是否与数控设备的设定参数相匹配。我国供电制式是交流380V、三相，交流220V、单相，频率均为50Hz。有些国家的供电制式与我国不同，如日本的供电制式为交流200V、三相，交流100V、单相，频率均为60Hz。

（2）交流电源电压波动的检查与确认　输入数控系统的单相电源电压的波动范围超过规定时，电气干扰大大增加，故障率随之上升。数控系统通常规定其允许电源电压在额定值的 $-15\% \sim +10\%$ 之间波动。实践证明，对厂电源电压波动太大的工作环境，采取配备交流稳压电源等措施后，将会明显地减少发生故障的几率，提高数控设备的稳定性和可靠性。

（3）三相交流电源相序的检查与确认　对主轴和进给伺服系统中的交流伺服电动机，如果相序不符合要求，则可能在接通电源时烧断速度控制单元的熔丝（放炮），导致电动机不能起动。故在通电前，一定要认真检查输入电源的相序。检查方法很简单，可用相序表检查（表针顺时针方向旋转即为相序正确），也可采用双踪示波器观察两相之间的波形（两相间相位上相差120°为正确）进行确认。当检查相序不符合要求时，只要将和T、S、R中任两个接线端子相连的接线对调位置即可。

（4）直流电源输出端是否短路的检查与确认　数控系统内部使用的+5V、±15V及±24V等直流输出端电压，均系其直流稳压电源提供，如果发生对地短路，则会烧坏该电源。因此，在通电前应使用万用表测量各输出端对地的阻值，发现短路必须查清原因并与以排除。

（5）直流电源输出电压的检查与确认　先通过数控柜中的轴流风机是否旋转来判断直流电源是否接通。将直流电源接通后，即可从各电路板的检测端子上检查各直流电压值是否符合下述规定：±15V电压允许波动±5%；±24V电压允许波动±10%；对+5V电压，因其是提供给逻辑电路使用的，故允许波动应小于±5%。如不符合要求，必须先行调整。

（6）熔断器的检查与确认　机床通电前，还必须仔细检查所有熔断器的质量和规格是否符合要求。熔断器是机床电路的"卫士"，除供电主线路外，几乎每一块电路板或电路单元都装有它。当电路超过额定负荷，电压过高或负载端发生意外短路时，熔断器能立即"熔断"并切断电源，起到保护电路安全的作用。故检查熔断器的工作不可忽视，也不允许用细铜丝等做熔断器的替代品，以免酿成大错。

第二节　数控机床的调试

一、数控车床的调试

数控车床是一种技术含量很高的机电一体化的机床。用户买到一台数控车床后，能否正确地、安全地开机，调试是很关键的一步。这一步的正确与否在很大程度上决定了这台数控车床能否发挥正常的经济效率以及它本身的使用寿命，这对数控车床的生产厂和用户都是事关重大的课题。数控车床开机、调试应按下列步骤进行：

1. 通电前的外观检查

（1）CNC 电箱检查　打开 CNC 电箱门，检查各类接口插座、伺服电动机反馈线插座、主轴脉冲发生器插座、手摇脉冲发生器插座和 CRT 插座等，如有松动要重新插好，有锁定装置的一定要锁紧。按照说明书检查各个印制电路板上的短路端子的设置情况，一定要符合机床生产厂设定的状态，确实有误的应重新设置，一般情况下无须重新设置，但用户一定要对短路端子的设置状态做好原始记录。

（2）车床电气检查　打开车床电控箱，检查继电器、接触器、熔断器、伺服电动机速度控制单元插座和主轴电动机速度控制单元插座等有无松动，如有松动应恢复正常状态，有锁定装置的接插件一定要锁紧。有转接盒的机床一定要检查转接盒上的插座接线有无松动，有松动一定要拧紧。

（3）接线质量检查　检查所有的接线端子，包括强弱电部分在装配时机床生产厂自行接线的端子及各电动机电源线的接线端子。每个端子都要用工具紧固一次，直到用工具拧不动为止，各电机插座一定要拧紧。

（4）操作面板上按钮及开关检查　检查操作面板上所有按钮、开关和指示灯的接线，发现有误应立即处理，检查 CRT 单元上的插座及接线。

（5）电磁阀检查　所有电磁阀都要用手推动数次，以防止长时间不通电造成的动作不良，如发现异常应做好记录，以备通电后确认修理或更换。

（6）限位开关检查　检查所有限位开关动作的灵活性及固定性，发现动作不良或固定不牢的应立即处理。

（7）电源相序检查　用相序表检查输入电源的相序，确认输入电源的相序与机床上各处标定的电源相序应绝对一致。

（8）地线检查　要求有良好的地线，测量机床地线，接地电阻不能大于 1Ω。有二次接线的设备，如电源变压器等，必须确认二次接线的相序一致性，要保证各处相序的绝对正确，此时应测量电源电压，做好记录。

2. 车床总电压的接通

1）接通车床总电源，检查 CNC 电箱、主轴电动机冷却风扇、车床电器箱冷却风扇的转向是否正确，润滑、液压等处的油压标志指示以及机床照明灯是否正常，各熔断器有无损坏，如有异常应立即停电检修，无异常可以继续进行。

2）测量强电各部分的电压，特别是供 CNC 及伺服单元用的电源变压器的初、次级电压，并做好记录。

3）观察有无漏油，特别是供转塔转位、卡紧、主轴换挡和卡盘卡紧等处的液压缸和电磁阀，如有漏油应立即停电修理或更换。

3. CNC 电箱通电

1）按 CNC 电源通电按钮，接通 CNC 电源，观察 CRT 显示，直到出现正常画面为止。如果出现 ALARM 显示，应该查出故障并排除，此时应重新送电检查。

2）打开 CNC 电源，根据有关资料上给出的测试端子的位置测量各级电压，有偏差的应调整到给定值，并做好记录。

3）将状态开关置于适当的位置，如日本 FANUC 系统应放置在 MDI 状态，选择到参数页面，逐条逐位地核对参数。这些参数应与随机所带参数表符合，如发现有不一致的参数，应搞清各个参数的意义后再决定是否修改。例如齿隙补偿的数值可能与参数表不一致，这在进行实际加工后可随时进行修改。

4）将状态选择开关放置在 JOG 位置，将点动速度放在最低挡，分别进行各坐标正、反方向的点动操作；同时用手按与点动方向相对应的超程保护开关，验证其保护作用的可靠性，然后再进行慢速的超程试验，验证超程撞块安装的正确性。

5）将状态开关置于回零位置，完成回零操作。由于参考点返回的动作不完成就不能进行其他操作，因此遇此情况应首先进行本项操作，然后再进行第 4）项操作。

6）将状态开关置于 JOG 位置或 MDI 位置，进行手动变挡试验。验证后将主轴调速开关放在最低位置，进行各挡的主轴正、反转试验，观察主轴运转的情况和速度显示的正确性，然后再逐渐升速到最高转速，观察主轴运转的稳定性。

7）逐渐变化快移超调开关和进给倍率开关，随意点动刀架，观察速度变化的正确性。

8）进行手动导轨润滑试验，使导轨有良好的润滑。

4. MDI 试验

（1）测量主轴实际转速　将车床锁住开关放在接通位置，用手动数据输入指令，进行主轴任意变挡、变速试验。测量主轴实际转速，并观察主轴速度显示值，调整误差，使误差限定在 5% 之内。

（2）EDIT 功能试验　将状态选择开关置于 EDIT 位置，自行编制一个简单程序，尽可能多地包括各种功能指令和辅助功能指令，移动尺寸以机床最大行程为限，同时进行程序的增加、删除和修改。

（3）功能试验　车床型号不同，功能也不同，可根据具体情况对各个功能进行试验。为防止意外情况发生，最好先将车床锁住进行试验，然后再放开车床进行试验。

（4）进行转塔或刀座的选刀试验　其目的是检查刀座或正、反转和定位精度的正确性。

（5）自动状态试验　将车床锁住，用编制的程序进行空运转试验，验证程序的正确性。然后放开机床，分别将进给倍率开关、快速超调开关、主轴速度超调开关进行多种变化，使机床在上述各开关的多种变化情况下进行充分地运行，再将各超调开关置于 100% 处，使机床充分运行，观察整机的工作情况是否正常。

至此，一台数控车床才算开机调试完毕。

二、数控铣床的调试

对于一般的数控铣床来说，主机是整机发运，在出厂前都已调整好，但用户在使用前仍需注意以下几点：

1. 自动润滑的调整

数控铣床大多采用自动定时定量润滑站供油，开机前检查一下润滑油泵是否按规定的时间起动，这些时间的调整一般由继电器进行。

2. 油压的调整

因为液压变速、液压拉力等机构都需要合适的压力，所以机床开箱后，清除防锈用的油封（即向油池中灌油），开动油泵调整油压（一般在 1~2MPa 的压力即可）。

3. 重点检查升降台防止垂直下滑装置是否作用

检查方法很简单,即在机床通电的情况下,在床身上固定表座,用指示表测头指向工作台面,然后将工作台突然断电,通过指示表观察工作台面是否下沉。变化在 0.01~0.02mm 是允许的,下滑太多会影响批量加工零件的一致性,此时可通过调整自锁器来调节。

三、加工中心的调试

机床调试的目的是检验机床安装是否稳固,各传动、操纵和控制等系统是否正常和灵敏可靠,调试和试运行工作按以下步骤进行:

1. 加润滑油

按说明书的要求给各润滑点加油,给液压油箱加符合要求的液压油,接通气源。

2. 通电

各部件分别供电或各部件一次通电试验后,再全面供电,观察各部件有无报警,手动各部件是否正常,各安全装置是否起作用,使机床的各个环节都能操作和运动起来。

3. 灌浆

机床初步运转后,粗调机床的几何精度,调整经过拆装的主要运动部件和主机的相对位置,将机械手、刀库、交换工作台的位置找正等。完成后,即可用快干水泥灌死主机和各附件的地脚螺栓,将各地脚螺栓预留孔灌平。

4. 工具准备

准备好各种检测工具,如精密水平仪、标准方尺和平行方管等。

5. 精调水平

精调机床的水平,使机床的几何精度达到允许误差的范围内。采用多点垫支承,在自由状态下将床身调成水平,保证床身调整后的稳定性。

6. 安装部件

用手动操纵方式调整机械手相对于主轴的位置,使用调整心棒,安装最大重量刀柄时,要进行多次刀库到主轴位置的自动交换,做到准确无误,不撞击。

将工作台运动到交换位置,调整托盘站与交换工作台的相对位置,达到工作台自动交换动作平稳,并安装工作台最大负载,进行多次交换。

7. 检查

检查数控系统和可编程序控制器 PLC 装置的设定参数是否符合随机资料中的规定数据,然后试验各主要操作功能、安全措施和常用指令的执行情况等。检查附件的工作状况,如机床的照明、冷却防护罩和各种护板等。

8. 试运转

引入电源后可通电试运转。试运转前先检查电源电压是否正确,不可盲目开机,并应注意如下两点:

1)主轴箱上下移动前,检查配重块及主轴箱垫木。慢速移动,先拆去主轴箱垫木,后拆去配重块垫木。

2)试运转前,请认真阅读并理解操作和编程手册。试运转时,先打开机床右侧的电源开关,等待系统自检完成;按下系统键后,在回参考点菜单下使机床 3 轴回零,然后在低速状态下检查主轴动作,开正转、反转和停止功能是否有效;在手动(JOG)状态下,慢速点动 3 轴坐标正、反向移动是否正确;按手动换刀键,看刀库换刀是否正确和自如(注意:手动换刀时请牢记动作顺序)。

一台加工中心安装调试完毕后，由于其功能繁多，在试运转后，可在一定负载下经过长时间的自动运行，比较全面地检查机床的功能是否齐全和稳定。运行的时间可每天 8h 连续运行 2~3 天或每天 24h 连续运行 1~2 天，连续运行可运用考机程序。

第三节　数控机床的验收

对于新购置的数控机床，一般可按以下步骤进行验收。

一、数控机床性能的检验

机床性能除了包括数控系统的功能外，其他主要包括主轴系统、进给系统、自动换刀系统、电气装置、安全装置、气液系统、润滑系统、冷却系统及各种附属装置（如自动送料、自动排屑、工作台自动交换、自动检测等）的性能。

一台数控设备的检验内容一般都有十多项，不同类型机床的检验项目也不相同，验收时应按机床所附技术资料所列项目进行检查。

验收机床性能的方法通常是：除少部分项目可以通过检测有关数据（噪声/dB、温升/℃）进行外，大部分项目则通过"耳闻目睹"和"触摸"方式进行验收。在机床全面试运行过程中，检查各运动部件及辅助装置在起动、运行、停止时有无异常（如爬行、振动、升温、泄漏等）现象及噪声，检查照明、润滑、冷却及排风系统的工作是否正常（如绝缘、密封、风量及油标位置）等。

二、数控功能的检验

数控系统的功能随所配机床类型有所不同。数控功能的检测验收要按照机床配备的数控系统的说明书和订货合同的规定，用手动方式或用程序的方式检测该机床应该具备的主要功能。

1. 运动指令功能

检验快速移动指令和直线插补、圆弧插补指令的正确性。

2. 准备指令功能

检验坐标系选择、平面选择、暂停、刀具长度补偿、刀具半径补偿、螺距误差补偿、反向间隙补偿、镜像功能、自动加减速、固定循环及用户宏程序等指令的准确性。

3. 操作功能

检验回原点、单程序段、程序段跳读、主轴和进给倍率调整、进给保持、紧急停止、主轴和切削液的起动和停止等功能的准确性。

4. CRT 显示功能

检验位置显示、程序显示、各菜单显示以及编辑修改等功能的准确性。数控功能检验的最好办法是自己编一个考机程序，让机床在空载下连续自动运行 16h 或 32h。

考机程序包括以下内容：

1）主轴转动包括标称的最低、中间和最高转速在内的五种以上速度的正转、反转及停止运行。

2）各坐标运动包括标称的最低、中间和最高进给速度及快速移动，进给移动范围应接近全行程，快速移动距离应在各坐标轴的全行程的 1/2 以内。

3）一般自动加工所用的一些功能和代码要尽量用到。

4）自动换刀至少交换刀库中 1/3 以上的刀号，而且都要装上重量在中等以上的刀柄进行实际交换。

5)必须使用的特殊功能。例如,测量功能、APC交换和用户宏程序等。

用考机程序连续运行,检查机床各项运动、动作的平稳性和可靠性,且要强调在规定时间内不允许出现故障,否则应在修理后重新开始规定时间考机,不允许分段累计到规定的运行时间。

三、数控机床精度的检验

数控机床精度验收工作在数控机床安装调试好后进行。检测内容主要包括几何精度、定位精度和切削精度。

1. 数控机床几何精度的检验

数控机床的几何精度综合反映该机床的各关键零部件及其组装后的几何形状误差。目前国内检测机床几何精度的常用检测工具有精密水平仪、精密方箱、直角尺、千分尺、平行光管、指示表、测微仪、高精度检验棒等。检测工具的精度必须比所测的几何精度高一个等级。每项几何精度的具体测量方法可按 GB/T 16462.1—2007《卧式车床 几何精度检验》、JB/T 8771.2—1998《立式加工中心 几何精度检验》等有关标准的要求进行,也可按机床出产时的几何精度检测项目要求进行。

数控机床几何精度的检测必须在数控机床精调后一次性完成,不允许调整一次检测一次。因为几何精度有些项目是相互联系、相互影响的,还要注意检测工具和测量方法造成的误差。

2. 数控机床定位精度的检验

数控机床定位精度,是指数控机床各坐标轴在数控装置控制下运动时所能达到的位置精度。数控机床的定位精度主要检测以下两项内容:

(1)直线运动定位精度 直线运动定位精度一般在空载条件下测量,按照国际标准应以激光测量为准,如图9-1所示。对于一般的用户来说,如果没有激光测距仪,也可以用标准刻度尺,配以光学读数显微镜进行比较测量,但测量仪的精度必须比被测的机床定位精度高1~2个等级。

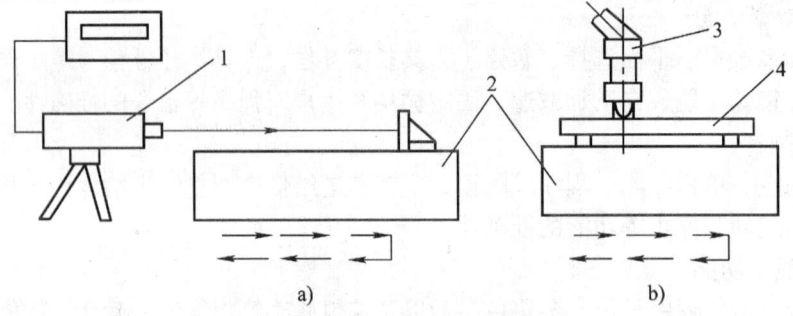

图9-1 直线运动定位精度检测方法
a)激光测量 b)标准尺比较测量
1—激光测距仪 2—工作台 3—标准刻度尺光学读数显微镜 4—标准刻度尺

(2)直线运动重复定位精度 它是反映轴运动稳定性的一个基本指标。一般用户只需选择行程的中间和两端任意三个点作为目标位置,分别对各目标位置从正、负两个方向进行五次定位。

3. 数控机床切削精度的检验

常用的数控机床切削精度检测验收内容见表9-1。

表 9-1　数控机床切削精度检测验收内容

序号	检测内容		检测方法	允许误差/mm	实测误差
1	镗孔精度	圆度		0.01	
		圆柱度		0.01/100	
2	面铣刀平面精度	平面度		0.01	
		阶梯度		0.01	
3	面铣刀侧面精度	垂直度		0.02/300	
		平行度		0.02/300	
4	镗孔孔距精度	X轴方向		0.02	
		Y轴方向			
		对角线方向		0.03	
		孔径偏差		0.01	
5	立铣刀铣削四周面精度	直线度		0.01/300	
		平行度		0.02/300	
		垂直度		0.02/300	
6	两轴联动铣削直线精度	直线度		0.015/300	
		平行度		0.03/300	
		垂直度		0.03/300	

(续)

序号	检测内容	检测方法	允许误差/mm	实测误差
7	立铣刀铣削圆弧精度	圆度		0.02	

第四节 数控机床的日常维护及保养

数控机床是机电一体化的技术密集型设备,要使机床长期可靠地运行,很大程度上取决于对其的正确使用与日常维护。正确地使用可避免突发故障,延长无故障时间。精心维护可使其处于良好的技术状态,延缓劣化。因此,数控机床不仅要严格地执行操作规程,而且必须重视数控机床的维护工作,提高数控机床操作人员的素质。

一、数控机床日常维护工作的内容

1. 数控机床操作维护规程的基本内容

数控操作维护规程是指导操作正确使用和维护设备的技术性规范,每个操作人员必须严格遵守,以保证数控机床正常运行,减少故障,防止事故发生。数控机床操作维护规程的基本内容有以下几点:

1) 班前清理工作场地,按日常检查卡的规定项目检查各操作手柄、控制装置是否处于停机位置,安全防护装置是否完整、牢靠,查看电源是否正常,并做好点检记录。

2) 查看润滑、液压装置的油质、油量,按润滑图表规定加油,保持油液清洁、油路畅通、润滑良好。

3) 确认各部位正常无误后,才可空车起动设备。先空车低速运转 3~5min,查看各部位确保运转正常、润滑良好,才可进行工作,不得超负荷、超规范使用。

4) 工件必须装卡牢固,禁止在机床上敲击夹紧工件。

5) 合理调整各部位行程机械挡块,定位正确紧固。

6) 操纵变速装置必须切实转换到固定位置,使其啮合正常。要停机变速时,不得用反转制动变速。

7) 数控机床运转中要经常注意各部位定位情况,如有异常,应立即停机处理。

8) 测量工件、更换工装、拆卸工件都必须停机进行,离开机床时必须切断电源。

9) 数控机床的基准面、导轨、滑动面要注意保养,保持清洁,防止损伤。

10) 经常保持润滑及液压系统清洁。盖好箱盖,不允许有水、尘、铁屑等污物进入油箱及电器装置。

11) 工作完毕后和下班前应清扫机床设备,保持清洁,操作手柄、按钮等置于非工作位置,切断电源,办好交接手续。

各类数控机床在制定操作维护规程时,除上述基本操作外,还应针对各机床本身特点、操作方法、安全要求、特殊注意事项等列出具体要求，便于操作人员遵照执行。

2. 数控机床的日常维护与保养

任何数控机床与普通机床一样，其使用寿命的长短和效率的高低，不仅取决于机床的精度和性能，很大程度上也取决于它的正确使用与维护。对数控机床进行日常维护与保养，可延长电器元件的使用寿命，防止机械部件的非正常磨损，避免发生意外的恶性事故，使机床始终保持良好的状态，尽可能地保持长时间的稳定工作。

要做好数控机床日常维护与保养工作，要求数控机床的操作人员必须经过专门培训，详细阅读数控机床的说明书，对机床有一个全面的了解，包括机床结构、特点和数控系统的工作原理等。不同类型的数控机床日常维护的具体内容和要求不完全相同，但各维护期内的基本原则不变，以此可对数控机床进行定点、定时的检查与维护。

数控机床的维护内容包括：数控机床的正确使用、数控机床各机械部件的维护、数控系统的维护、伺服系统及常用位置检测装置的维护等。其中，数控机床使用时应注意以下几点：

1）数控机床的使用环境。机床的位置应远离振源，避免潮湿和电磁干扰，避免阳光直接照射和热辐射的影响，环境温度应低于30℃，相对湿度不超过80%，使其置于有空调的环境。

2）电源要求。电源电压波动必须在允许范围内（一般允许波动±10%），并且保持相对稳定，以免破坏数控系统的程序或参数。数控机床采用专线供电或增设稳压装置，可以减少供电质量的影响。

3）遵守数控机床操作规程。

4）数控机床不宜长期封存。数控机床长期封存不用会使数控系统的电子元器件由于受潮等原因而变质或损坏，即使无生产任务，数控机床也需定时开机，利用机床本身的散热来降低机床内的湿度，同时也能及时发现有无电池报警发生，以防止系统软件、参数丢失。

5）注意培训和配备操作人员、维修人员及编程人员。数控机床是高技术设备，只有相关人员的素质均较高，才能尽可能避免操作不当对数控机床造成的损坏。表9-2列举了一般数控机床各维护周期需要维护与保养的主要内容，发现问题应及时采取必要的措施。

表9-2 数控机床维护与保养的主要内容

序号	检查部位	检查内容			
		每 天	每 月	每半年	每 年
1	切削液箱	观察箱内液面高度，及时添加	清理箱内积存切屑，更换切削液	清洗切削液箱、清洗过滤器	全面清洗、更换过滤器
2	润滑油箱	观察油标上油面高度，及时添加	检查润滑泵工作情况，油管接头是否松动、漏油	清洁润滑箱、清洗过滤器	全面清洗、更换过滤器
3	各移动导轨副	清除切屑及脏物，用软布擦净、检查润滑情况及划伤与否	清理导轨滑动面上刮屑板	导轨副上的镶条、压板是否松动	检验导轨运行精度，进行校准

(续)

序号	检查部位	检查内容			
		每天	每月	每半年	每年
4	压缩空气泵	检查气泵控制的压力是否正常	检查气泵工作状态是否正常、滤水管道是否畅通	空气管道是否渗漏	清洗气泵润滑油箱、更换润滑油
5	气源自动分水器、自动空气干燥器	检查气泵控制的压力是否正常,观察分油器中滤出的水分,及时清理	擦净灰尘,清洁空气过滤网	空气管道是否渗漏,清洗空气过滤器	全面清洗、更换过滤器
6	液压系统	观察箱体内液面高度、油压力是否正常	检查各阀工作是否正常、油路是否畅通、接头处是否渗漏	清洗油箱、清洗过滤器	全面清洗油箱、各阀,更换过滤器
7	防护装置	清除切削区内防护装置上的切屑与脏物,用软布擦净	用软布擦净各防护装置表面,检查有无松动	折叠式防护罩的衔接处是否松动	因维护需要,全面拆卸清理
8	刀具系统	检查刀具夹持是否可靠、位置是否准确、刀具是否损伤	注意刀具更换后,重新夹持的位置是否正确	刀夹是否完好、定位固定是否可靠	全面检查,如有必要更换固定螺钉
9	换刀系统	观察转塔刀架定位、刀库到位、机械手定位情况	检查刀架、刀库、机械手的润滑情况	检查换刀动作的圆滑性,以无冲击为宜	清理主要零、部件,更换润滑油
10	CRT 显示屏及操作面板	注意报警显示、指示灯的显示情况	检查各轴限位及急停开关是否正常,观察 CRT 显示	检查面板上所有操作按钮、开关的功能情况	检查 CRT 电气线路、芯板等的连接情况,并清除灰尘
11	强电柜与数控柜	冷风扇工作是否正常,柜门是否关闭	清洗控制箱散热风扇道的过滤网	清理控制箱内部,保持干净	检查所有电路板、插座、插头、继电器和电缆的接触情况
12	主轴箱	观察主轴运转情况,注意声音、温度的情况	检查主轴上卡盘、夹具、刀柄的夹紧情况,注意主轴的分度功能	检查齿轮、轴承的润滑情况,测量轴承温升是否严重	清洗零、部件,更换润滑油,检查主传动带,及时更换。检验主轴精度,进行校准
13	电气系统与数控系统	运行功能是否有障碍,监视电网电压是否正常	直观检查所有电气部件及继电器、联锁装置的可靠性。机床长期不用,则需通电空运行	检查一个试验程序的完整运转情况	注意检查存储器电池,检查数控系统的大部分功能情况
14	电动机	观察各电动机运转是否正常	观察各电动机冷却风扇是否正常	各电动机轴承噪声是否严重,必要时可更换	检查电动机控制板情况,检查电动机保护开关的功能。对于直流电动机要检查电刷磨损,及时更换
15	滚珠丝杠	用软布擦净丝杠暴露部位的灰尘和切屑	检查丝杠防护套,清理螺母防尘盖上的污物,丝杠表面涂油脂	测量各轴滚珠丝杠的反向间隙,予以调整或补偿	清洗滚珠丝杠上润滑油,涂上新油脂

另外,还需不定期地检查排屑器,经常清理切屑,检查有无卡住等;不定期清理废油池,及时取走滤油池中废油,以免外溢;不定期调整主轴驱动带的松紧程度,按机床说明书调整。

二、点检

设备点检是一种科学的设备管理方法,它是利用人的五官或简单的仪器工具,对设备进行定点、定期的检查,对照标准发现设备的异常现象和隐患,掌握设备故障的初期信息,以便及时采取对策,将故障消灭在萌芽阶段的一种管理方法。

点检制是在设备运行阶段开展的一种以点检为核心的现代维修管理体系,称作设备全员维修(TPM)。这种体制中,点检人员既负责设备点检,又负责设备管理,它强调的是设备的动态管理。点检、操作、检修三者之间,点检处于核心地位,因此,点检、定修是一套制度的两个侧面。点检中发现的问题要根据经济性、可能性,通过日修、定修、年修计划加以处理,减小了大、中、小修的盲目性,及时解决问题。

1. 点检与传统设备检查的区别

点检是一种管理方法,而传统的设备检查仅是一种检查方法,两者在以下几个方面有明显的区别:

(1) 定人　点检作业的核心是专职点检员的点检,它不是巡回检查,而是固定点检区域的人员,做到定区、定人、定设备,且不轻易变动。人员一般是 2~4 人,不超过 5 人,负责几十台到上百台设备,实行常白班工作制。点检员不同于维护工人、检修工人,也不同于维护技术人员,而是经过特殊训练的专门人员。

(2) 定点　预先设定设备故障点,明确设备的点检部位、项目和内容,使点检员作到有目的、有方向地进行点检。

(3) 定量　在点检的同时,把技术诊断和倾向管理结合起来,进行设备劣化的定量化管理,测定裂化速度,达到预知维修的目的,实现了现代设备技术和科学管理方法的统一。

(4) 定周期　对故障点的部位、项目和内容均有预先设定的周期,并且根据点检员素质的提高和经验积累,进行修改和完善。

(5) 定标准　定标准是衡量或判别点检部位是否正常的依据,也是判别该部位是否劣化的尺度。凡是点检的对象设备都有规定的判定标准。

(6) 定"点检计划表"　点检计划表又叫作业卡,是点检员开展工作的指南。点检员根据预先编定的作业卡,沿着规定的路线去实施作业。

(7) 定记录　点检信息有固定的记录格式,包括作业记录、异常记录、故障记录和倾向记录。

(8) 定"检修业务流程"　点检业务流程规定了对点检作业和点检结果的处理对策,它明确规定处理的程序,急需处理的隐患和不良情况,由点检员直接通知维修人员立即处理。不需紧急处理的问题则作好记录,纳入计划检修中解决。它简化了设备维修管理的程序,作到应急反应快、计划项目落实。并且对这些流程进行研究,反馈检查,修正标准,以提高工作效率。

2. 点检的六个要求

因为点检员是设备管理的主要把关者,其工作态度、工作作风以及工作规范程度,直接影响设备点检工作的质量,所以提出以下六个要求。

(1) 点检记录　要逐点记录,通过积累,找出规律。

(2) 定标处理　处理一定要按照标准进行,达不到规定标准的,要标出明显的标记。

(3) 定期分析　点检记录要至少每月分析 1 次,重点设备要每一个定修周期分析 1 次。

每个季度要进行1次检查记录和处理记录的汇总整理,并且存档备查。每年进行1次总结。定期分析为定修、改造、修正点检工作量等提供了依据。

(4) 定项设计　查出问题的,需要设计改进,规定设计项目,按项目进行。

(5) 定人改进　任何一项改进项目,都要定人,以保证改进工作的连续性和系统性。

(6) 系统总结　每半年或一年要对点检工作进行一次全面、系统的总结和评价,提出书面总结材料和下一阶段的重点工作计划。

3. 点检种类

点检按周期和业务范围可以分为日常点检、定期点检和精密点检。三种点检最显著的区别是:日常点检是在设备运行中由操作人员完成的,而定期点检和精密点检是由专职点检员来完成的。点检制实行的是"三位一体"制,即运行人员的日常点检,专业人员的定期点检和专业技术人员的精密点检相结合,三个方面的人员对同一设备进行系统的维护、诊断和修理。点检的"五层防护线"是日常点检、专业定期点检、专业精密点检、技术诊断与倾向管理、精度/性能测试检查相结合,形成保证设备健康运转的防护体系。

4. 数控车床日常点检要点

(1) 接通电源前

①检查切削液、液压油、润滑油的油量是否充足。

②检查工具、检测仪器等是否已准备好。

③切屑槽内的切屑是否已清理干净。

(2) 接通电源后

①检查操作盘上的各指示灯是否正常,各按钮、开关是否处于正确位置。

②CRT显示屏幕上是否有报警显示,若有问题应及时处理。

③液压装置的压力表是否指示在所要求的范围内。

④各控制箱的冷却风扇是否正常运转。

⑤刀具是否正确夹紧在刀夹上,刀夹与回转台是否可靠夹紧,刀具是否有损伤。

⑥若机床带有导套、夹簧,应确认机床的最高转速是否合适。

(3) 机床运转后

①运转中,主轴、滑板处是否有异常噪声。

②有无与平常不同的异常现象,如声音、温度、裂纹、气味等。

5. 数控铣床、加工中心日常点检要点

1) 从工作台、基座等处清除污物和灰尘,擦去机床表面上的润滑油、切削液和切屑,清除没有罩盖的滑动表面上的一切东西,擦净丝杠的暴露部位。

2) 清理、检查所有限位开关、接近开关及其周围表面。

3) 检查各润滑油及主轴润滑油的油面,使其保持在合理的油面上。

4) 确认各刀具在其应有的位置上更换。

5) 确保空气滤杯内的水完全排出。

6) 检查液压泵的压力是否符合要求。

7) 检查机床主液压系统是否漏油。

8) 检查切削液软管及液面,清理管内及切削液槽内的切屑等脏物。

9) 确保操作面板上所有指示灯为正常显示。

10）检查各坐标轴是否处在原点上。

11）检查主轴端面、刀夹及其他配件是否有毛刺、破裂或损坏现象。

复习思考题

1. 数控机床安装、调试过程中有哪些工作内容？
2. 在调试数控机床时应注意哪些问题？
3. 数控机床的精度检验有哪些内容？
4. 数控系统的验收有哪些内容？
5. 图9-2所示为立式加工中心切削试件示意图，通过该试件可以检验立式加工中心哪些精度指标？

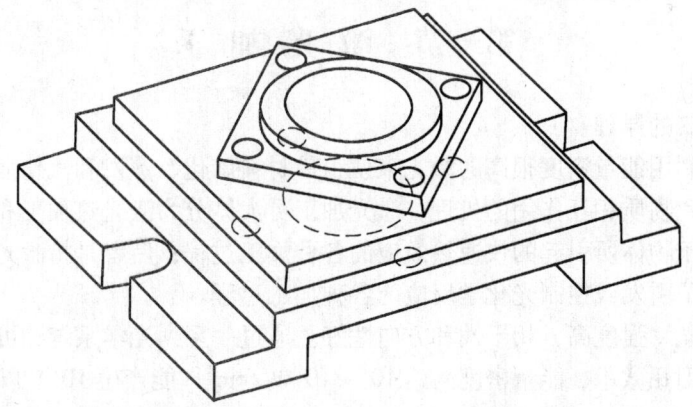

图9-2 立式加工中心切削试件示意图

6. 数控机床日常维护包含哪些内容？
7. 什么是点检？点检的种类有哪些？
8. 简述数控机床日常点检的要点。

第十章 现代新工艺与新设备

本章应知

激光加工、超声加工、电子束加工、离子束加工、电解加工和少无切削加工的原理、特点、主要应用及其设备的组成。

第一节 激 光 加 工

一、激光加工的原理

激光加工是利用能量密度很高的激光束使工件材料熔化、蒸发和汽化而予以去除的高能束加工。根据光和物质相互作用的机理,激光加工可大体分为激光热加工和激光冷加工。前者是指激光束加于物体所引起的快速热效应的各种加工过程;后者是指激光束加于物体,借助高密度高能光子引发或控制光化学反应的各种加工过程。

激光是单色光,强度高,相干性和方向性好。通过一系列光学系统,可将激光束聚焦成光斑,其直径小到几微米、能量密度高达 $10^8 \sim 10^{10} \mathrm{W/cm^2}$,能产生 $10^4 ℃$ 以上的高温,并能在千分之几秒甚至更短的时间内使任何可熔化、不可分解的材料熔化、蒸发、汽化而达到加工目的。

激光加工是以激光为热源对工件材料进行热加工,其加工过程大体分为如下几个阶段:
① 激光束照射工件材料、工件材料吸收光能、光能转变为热能使工件材料无损加热。
② 工件材料被熔化、蒸发、汽化并溅出去除或破坏。
③ 作用结束与加工区冷凝。

二、激光加工的特点

1) 激光的能量密度高,几乎可以加工所有的可熔化、不可分解的金属及非金属材料。透明材料(如玻璃)只要采取一些色化和打毛措施,也可加工。

2) 激光加工不需要加工工具,不存在工具损耗,无机械加工变形,加工速度快,热影响区小,可通过调节光束能量、光斑直径及光束移动速度来实现各种加工,包括微细加工、自动化加工。

3) 激光加工是一种热加工,影响因素很多,故加工精度难以保证和提高。此外,激光对人体有害,须采取相应防护对策。

4) 可透过透明介质(如玻璃)、惰性气体或空气对工件加工,这在某些特殊情况下(如真空管内的焊接加工)便显得十分重要和方便了。

5) 激光易于导向、聚焦和发散,可与数控机床、机器人等结合,构成各种灵活的加工系统,有利于对传统加工工艺和传统的机床、设备的改造。

三、激光加工设备的组成

激光加工的基本设备由激光器、导光聚焦系统和激光加工系统三部分组成。

1. 激光器

激光器是激光加工的重要设备，它的任务是把电能转变成光能，产生所需要的激光束。按工作物质的种类可分为固体激光器、气体激光器、液体激光器和半导体激光器四大类。由于He-Ne（氦-氖）气体激光器所产生的激光不仅容易控制，而且方向性、单色性及相干性都比较好，因而在机械制造的精密测量中被广泛采用。而在激光加工中则要求输出功率与能量大，目前多采用 CO_2 气体激光器及红宝石、钕玻璃、YAG（掺钕钇铝石榴石）等固体激光器。

2. 导光聚焦系统

根据被加工工件的性能要求，光束经放大、整形、聚焦后作用于加工部位，这种从激光器输出窗口到被加工工件之间的装置称为导光聚焦系统。

3. 激光加工系统

激光加工系统主要包括床身、能够在三维坐标范围内移动的工作台及机电控制系统等。随着电子技术的发展，许多激光加工系统已采用计算机来控制工作台的移动，实现激光加工的连续工作。

四、激光加工的应用

1. 激光切割

激光切割（图10-1）的原理与激光打孔相似，但工件与激光束要相对移动。在实际加工中，采用工作台数控技术，可以实现激光数控切割。

激光切割大多采用大功率的 CO_2 气体激光器，对于精细切割，也可采用 YAG 激光器。激光可以切割金属，也可以切割非金属。在激光切割过程中，由于激光对被切割材料不产生机械冲击和压力，再加上激光切割切缝小，便于自动控制，故在实际中常用来加工玻璃、陶瓷、各种精密细小的零部件。

激光切割过程中，影响激光切割参数的主要因素有激光功率、吹气压力、材料厚度等。

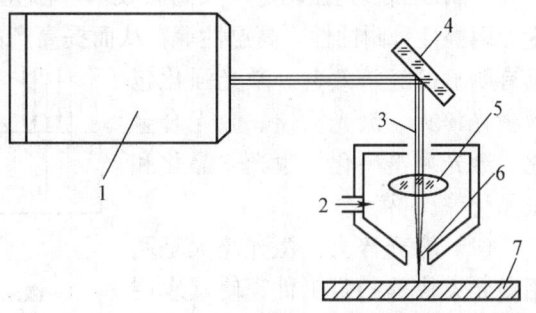

图 10-1　CO_2 气体激光器切割钛合金示意图
1—激光器　2—辅助气体　3—激光束
4—平面镜　5—聚焦透镜　6—喷嘴　7—钛合金

2. 激光打孔

随着近代工业技术的发展，硬度大、熔点高的材料应用越来越多，并且常常要求在这些材料上打出又小又深的孔。例如，钟表或仪表的宝石轴承，钻石拉丝模具，化学纤维的喷丝头以及火箭或柴油发动机中的燃料喷嘴等。这类加工任务，用常规的机械加工方法很困难，有的甚至是不可能的，而用激光打孔，则能比较好地完成任务。

在激光打孔中，要详细了解打孔的材料及打孔要求。从理论上讲，激光可以在任何材料的不同位置打出浅至几微米，深至二十几毫米以上的小孔，但具体到某一台打孔机，它的打孔范围是有限的。所以，在打孔之前，最好要对现有激光器的打孔范围进行充分的了解，以确定能否打孔。

3. 激光打标

激光打标是指利用高能量的激光束照射在工件表面，光能瞬时变成热能，使工件表面迅速产生蒸发，从而在工件表面刻出任意所需要的文字和图形，以作为永久防伪标志（图10-2）。

激光打标的特点是非接触加工，可在任何异形表面标刻，工件不会变形和产生内应力，适合金属、塑料、玻璃、陶瓷、木材、皮革等各种材料；标记清晰、永久、美观，并能有效防伪；标刻速度快，运行成本低，无污染，可显著提高被标刻产品的档次。

激光打标广泛应用于电子元器件、汽（摩托）车配件、医疗器械、通讯器材、计算机外围设备、钟表等产品和烟酒食品防伪等行业。

4. 激光焊接

当激光的能量密度为 $10^5 \sim 10^7 \text{W/cm}^2$，照射时间约为 1/100s 左右时，可进行激光焊接。激光焊接一般无需焊料和焊剂，只需将工件的加工区域"热熔"在一起即可，如图 10-3 所示。

激光焊接速度快，热影响区小，焊接质量高，既可焊接同种材料，也可焊接异种材料，还可透过玻璃进行焊接。

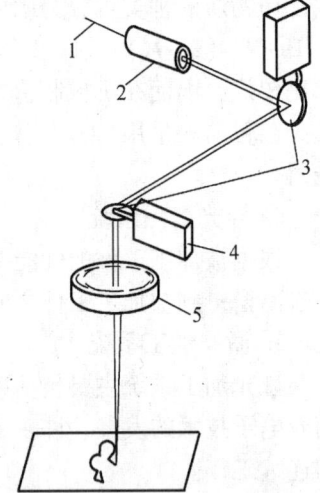

图 10-2　振镜式激光打标原理
1—激光束　2—光束准直　3—振镜
4—Y 轴马达　5—透镜

5. 激光强化

金属表面激光强化是一项高新技术。激光强化可使金属工件表面显著地提高硬度、强度、耐磨性、耐蚀性、高温性等，从而提高产品质量，延长产品使用寿命，降低产品成本，具有明显的经济效益。激光强化包含激光淬火、激光涂覆、激光合金化、激光冲击硬化、激光非晶化和微晶化等。

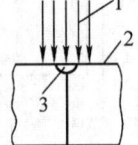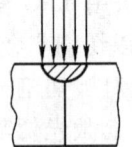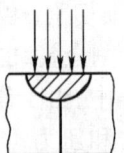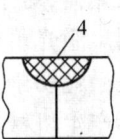

图 10-3　激光焊接过程示意图
1—激光　2—被焊接零件　3—被熔化金属　4—已冷却的熔池

（1）激光淬火　激光淬火是利用激光束快速扫瞄工件，使其表层温度急剧上升，而工件基体仍处于冷态。由于热传导的作用，工件表层的热量迅速传到工件其他部位，在瞬间可进行自冷淬火，实现工件表面相变硬化。因此，它不同于一般的热处理淬火，并具有以下优点：

1）对于深孔、不通孔、小孔、槽壁等特殊部位，只要光束能照射到的部位均可进行。

2）淬硬层深度可精确控制，组织细化，硬度比一般淬火可提高 15%～20%，铸铁经淬火后耐磨性可提高 3～4 倍。

3）自冷淬火，无需油或水等淬火介质，可对大型零件进行局部淬火，对形状复杂的零件淬火也较方便。

4）加热速度快、工艺周期短、生产率高、成本低，易实现数控或计算机控制。

（2）激光涂覆　将粉末撒在金属工件表面，并利用激光束加热至全部熔化，同时工件表面也有微量熔融，光束离去后涂覆材料便迅速凝固，形成与基体材料牢固结合的涂覆层。激光涂覆常用于贵金属或重要零件的有效使用方面。例如，对镍基合金涡轮叶片，利用激光涂覆钻基合金后，可提高叶片的耐热、耐磨性能，与传统的热喷涂工艺相比缩短了生产时间，质量稳定，且消除了由于热作用导致的裂纹。

第二节 超声加工

超声加工又称超声波加工，适合于加工各种硬脆的金属和非金属材料。例如，淬火钢、硅片和宝石等。

一、超声加工的原理

频率超过16000Hz的振动波称为超声波。超声波的特点是频率高、波长短、能量大，传播过程中反射、折射、共振、损耗等现象显著。利用工具端面作超声振动，通过磨料悬浮液对工件进行成形加工的方法，即为超声加工。

超声加工原理如图10-4所示。当工具作16000～25000Hz超声振动时，磨料液的液体分子和固体磨粒以极高的速度和加速度不断撞击工件的加工部位；同时，由于磨料液的搅动，使磨粒以高速度抛磨加工表面。此外，磨料液受工具端面的超声振动而产生交变的冲击波和"空化现象"。所谓空化现象是指当工具端面以很大的加速度离开工件表面时，加工间隙内形成负压和局部真空，在磨料液内形成很多微空腔，当工具端面以很大的加速度拉近工件表面时，空泡闭合，引起极强的液压冲击波，从而使脆性材料产生局部疲劳，引起显微裂纹。这些因素使工件的加工部位材料粉碎破坏，随着加工的不断进行，工具的形状就逐渐"复制"在工件上。

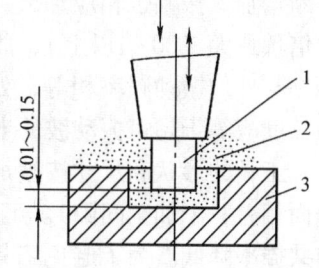

图10-4 超声加工原理
1—工具 2—磨料液 3—工件

超声加工是磨粒的机械撞击和抛磨作用以及超声空化作用的综合结果，其中磨粒的撞击作用是主要的。因此，材料越是硬脆，越易遭受撞击破坏，也就越易进行超声加工。

二、超声加工的特点

1）适合于加工各种硬脆材料，特别是某些非金属，如玻璃、陶瓷、石英、硅、玛瑙、宝石和金刚石等，也可加工淬火钢和硬质合金等材料，但效率相对更低。

2）由于工具材料硬度不宜很高，所以易于制造复杂形状的工具以加工复杂的型孔，但超声加工效率较低。

3）加工时切削力小，切削热少。表面粗糙度值小，可达$Ra0.2~0.8\mu m$，加工的尺寸精度可达0.02～0.05mm，且可加工薄壁、窄缝及低刚性零件。

三、超声加工设备的组成

图10-5所示为超声加工装置简图，其主要组成部分如下：

1. 超声波发生器

超声波发生器的作用是将工频交流电转变为具有一定功率的超声频电振，以提供工具端面超声振动和去除材料的能量。

2. 换能器

换能器用以把超声频电振荡转变成超声机械振动。常用的换能器有两种：一种是压电效应换能器，将超声频交变电压加于具有压电效应的石英、钛酸钡（$BaTiO_3$）等物质，这类物质

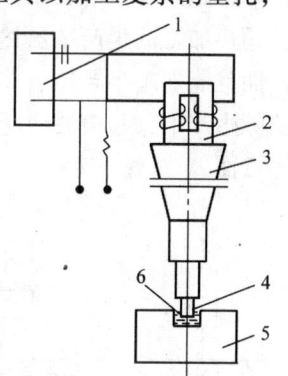

图10-5 超声加工装置简图
1—超声波发生器 2—换能器
3—振幅扩大棒 4—工具
5—工件 6—磨料液

将发生超声频的伸缩变形,从而使周围的介质作超声频机械振动。这种换能器用于超声波清洗、探测和小功率的加工。另一种是磁致效应换能器,将铁、钴、镍及其合金放在超声频交变磁场中,它们也会发生高频伸缩变形,使周围介质发生超声频机械振动。这种换能器用于一般的超声加工。

3. 振幅扩大及工具

换能器产生的振幅很小,仅为 0.005~0.01mm,不能满足超声加工的要求(需 0.01~0.1mm),故需利用振幅扩大棒。

振幅扩大棒的形状如图 10-6 所示,有锥形、指数曲线形和阶梯形三种。振幅扩大棒是根据一条棒上各个截面所具有的振动能量不变的原理设计的。将振幅扩大棒的截面不断缩小,从而使能量密度不断增加,振幅也相应加大。三种振幅扩大棒中,阶梯形的振幅扩大倍数最大(20 倍以上),故采用较普遍。为使振幅扩大棒的固有频率与外加振动频率相等,处于共振状态,以得到较大的振幅,棒的长度应等于超声振动波的半波长或其整数倍。

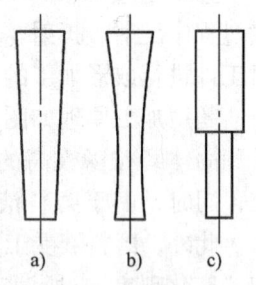

图 10-6 振幅扩大棒的形状
a) 锥形(5~10 倍)
b) 指数曲线形(10~20 倍)
c) 阶梯形(20 倍以上)

工具的形状和尺寸按被加工表面的形状和尺寸而定(两者之间单面相差一个加工间隙)。工具的重量不宜过大,以免使振幅扩大棒的共振率降低。为了避免工具受到过大的破坏,其材料不宜过于硬脆,一般用 45 钢。

超声加工时,超声波在振幅扩大棒和工具内主要以纵波形式传播,引起内部各点沿波的前进方向按正弦规律在原地振动。振动波传导到工具端面时,工具端面即作超声振动。

4. 磨料液

磨料液又称磨料悬浮液。超声加工中,磨料液由工作液和磨料混合而成。常用的工作液有水、煤油等。磨料的硬度应大于工件材料的硬度,常用的磨料有碳化硅、碳化硼和金刚砂等。磨料的粒度应按加工要求选定,颗粒大的生产率高,但加工精度较差和表面粗糙度值较大。

四、超声加工的应用

超声加工的生产率虽然比电火花、电解加工等低,但其加工精度和表面粗糙度都比它们高,而且能加工半导体、非导体的脆硬材料,如玻璃、石英、宝石、锗、硅甚至金刚石等。在实际生产中,超声波广泛应用于型(腔)孔加工(图 10-7)、切割加工(图 10-8)和清洗等方面。

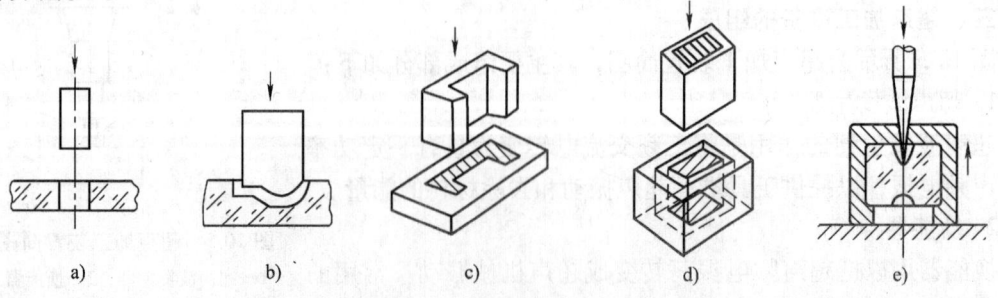

图 10-7 超声波加工的型孔、腔孔类型
a) 加工圆孔 b) 加工型腔 c) 加工异形孔 d) 套料加工 e) 加工微细孔

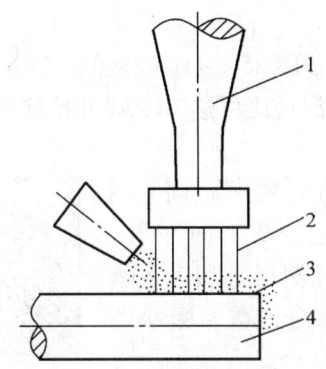

图 10-8　超声切割单晶硅片示意图
1—变幅杆　2—工具（薄钢片）　3—磨料液　4—工件（单晶硅）

第三节　电子束加工

电子束加工是近十多年来得到较大发展的新兴特种加工，可进行微米级加工，在精密微细加工方面，特别是在微电子学领域中得到更多的应用。

一、电子束加工的原理

电子束加工是利用高速电子的冲击动能来加工工件的，如图 10-9 所示。在真空条件下，将具有很高速度和能量的电子束聚焦到被加工材料上，电子的动能绝大部分转变为热能，使材料局部瞬时熔融、汽化蒸发而去除。

控制电子束能量密度的大小和能量注入时间，就可以达到不同的加工目的。例如，只使材料局部加热就可进行电子束热处理；使材料局部熔化就可以进行电子束焊接；提高电子束能量密度，使材料熔化和汽化，就可进行打孔、切割等加工；利用较低能量密度的电子束轰击高分子材料时产生化学变化的原理，即可进行电子束光刻加工。

二、电子束加工的特点

1）电子束能够极其微细地聚焦（可达 $0.1\sim1\mu m$），可进行微细加工。

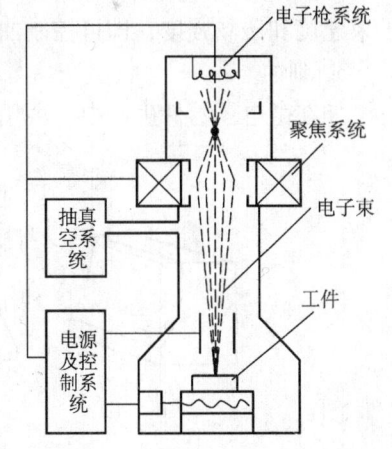

图 10-9　电子束加工原理

2）加工材料范围广。电子束能量密度高，可使任何材料瞬时熔化、汽化，而机械力的作用极小，不易产生变形和应力，故对具有各种力学性能的导体、半导体和非导体材料均可加工。

3）加工在真空中进行，污染少，加工表面不易被氧化。

4）需要整套的专用设备和复杂的真空系统，价格昂贵。

5）便于使加工过程自动化，特别是可以通过电磁控制进行复杂形状型孔和型面的加工。

三、电子束加工的应用

1. 高速加工细微小孔

电子束加工的孔，直径多在 φ0.025～φ1mm 之间，深度在 0.02～5mm 之间，目前实际的最小加工直径可达 0.003mm。深径比可达 10，尺寸精度为 0.001～0.015mm，表面粗糙度值为 Ra 0.4～1.6μm。

电子束可在工件运动中打孔，效率很高。例如，在 0.1mm 厚的不锈钢上加工 φ0.2mm 的孔，速度为每秒 3000 个。在人造革和塑料上加工大量 φ0.04mm 的微孔时，可将电子束分成数百条小电子束同时打孔，速度为每秒 50000 个。

2. 加工异型孔及特殊型面

图 10-10 所示为利用电子束位置控制系统的磁场偏转加工人造纤维喷丝头异形孔（为使纤维有光泽、有弹性而松软），其出丝口窄缝的宽度为 0.03～0.07mm，长度为 0.8mm，喷丝板的厚度为 0.6mm。还可以加工各种二维型面，表面粗糙度值可达 Ra 0.4～0.8μm。图 10-11 将是工件置于磁场

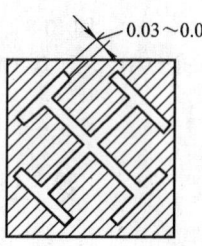
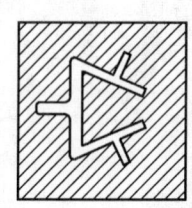

图 10-10　电子束加工的喷丝头异形孔

中加工弯曲的型面。电子束在磁场中受力，在工件内部弯曲，工件同时移动，即可加工曲面Ⅰ；随后改变磁极性，即可加工曲面Ⅱ；在工件实体部位内加工，即可得到弯槽Ⅲ；当工件固定不支，先后改变磁场极性，二次加工，即可得到一个入口、两个出口的弯孔Ⅳ。控制电子束速度和磁场强度，即可控制曲率半径。

3. 刻蚀

如在微电子器件生产中，可用电子束在硅片刻出宽 2.5μm、深 0.25μm 的细槽。

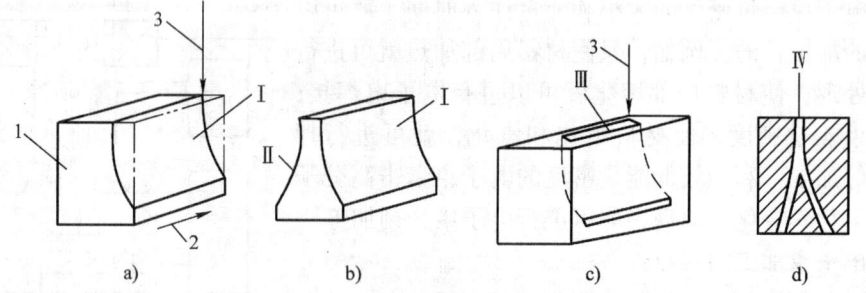

图 10-11　电子束加工曲面、弯槽和弯孔
1—工件　2—工作运动方向　3—电子束

第四节　离子束加工

离子束加工是一种新兴特种加工，是利用高速运动的离子束的动能进行加工的。它可进行纳米级（即毫微米级，1nm = 0.001μm）的超精细加工，也可用以改变工件表面的物理、化学性质。

一、离子束加工的原理

离子束加工是在真空条件下,将离子源产生的离子束经过加速、聚焦,使之轰击工件表面。与电子束加工的不同之处在于,离子束比电子束具有更大的撞击动能,它是靠微观机械撞击能量,而不是靠动能转化为热能进行加工的。

离子束是由离子源产生的,图 10-12 所示为离子束加工原理示意图。灼热灯丝发射的电子,由于阳极的作用和电磁线圈的偏转作用而作向下的螺旋运动。惰性气体(氩气)注入电离室,在电子数相等的撞击下被电离成为等离子体(即正离子数和电子数相等的混合体)。阳极和引出电极上各有数百个直径为 0.3mm 的小孔,上下孔位对齐,在引出电极的作用下,将离子吸出,形成数百条准直的离子束而均匀分布在直径为 50~300mm 的面积上,即可对工件进行加工。

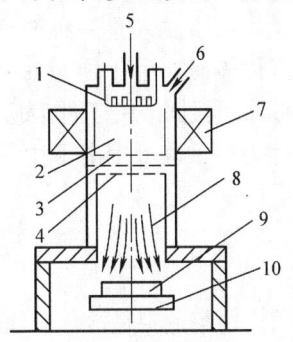

图 10-12 离子束加工原理示意图
1—灯丝 2—电离室
3—阳极 4—引出电极
5—真空抽气口
6—惰性气体入口
7—电磁线圈 8—离子束
9—工件 10—阴极

二、离子束加工的特点

1)离子束是目前特种加工中最精密、最微细的加工。离子刻蚀可达毫微米($0.001\mu m$)级精度,离子镀膜可控制在亚微米级精度,离子注入的深度和浓度也可精确地控制。

2)离子束加工是靠离子轰击材料表面的原子来实现的,是一种微观作用,所以加工应力和变形力极小,可适宜对各种材料和低刚性零件加工。

3)离子束加工在高真空中进行,污染少,特别适宜对易氧化的金属、合金和半导体材料进行加工。

4)设备昂贵,成本高,加工效率低,因此应用范围目前还受到一定限制。

三、离子束加工的应用

离子束加工的应用正在不断扩大,目前主要有离子刻蚀加工、离子镀膜加工和离子注入加工等。

1. 离子刻蚀加工

离子刻蚀是一种去除材料的加工,是用能量为 0.5~5keV(千电子伏)的氩离子轰击工件,当传递的能量超过原子间的键合力时,工件表面的原子将被逐个剥离,每秒钟可剥离数十层原子,从而达到加工目的。这实质是原子尺度的切削加工,故又称离子铣削。为避免射入离子与工件发生化学反应,必须用惰性元素的离子,通常是氩离子。当射入角为 40°~60°时,刻蚀效率最高。

用离子束轰击已经机械磨光的玻璃时,表面可被剥离 $1\mu m$ 左右的厚度,并形成极光滑的表面。玻璃纤维用离子束轰击后,可变为具有不同折射率的光导材料。利用离子束可在微电子器件上刻出 $0.1\mu m$ 的线条和亚微米级的图形。

2. 离子镀膜加工

离子镀膜是用能量为 0.5~5keV 的氩离子轰击某种靶材,使靶材上被击出的原子沉积在附近的工件上,形成一层镀膜。可以在任何基材表面上用离子溅沉任何靶材的镀膜。有的在镀膜前或镀膜时,用氩离子同时轰击工件表面,以提高膜材与基材之间的结合力。离子镀膜加工可用于制造各种润滑膜、耐蚀膜、耐磨膜和装饰膜等,如表壳和表带镀氮化钛膜,高速钢刀具上镀氮化钛或碳化钛的超硬膜。

3. 离子注入加工

离子注入是一种改变工件表面性质的加工,是用 5~500keV 的所需元素的离子束轰击工件表面。由于能量很大,离子就钻进工件表层,含量可达 10%~40%,注入深度可达 1μm。根据改变工件表层性质的不同要求,可分别选用氮、碳、硼、磷等不同的离子注入工件表层,也可用离子注入制备各种半导体材料。

第五节 电解加工

电解加工是电化学加工的一种方法,广泛用于加工模具型腔及工件的复杂型面和型孔等。

一、电解加工的原理

电解加工是在电抛光的基础上,经过改革而发展起来的。电抛光时,工件和工具之间的距离较大,电解液静止不动,故通过的电流密度很小,金属切除率很低,只能对工件表面进行抛光,不能改变零件的原有形状尺寸,而电解加工则不同。图 10-13 所示为电解加工原理示意图。加工时,在工件和工具之间接上直流电源,工件接电源的正极(阳极),工具接电源的负极(阴极),在工件和工具之间保持较小的间隙约 0.1~0.8mm,在间隙中间通过高速流动的电解液。

在工件和工具之间施加一定的外加电压时,使两极间形成导电通路,工件表面的金属材料就不断地产生电化学反应而溶解到电解液中,产生阳极溶解。这些溶解的产物被高速流动的电解液及时冲走,使阳极溶解能够不断地进行。若工件的原始形状与工具阴极型面不同时(图 10-14a),则工件上各点距工具表面的距离就不相同,各点电流密度也不一样。距离近的地方,通过的电流密度就大,阳极溶解的速度就快;反之,距离远的地方,电流密度就小,阳极溶解就慢。这样,当工具不断进给时,工件表面上各点就以不同的溶解速度进行溶解,工件的型面就逐步地接近于工具阴极的型面,直到把工具的型面复印在工件上,得到所需要的型面(图 10-14b),即工件尺寸、形状达到图样的要求为止。

二、电解加工的特点

1) 加工范围广,可加工高硬度、高强度及高韧性的金属材料,如淬火钢、不锈钢、耐热合金、硬质合金等;可加工复杂的型腔和型面。

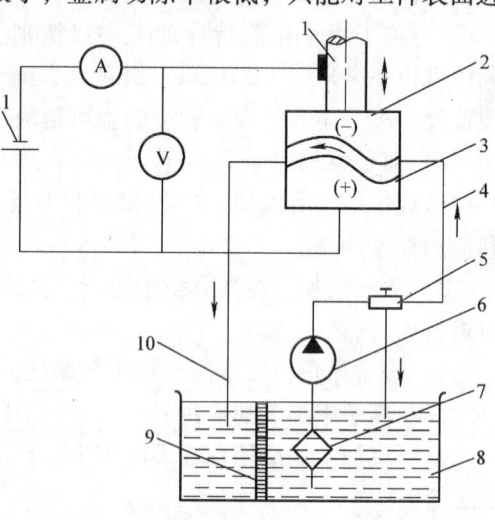

图 10-13 电解加工原理示意图
1—进给轴 2—工具阴极 3—工件阳极
4—电解液管道 5—调压阀 6—电解液泵
7—过滤泵 8—电解液 9—过滤网
10—电解液回收管道 11—直流电源

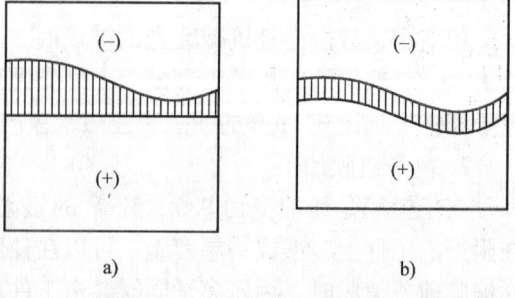

图 10-14 电解加工成形原理图

2）生产率高，约为电火花加工的 5~10 倍，工具电极不易损耗，可长期使用。

3）加工过程中不存在机械力，工件无飞边毛刺，表面无硬化层和残余应力，加工表面粗糙度值为 $Ra0.2~0.8\mu m$，尺寸精度一般为 0.05~0.2mm。

4）电解加工的主要问题是：加工稳定性差，不易达到较高的加工精度；附属设备多，单件小批生产的成本较高；易污染环境，会腐蚀设备，机床需有防腐措施。

三、电解加工的应用

目前，电解加工可进行小到仪表轴的微小毛刺，大到重达几百千克的转轴；从各种型孔、型腔，到各种表面；从各种模具、异性零件，到花键、齿轮等加工。此外，还可进行电解车、铣、切割等加工。以下介绍几种电解加工的具体应用。

1. 深孔和深小孔加工

（1）深孔加工　长径比大于 5 的深孔，用传统加工方法加工，刀具磨损严重，表面质量差，加工效率低。用电解加工则明显优于传统加工，其加工精度高，表面粗糙度值小，生产率高。

（2）深小孔加工　加工深小孔有两种方法，即普通电解加工和电液束加工。

1）普通电解加工。采用管状阴极以常用的 $NaCl$、$NaNO_3$ 等水溶液为电解液，或用复合电解液。工具阴极采用不锈钢管制成，外周涂绝缘层，保护工件侧壁，可加工深径比较小、孔径精度要求较低的深小孔。采用酸类电解液，用钛合金型管作工具阴极，可加工深径比较大、孔径精度要求较高的工件。普通电解加工，可以在镍、钴、钛等高强度合金零件上，加工各种各样的深小孔。

2）电液束加工。采用内设有阴极结构的喷嘴，在阴极和阳极间接高压电源，电解液通过绝缘喷嘴高速喷出，形成电解液流束。当电解液流束通过阴极时带负电，当喷于工件时，在喷射点处产生阳极溶解，随着阴极的不断进给溶解成为深孔。电液束加工，适于加工孔径 0.8mm 以下、深径比在 50:1 以上的深小孔，可加工直孔、多孔、横向通孔，其孔径精度为 ±0.025mm。

2. 型腔、型面加工

一般的锻模、辊锻模都是型腔模，其材料多采用高强度工具钢，形状比较复杂。因此，传统加工比较困难，生产周期长，成本高，而且淬火后易产生应力和变形，严重时会产生裂纹，甚至使模具报废。采用电火花加工，虽加工精度容易控制，但生产率较低。采用电解加工后可避免上述缺点，而且可用一道工序完成型腔的加工，提高了生产率，降低了制造成本。目前，国内对精度要求不太高的连杆、拨叉等锻模的小腔，多采用电解加工。

3. 电解磨削的应用

生产上采用电解磨削可用于内、外圆、平面及成形表面的加工。例如，对硬质合金刀具、量具、挤压模具、拉丝模具、轧辊等高硬度工件的磨削。

4. 电解抛光

电解抛光专门用来对工件表面，特别是复杂表面和内表面进行腐蚀抛光的。一般可使工件表面粗糙度减小 1~2 级。电解抛光设备简单，只需要直流电源和电解液槽，不需机床和仿形工具电极等装置。抛光时常用铅、石墨、耐酸钢等作阴极，其尺寸、形状和放置位置应以工件表面上的电流密度分布均匀为准，两者之间的距离约为 40~100mm。电解抛光效率高于机械抛光。电解抛光后的工件表面可生成氧化膜等膜层，有助于提高工件表面的耐腐蚀性能，而且不产生加工变质层和造成新的表面残余应力。生产上经常采用电解抛光加工管件内孔。

5. 电解倒棱去毛刺

机械加工中的倒棱去毛刺，费工、费时，劳动强度大，加工效率低。电解倒棱去毛刺，不仅可省工、省时，减轻劳动强度，使加工快速高效，而且可对传统加工方法难以或无法加工的部位进行倒棱去毛刺，如深孔底部、半腰、或两孔交叉部。在齿轮去毛刺、多孔件去毛刺、孔边倒角去毛刺加工中也常用电解法。

第六节　少无切削加工

少无切削加工是指用特殊的成形方法，部分或全部地取代常规的切削加工而制造所需的零件。它不但可以节省材料，节约加工时间，有的还可得到较好的力学性能。

常用的少无切削加工有胀光、滚压、滚轧成形和粉末冶金等。前两种用于外圆和内孔的精加工；后两种用于整体成形。此外，最新发展的还有激光快速成形方法。

一、胀光加工

胀光加工是在常温下将直径比工件内孔稍大的钢球或其他形状的挤压工具压过工件已加工的内孔（图10-15），获得表面光滑和尺寸精确的内孔的加工方法，主要用于小孔和深孔的加工。

进行胀光的工件，壁厚不宜太薄，孔在胀光前需经镗削或铰削。钢件的胀光余量一般为 0.07 ~ 0.15mm，铸铁件的余量略小。胀光后的尺寸公差等级可达 IT7 ~ IT5，表面粗糙度值可达 Ra0.8 ~ 0.025μm。胀光可用于钢铁零件和有色金属件，孔径一般为 ϕ2 ~ ϕ45mm。胀光加工一般在压力机上进行。

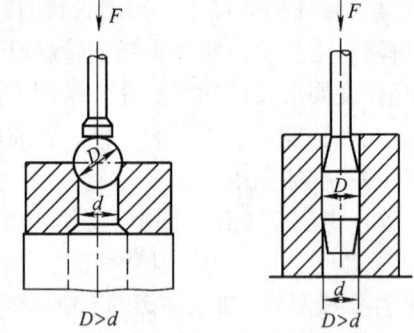

图 10-15　胀光加工

二、滚压加工

滚压加工是在常温下用硬质滚珠、滚柱或滚轮施压于旋转的工件表面上，并沿工件母线方向移动，使工件表层产生塑性变形和加工硬化，以获得精确的光洁的表面。滚压加工主要用于外圆和较大直径的内圆加工，也可用于平面加工。

图 10-16 所示为滚压加工外圆的示意图，可自由滚动的滚轮以一定的压力压向工件，并随工件转动进行轴向进给。滚轮用工具钢（需淬火）、高速钢或硬质合金制成，滚轮直径通常为 10 ~ 15mm，外形呈鼓形。图 10-17 所示为装有多个滚柱的滚压头滚压内圆的示意图。滚压可在卧式车床上进行。

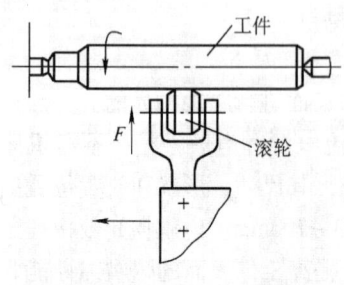

图 10-16　滚压加工外圆

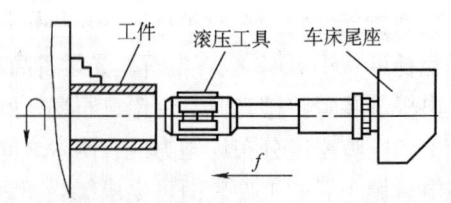

图 10-17　多滚柱滚压头滚压内圆

滚压加工后,工件表层金属经受压缩变形,得到较紧密的组织和残余压应力,可提高硬度和疲劳强度;又因工件表面的微观凸峰受压而趋于平滑,表面粗糙度值较小。

滚压余量一般等于或稍大于滚压前工件表面微观不平度的平均高度,通常为 0.02 ~ 0.1mm。在工艺参数(如滚轮直径、滚压压力、滚压次数、滚压前工件的表面粗糙度值等)合理的情况下,滚压后工件的表面粗糙度值可达 $Ra0.8 \sim 0.1 \mu m$,尺寸公差等级可达 IT7 ~ IT6,形状精度也相应提高,表层硬度可提高 5% ~ 10%,硬化层深度可达 0.2 ~ 2mm,疲劳强度可提高 10% ~ 30%。

三、滚轧成形加工

滚轧成形加工是使金属坯料通过成形的转轧辊或移动轧制工具而受压变形的成形方法。轧辊或轧制工具之间的空隙称为孔型,孔型的形状决定了制品截面的形状。现介绍滚轧螺纹和丝杠的方法。

1. 滚轧螺纹

滚轧螺纹有搓螺纹和滚螺纹两种。

(1)搓螺纹 用图 10-18 所示的搓丝板进行滚轧加工,称为搓螺纹。在搓丝板上加工出斜槽,相当于展开的螺纹,它在工件轴线方向上的截面形状和间距与工件螺纹的形状和螺纹距相符。加工时一块搓丝板固定,另一块往复运动,工件处于其中进行滚轧。

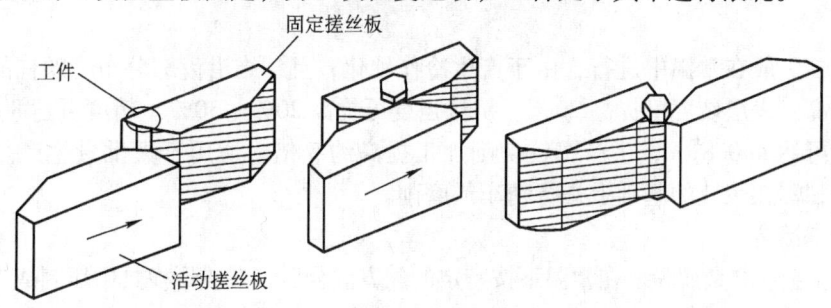

图 10-18 用搓丝板滚轧螺纹

(2)滚螺纹 用图 10-19 所示的滚丝轮进行滚轧加工,称为滚螺纹。滚丝轮上有螺纹,其轴向截面的形状和螺距均与工作螺纹相符。加工时两轮同向旋转,一个滚丝轮的支架固定,另一支架可沿径向运动进行加压。

滚轧螺纹的毛坯直径一般接近制品螺纹的中径,具体数值根据工件材料、螺纹直径、螺纹牙型截面积大小等因素来确定。滚轧螺纹的精度可达 6 ~ 5 级,表面粗糙度值可达 $Ra0.8 \sim 0.2 \mu m$。滚轧螺纹时材料利用合理,生产率很高,已成为大量生产一般螺钉的主要加工方法。

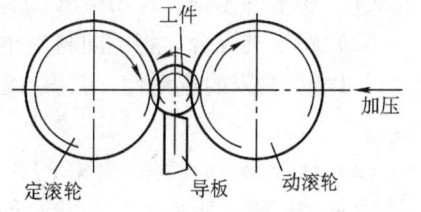

图 10-19 用滚丝轮滚轧螺纹

2. 滚轧丝杠

传动丝杠也可用滚轧法制造。有横轧法和斜轧法两种,横轧法的轧辊与工作轴线平行,斜轧法的轧辊与工件轴线不平行。现介绍横轧法的两种方式。

图 10-20a 所示为螺旋轧辊作横向进给的横轧法。轧辊轴线与工件轴线平行,轧辊螺纹

升角与工件的螺纹升角相等,但两者的旋向相反。滚轧时工件无轴向移动,一个轧辊作横向进给。此法轧制的精度高,但丝杆长度受到轧辊长度的限制。

图 10-20b 所示为螺旋轧辊作纵向进给的横轧法。两轧辊轴线仍与工件轴线平行,但轧辊的螺纹升角与工件的螺纹升角不等。由于存在角度差,使工件能轴向移动。此方法可滚轧长丝杠,但精度较横向进给式低。此外,还有环形轧辊斜轧法和螺旋轧辊斜轧法。

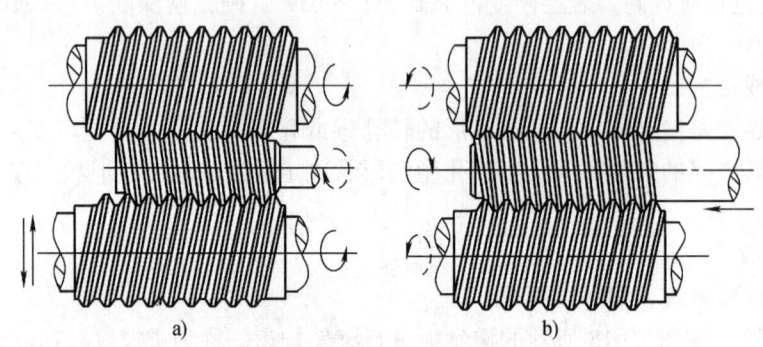

图 10-20 丝杠横轧法原理
a) 横向进给式 b) 纵向进给式

滚轧丝杠一般在常温中进行,由于产生冷作硬化,且纤维沿齿廓分布,丝杠的硬度和强度均有所提高,表层硬度可提高 20%,抗拉强度可提高 20%~30%。精度可达 8~9 级,表面粗糙度值可达 $Ra0.8\mu m$,生产率较切削加工提高约 5 倍,适用于大批量生产。对于更高精度的丝杠,需在滚轧的基础上进行精车或磨削。

四、粉末冶金

金属、合金或非金属粉末在常温下按特定的配方混合后,在成形模具中压制成形,然后在高温下进行烧结而获得所需的密度、强度和特殊性能的机械零件的工艺方法称为粉末冶金。

1. 粉末冶金的工艺过程

粉末冶金的工艺过程主要有以下五个阶段:

(1) 粉末的制备 可用球磨法、雾化法、还原法等使物料粉碎成粉末。

(2) 粉末的混合 将不同材料的粉末均匀混合,添加必要的润滑剂(如硬脂酸和甘油等),以增加粉末的流动性,并减少压制时模具的磨损。

(3) 压制成形 将混合好的粉末放入模具中,在压力机上压制成所需形状,并获得一定的紧实度。常用的压力为 140~400MPa,最好采用双向冲压的压力机,可使制品的紧实度较为均匀(图 10-21b)。如果采用单向冲压,则制品的紧实度会相差较大(图 10-21a)。

(4) 烧结 烧结温度应低于主要成分的熔点,且应在真空中或保护气体(如氢气或分解氨等)中进行,以免坯料遇氧气而降低烧结强度。

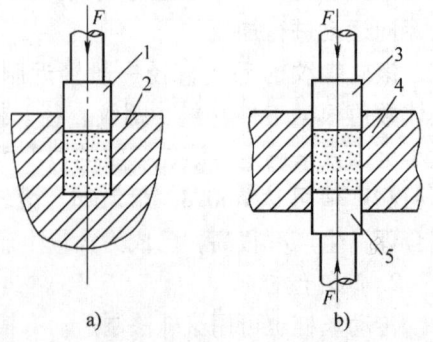

图 10-21 单向及双向冲压时的坚实度状况
a) 单向冲压 b) 双向冲压
1—冲头 2、4—冲模 3—上冲头 5—下冲头

(5) 后续处理　烧结后有些制品还需要按要求进行某些后续处理。例如，高精度零件仍需进行整形处理；含油轴承需进行浸油处理；某些零件还需进行热处理、电镀或少量切削加工。

2. 粉末冶金的特点

粉末冶金的特点是只需少量的切削甚至无需经过切削加工就可以获得形状精确的零件。它具有以下优点：

1) 可制取难熔、难铸、难加工的金属制品。例如，硬质合金刀片就是用高硬难熔的碳化钨、碳化钛粉末，与作为高温粘结剂的钴粉混合，在常温下压制后，高温烧结而成的。

2) 可用性能差异较大的不同材料制成复合材料，如磁棒、金属陶瓷制品等。又如切割花岗岩的刀具，就是在硬质合金的成分中再加入细颗粒的人造金刚石粉末，用粉末冶金的方法制成的。

3) 可制成具有特殊性能的制品。粉末冶金制品烧结后有一定的孔隙，对于强度是不利的，但可用其来制造过滤片，也可利用其孔隙浸油，制成含油轴承。

3. 粉末冶金新工艺

自 20 世纪 60 年代以来，粉末冶金工业又有了较大的发展，相继出现粉末冶金热压成形、粉末冶金轧制和粉末冶金挤压等新工艺。

(1) 粉末冶金热压成形　粉末冶金热压成形是在加压的同时进行加热，以提高粉末的塑性，增加压制密度的方法。这样，不仅可提高制件的强度，还可压制形状复杂和尺寸较大的零件，而且精度较高，表面粗糙度值较小。热压成形一般采用石墨压模（可耐高温）和保压时间较长、加压速度较慢的液压机。粉末冶金热压成形的加热方式如图 10-22 所示。

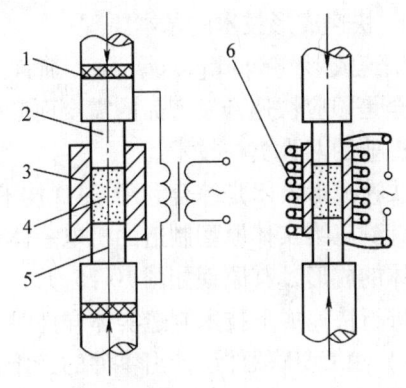

图 10-22　粉末冶金热压成形的加热方式

1—绝缘层　2—上冲头　3—冲模
4—坯料　5—下冲头　6—感应线圈

(2) 粉末冶金轧制　这是粉末冶金工艺与轧制相结合的方法，用以制造板材或带材。图 10-23 所示为金属粉末经轧制和烧结而制成薄金属带的连续生产过程。粉末冶金轧制主要用来生产现代技术中所需的多孔、自润滑、高熔点和复合材料的带材或板材。

(3) 粉末冶金挤压　这是粉末冶金工艺与挤压相结合的方法，用以制造线材或细棒料。如图 10-24 所示，金属粉末先装入薄铁罐中，将其焊合、抽真空并密封，然后在挤压机上进行挤压，即得到带有极薄铁壳的线材或细棒料，再经烧结炉烧结后，将铁壳去除即得成品。此法可使制品在全过程不受氧化，多用于制造稀有金属制品。

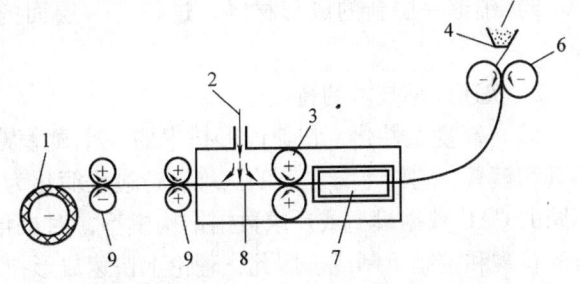

图 10-23　粉末冶金轧制薄金属带的过程

1—卷料机　2—保护性气体入口　3—热轧机　4—控制器
5—料斗　6—压辊　7—烧结炉　8—冷却区　9—冷轧机

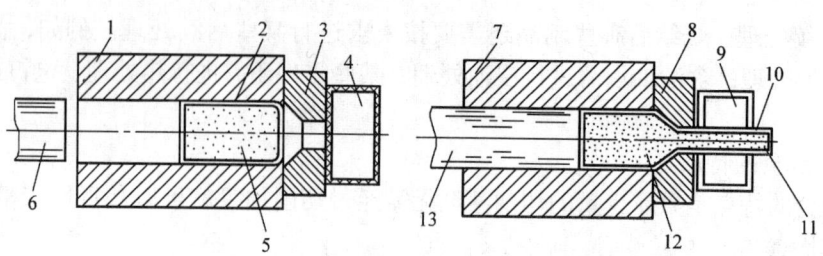

图 10-24 粉末冶金挤压生材或细棒料
1、7—挤压缸 2—薄铁罐 3、8—挤压模 4、9—烧结炉
5、12—金属粉末 6、13—推杆 10—薄铁壳 11—线材或细棒料

第七节 快速成形技术

一、快速成形原理和特点

1. 快速成形技术的基本原理

快速成形（rapid prototyping，简称 RP）技术是 20 世纪 80 年代发展起来的一种新技术，它完全是顺应快速开发产品的需要而产生的。快速成形技术与虚拟制造技术一起，被称为未来制造业的两大支柱技术。

快速成形技术是综合利用 CAD 技术、数控技术、激光加工技术和材料技术来实现从零件设计到三维实体原型制造的机电一体化系统技术，它采用软件离散化和材料堆积的原理来实现实体的成形，其原理如图 10-25 所示。

进行快速成形技术制造实体样件时，按照以下步骤进行：

1) 由 CAD 软件设计出零件的三维曲面或实体模型，按照一定的厚度在 Z 向对生成的 CAD 模型进行切面分层，生成每个截面的二维平面信息。

2) 对二维层面信息进行工艺处理，选择合适的加工参数，系统自动生成刀具移动轨迹和数控加工代码。

3) 对加工过程进行仿真，确保数控加工代码正确无误。

4) 利用数控装置控制激光束或其他工具的运动，在当前层上进行轮廓扫描，加工出适当的截面形状。

5) 铺上一层新的成形材料，进行下一层面的加工，如此重复，直到整个零件加工完毕。

2. 快速成形技术的特点

（1）高度柔性化　快速成形技术的一个显著特点是高度柔性化，成形过程无需专用的工具和模具，它将十分复杂的三维制造过程简化为二维过程的叠加。不同零件的制造仅需用不同的 CAD 数据模型或反求数据结构模型，对成形设备进行适当的参数调整，即可在计算机的管理和控制下制成。因此，理论上快速成形技术可以制造任意复杂的三维实体。

（2）技术高度集成化　快速成形技术是计算机技术、数控技术、控制技术、激光技术、材料技术以及机械加工技术等多种交叉学科的综合集成。

（3）成形的快速性　由于不需要传统的刀具或工装等生产准备，也不像数控加工设备

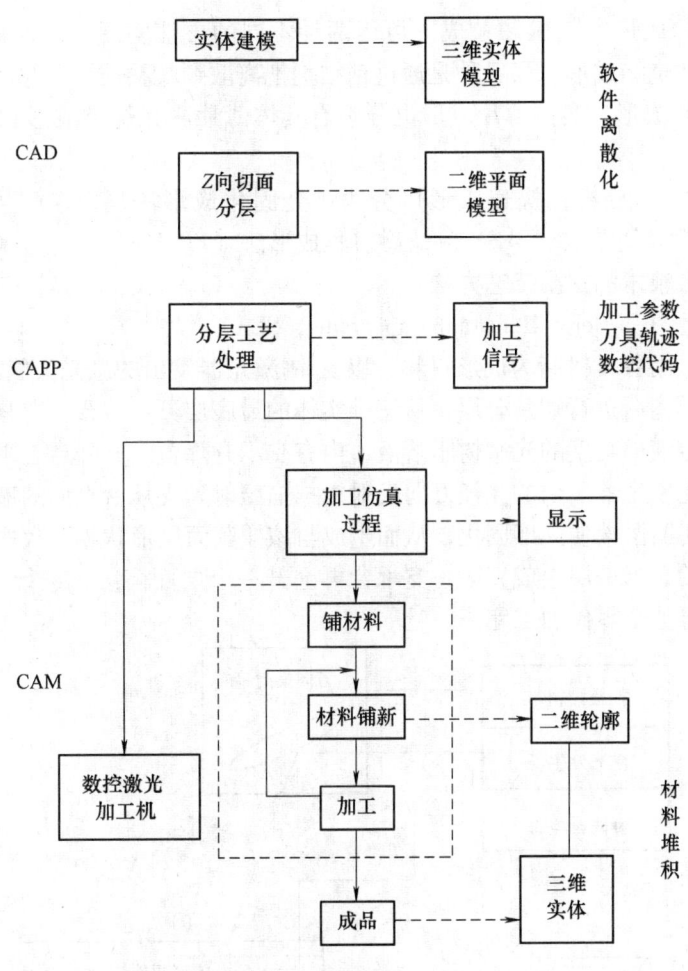

图 10-25 快速成形技术原理

那样需要工程技术人员进行复杂的数控代码编制，产品开发人员设计的 CAD 数据转化（分层）即可自动完成成形过程，所以成形速度快，特别适合新产品开发和单件小批量生产，大幅缩短了新产品开发的周期，降低了开发成本。

（4）制造技术的全数字化　快速成形基于离散/堆积原理，以计算机软件和数控技术为基础，实现了 CAD/CAM 的高度集成和真正的无图样加工。

（5）材料使用的广泛化　金属、纸张、塑料、树脂、石蜡、陶瓷、甚至纤维等材料均能用于快速成形制造的成形材料。

（6）生产过程更环保　由于成形过程中无切削、无振动和噪声，有利于环保。

二、快速成形技术的分类

快速成形技术的分类有按不同成形材料分类和按不同成形工艺分类两种。按不同成形材料分类，快速成形可分为以下几种：

（1）液态材料成形　液态材料成形又分为液态树脂固化成形及熔融材料凝结成形两种。前者由液态光敏树脂通过激光照射而固化成形，有逐点固化和逐面固化两种；后者由熔融的成形材料喷射到冰冷的平台上迅速凝固成形，也有逐点凝结和逐面凝结两种。

(2) 离散颗粒成形　离散颗粒成形可用两种不同的方法实现：一种是通过激光照射，把离散颗粒熔化而烧结成形；另一种是通过粘结剂把离散颗粒粘结在一起而成形。

(3) 实体薄片成形　实体薄片成形也分别有实体薄片激光烧结成形和实体薄片粘结成形两种。

按不同成形工艺分类，快速成形可分为：光固化成形法（SLA）、叠层实体制造法（LOM）、选择性激光烧结法（SLS）和熔融沉积成形法（FDM）。

三、快速成形技术的主要工艺方法

1. 光固化成形法（stereo lithography apparatus，SLA）

SLA方法是采用各类树脂为成形材料，以氦-镉激光器发出的激光为能源。当由CAD设计出零件的三维模型后进行切片分层，从三维实体的最底层开始成形。如图10-26所示，在一容器中装有一定液面高度的光敏树脂溶液，内有支承升降台，升降台上平面比液面低一个分层高度。当激光发生器发出的光经万向反射镜扫描照射到支承台上面的液面上时，被照射到的这一层光敏树脂溶液便立即固化，从而生成与该横截面层形状相一致的固化薄片，它是固化在支承台上的。当一层生成完毕，支承台再上升一个层面高度，进行下一层扫描成形，这样逐层扫描直至整个零件加工完毕。

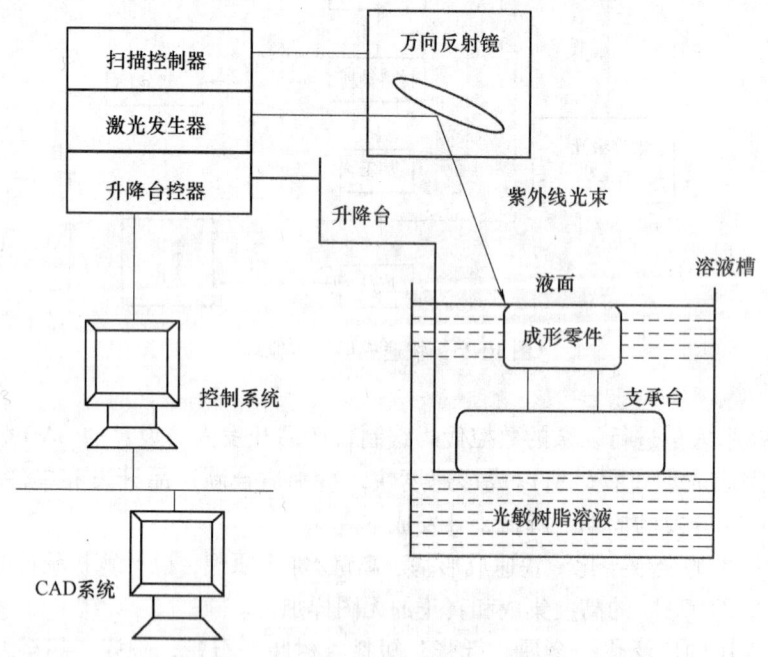

图10-26　SLA快速成型法工作原理

2. 叠层实体制造法（laminated object manufacturing，LOM）

叠层实体制造法是利用片状材料（如纸片、塑料薄膜或复合材料），用CO_2激光器发出的激光为能源，激光束切割片材的边界线形成某一轮廓，各层间加热、加压制成成形零件的一种快成形方法。

3. 选择性激光烧结法（selective laser sintering，SLS）。

选择性激光烧结法是采用各种粉末（金属、陶瓷、蜡粉、塑料）为材料，利用滚子铺粉，用 CO_2 高功率激光器对粉末进行加热，直至烧结成块的一种成形方法。

4. 熔融沉积成形法（fused deposition modeling，FDM）

熔融沉积成形法是用蜡丝为原料，利用电加热方式将蜡丝熔化为蜡液，蜡液由喷嘴喷到固定位置固化的一种快速成形方法。

四、快速成形技术的应用

快速成形技术诞生近三十年来，由于其显著的时间效益和经济效益而受到制造业的广泛关注，并迅速成为世界著名高校和科研机构研究的热点。迄今为止，快速成形技术已经在航空航天、汽车外形设计、玩具、电子仪表、家用电器塑料件制造、人体器官制造、建筑美工设计、工艺装饰设计制造、模具设计制造等多个领域展现出良好的应用前景。

快速成形技术的实际应用主要集中在以下几个方面：

1. 在新产品造型设计过程中的应用

快速成形技术为工业产品的设计开发人员建立了一种崭新的产品开发模式。运用快速成形技术能够快速、直接、精确地将设计思想模型转化为具有一定功能的实物模型（样件），这不仅缩短了开发周期，而且降低了开发费用，也使企业在激烈的市场竞争中占有先机。在新产品设计制造过程中，可用快速成形技术快速制造出产品样品的实物模型，供设计者进行性能测试、直观评估和验证分析。

2. 在机械制造领域的应用

由于快速成形技术自身的特点，使其在机械制造领域内得到广泛应用，多用于制造单件、小批量金属零件，这样的产品如果通过制模再生产，不但成本高，而且周期长；采用快速成形技术可以直接进行成形加工，成本低且周期短。

3. 在模具制造领域的应用

传统的模具生产时间长，成本高。将快速成形技术与传统的模具制造技术相结合，可以大大缩短模具制造的开发周期，提高生产率，是解决模具设计与制造薄弱环节的有效途径。快速模具制造是快速成形技术最具潜力的应用领域，其产业化规模和经济效益是不可估量的。

4. 在医学领域的应用

近几年来，人们对快速成形技术在医学领域的应用研究较多。人体的骨骼和内部器官具有极其复杂的内部组织结构，要真实地复制人体内部的器官构造，反映病变特征，快速成形是非常有效的一种方法。以医学影像数据为基础，利用快速成形技术制作人体器官模型有极大的应用价值，医疗专家组利用可视模型进行模拟手术，对特殊病变部分进行修补（颅骨损伤、耳损伤等）。外科医生已利用 CT 与 MRI 所得的数据，用快速成形技术制造模型，以便策划头颅和面部手术。他们用快速成形技术制成模型进行复杂手术练习，为牙齿、骨移植等手术设计样板，还可利用快速成形技术帮助发展新的医疗装置。

5. 在家电行业的应用

目前，快速成形系统在国内的家电行业得到了很大程度的普及与应用，许多家电企业都采用快速成形系统来开发新产品，收到了很好的效果。

6. 在航空航天技术领域的应用

在航空航天领域中，空气动力学地面模拟实验（即风洞实验）是设计性能先进的天地往返系统（即航天飞机）所必不可少的重要环节。该实验中所用的比较模型由国家统一制定，模型形状复杂、精度要求高、又具有流线型特性，采用快速成形技术，根据严格的 CAD 模型，由快速成形设备自动完成模型，能够很好地保证模型质量。此外，宇航员的太空服要能防止极端温度和辐射，还要求有足够的柔软性，因此每套太空服的制作费用都很高昂。美国一公司尝试综合反求工程、CAD、RP 制造了太空服，既省时又省钱，质量又高，该太空服已用于宇航飞行。

7. 在文化艺术领域的应用

在文化艺术领域，快速成形制造技术多用于艺术创作、文物复制、数字雕塑等。RPM 技术可使艺术创作和制造一体化，可将设计者的思想迅速表达成三维实体，便于设计修改和再创作。为艺术家提供了最佳的设计环境和成形条件，且使艺术创作过程简化，成本降低，多快好省地推出新作品。如首饰的设计和制造，采用快速成形制造技术可极大地简化这一艺术创造过程，降低成本，更快地推出新产品。文物复制可使失传文物得以再现，并使文物的保护工作进入一个新境界。

复习思考题

1. 试说明激光加工的原理。
2. 激光加工主要有哪些应用？
3. 超声加工有哪些特点？
4. 超声加工设备由哪些部分组成？
5. 电子束加工主要有哪些应用？
6. 电解加工有何特点？主要应用在哪些方面？
7. 常用的少无切削加工主要有哪几种？
8. 粉末冶金的工艺过程主要有哪几个阶段？

参 考 文 献

[1] 华茂发. 数控机床加工工艺 [M]. 北京：机械工业出版社，2000.
[2] 徐宏海，等. 数控机床刀具及其应用 [M]. 北京：化学工业出版社，2005.
[3] 李志华. 数控加工工艺与装备 [M]. 北京：清华大学出版社，2005.
[4] 周晓宏. 数控机床操作与维护技术 [M]. 北京：人民邮电出版社，2006.
[5] 杨伟群，等. 数控工艺培训教程（数控铣部分）[M]. 北京：清华大学出版社，2002.
[6] 徐宏海. 数控加工工艺 [M]. 北京：化学工业出版社，2003.
[7] 高德文. 数控加工中心 [M]. 北京：化学工业出版社，2003.
[8] 田春霞. 数控加工工艺 [M]. 北京：机械工业出版社，2006.
[9] 田萍. 数控机床加工工艺及设备 [M]. 北京：电子工业出版社，2005.
[10] 周晓宏. 加工中心操作与编程培训教程 [M]. 北京：中国劳动社会保障出版社，2006.
[11] 沙杰，等. 加工中心结构、调试与维护 [M]. 北京：机械工业出版社，2003.
[12] 华茂发. 数控机床加工工艺 [M]. 北京：机械工业出版社，2000.
[13] 黄康美. 数控加工实训教程 [M]. 北京：电子工业出版社，2004.
[14] 劳动和社会保障部中国就业培训技术指导中心. 加工中心操作工 [M]. 北京：中国劳动社会保障出版社，2001.
[15] 李善术. 数控机床及其应用 [M]. 北京：机械工业出版社，2001.
[16] 肖智清. 机械制造基础 [M]. 北京：机械工业出版社，2001.
[17] 罗学科，张超英. 数控机床编程与操作实训 [M]. 北京：化学工业出版社，2001.
[18] 周曙光，等. 特种加工技术 [M]. 西安：西安电子科技大学出版社，2004.
[19] 王侃夫. 数控机床故障诊断及维护 [M]. 北京：机械工业出版社，2000.
[20] 吴国经. 数控机床故障诊断与维修 [M]. 北京：电子工业出版社，2004.
[21] 罗学科，李跃中. 数控电加工机床 [M]. 北京：化学工业出版社，2003.
[22] 张学仁. 数控电火花线切割加工技术 [M]. 哈尔滨：哈尔滨工业大学出版社，2001.
[23] 贺曙新，等. 数控加工工艺 [M]. 北京：化学工业出版社，2005.
[24] 隋秀凛. 现代制造技术 [M]. 北京：高等教育出版社，2007.
[25] 张明建，杨世成. 数控加工工艺规划 [M]. 北京：清华大学出版社，2009.